21世纪软件工程专业规划教材

软件工程实用教程

桑海涛 王晓晔 侯睿 编著

清华大学出版社
北京

内容简介

本书主要介绍软件和软件工程的基本概念，面向过程和面向对象的软件开发方法，软件编码、测试与维护技术，软件项目管理，软件质量与质量保证等。本书结合目前高校人才培养模式的改革，注重理论与实践相结合，重点培养学生的实践应用能力，符合应用型人才培养的要求。本书语言简洁、条理清晰，内容由浅入深，可作为高等学校软件工程专业、计算机科学与技术专业和信息类等相关专业本科生的教材，也可供学习软件工程的读者（包括参加计算机等级考试或相关专业自学考试的读者）参考使用。

图书在版编目（CIP）数据

软件工程实用教程/桑海涛，王晓晔，侯睿编著. —北京：清华大学出版社，2021.1（2022.8重印）
21世纪软件工程专业规划教材
ISBN 978-7-302-56903-9

Ⅰ. ①软… Ⅱ. ①桑… ②王… ③侯… Ⅲ. ①软件工程－高等学校－教材 Ⅳ. ①TP311.5

中国版本图书馆CIP数据核字（2020）第226842号

责任编辑：郭　赛
封面设计：傅瑞学
责任校对：时翠兰
责任印制：丛怀宇

出版发行：清华大学出版社
　网　　址：http://www.tup.com.cn，http://www.wqbook.com
　地　　址：北京清华大学学研大厦A座　　**邮　　编**：100084
　社 总 机：010-83470000　　**邮　　购**：010-62786544
　投稿与读者服务：010-62776969，c-service@tup.tsinghua.edu.cn
　质量反馈：010-62772015，zhiliang@tup.tsinghua.edu.cn
　课件下载：http://www.tup.com.cn，010-83470236
印 装 者：北京国马印刷厂
经　　销：全国新华书店
开　　本：185mm×260mm　　**印　张**：15　　**字　　数**：344千字
版　　次：2021年2月第1版　　**印　　次**：2022年8月第3次印刷
定　　价：49.00元

产品编号：088001-01

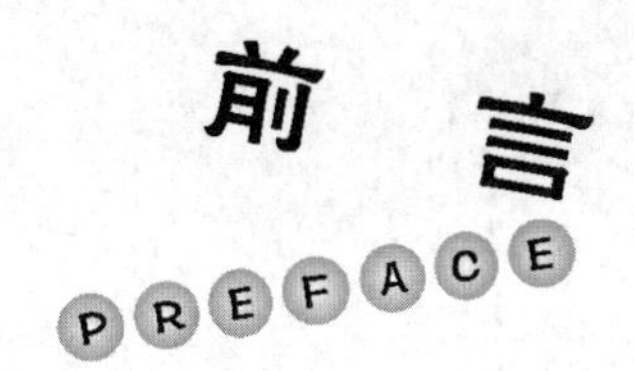

自1968年人们首次提出“软件工程”的概念至今已经过去了50多年。这期间，软件工程得到了很大的发展，人们在经历了多次软件危机后逐渐认识到了软件工程在高质量软件产品开发过程中的重要性，并不断探索软件工程的新方法、新技术和新模型。随着计算机科学技术的飞速发展，软件工程已成为这门学科的重要分支。

“软件工程”是高等学校计算机科学与技术专业的一门重要的专业基础课，其研究范围非常广泛，包括技术、方法、工具、管理等许多方面。严格遵循软件工程的方法可以大幅提高软件的开发效率和开发成功率。因此，本书在介绍软件工程的基本概念和理论的基础上，重点通过实例介绍软件开发的方法与技术，旨在使读者能够更好地运用软件工程方法开发出优质的软件。

本书通俗易懂、概念清晰、实例丰富、实用性强，既可作为高等学校软件工程专业的教材或参考书，也可作为物联网工程、电子信息等相关专业的“软件工程”课程教材，还可供软件工程师、项目管理者和应用软件开发人员阅读和参考。本书的作者都是长期在高校从事软件工程专业教学的教师，具有丰富的教学经验和科研开发能力。本书共11章，其中第1、2、9～11章由桑海涛编写，第3～5章由王晓晔编写，第6～8章由侯睿编写；本书由桑海涛负责统稿。由于软件工程领域发展迅速，加之作者水平有限，书中难免存在疏漏，希望读者提出宝贵意见。

编 者

2020年9月

目录

CONTENTS

软件工程概述

教学提示：本章介绍软件和软件工程的基本概念，主要包括软件的概念、软件工程的概念、软件生存周期以及软件开发的相关内容。

教学目标：了解软件及软件工程的相关概念，掌握软件生存周期及软件开发模型，了解软件的开发工具与开发环境。

随着计算机技术的飞速发展与网络技术的普及，当今社会已经进入以计算机为核心的信息社会。在信息社会中，信息的获取、处理和交流等都需要高质量的软件产品。若想使软件功能强大且使用方便，开发的软件产品必然复杂和庞大，开发人员的能力就会显得力不从心，导致软件开发计划不能按时进行、成本失去控制、软件质量得不到保证等，从而进一步导致软件危机。为了克服这种现象，自20世纪60年代末以来，人们十分重视对软件开发过程的研究，包括开发方法、开发工具和开发环境等，同时在这些领域取得了重大成果，从而产生了软件工程理论。

本章主要介绍软件和软件工程的基础知识，包括软件和软件工程的基本概念、软件生存周期和软件生存周期模型、软件危机以及软件开发工具与环境等。

1.1 软　　件

本节讨论软件的定义，并与硬件对比归纳软件的特点，用多种方式讨论软件的种类，并介绍软件的发展与软件危机。

1.1.1 软件的定义、特点、种类及其发展

与计算机硬件一样，自20世纪60年代以来，软件行业在规模、功能等方面得到了长足发展，同时人们对软件质量的要求也越来越高。那么究竟什么是软件，软件有哪些特征，软件的发展过程是怎样的呢？

1. 软件的定义

众所周知，在近20年中，计算机硬件的发展速度十分惊人。人们从计算机硬件的发展中得出了著名的摩尔定律，即每18个月芯片的性能与速度均会提高一倍。同样，计算机软件的发展也是十分惊人的：在体系结构方面，它经历了从主机结构到文件服务器结构，从客户机/服务器(C/S)结构到基于Internet的浏览器/服务器(B/S)结构等变化；在

编码语言方面,它经历了从机器代码到汇编代码,从高级程序语言到人工智能语言等变化;在开发工具方面,它经历了从分离的开发工具到集成的可视化开发系统,从简单的命令行调试器到方便的多功能调试器等变化。

与软件的发展速度形成鲜明对比的是,软件的基本定义在过去几十年中并未发生太大变化。有些人可能认为软件就是程序,这个理解是不完整的。1983 年,IEEE 为计算机软件给出的定义是:计算机程序、方法、规则和相关的文档资料以及在计算机上运行时所必需的数据。目前对计算机软件的通俗理解为:包括程序、数据及其相关文档资料的完整集合,即软件=程序+数据+文档资料。其中,程序是完成特定功能和满足性能要求的指令序列;数据是程序运行的基础和操作对象;文档是与程序开发、维护和使用有关的图文资料。

2. 软件的特点

与硬件相比,软件的特点可归纳如下。

① 软件是一种逻辑实体,而不是具体的物理实体,因此它具有抽象性。这个特点使软件与计算机硬件或其他工程对象有了明显的差别。人们可以把软件记录在介质上,但却无法看到软件的形态,必须通过测试、分析、思考、判断了解它的功能、性能及其他特性。

② 软件的生产与硬件不同,它没有明显的制造过程。软件是由开发或工程化形成的,而不是由传统意义上的制造生产的,其生产过程主要表现为人脑的思维过程,具有不可见性,并且带有个人色彩。20 世纪 80 年代中期,“软件工厂”的概念被正式引入。应该注意到这个术语并没有把硬件制造和软件开发认为是等价的,而是通过“软件工厂”这个概念提出了软件开发中应该使用自动化工具。

③ 在软件的运行和使用期间,没有像硬件那样的机械磨损或老化等问题。任何机械、电子设备在运行和使用中,其失效率大多遵循图 1.1(a)所示的 U 形曲线(浴盆曲线)。而软件的情况与此不同,因为它不存在磨损和老化问题,而是存在退化问题,为了适应硬件、系统环境及需求的变化,必须多次修改(维护)软件。而软件的修改不可避免地会引入新的错误,导致软件的失效率升高,从而使得软件的可靠性下降,如图 1.1(b)所示。当软件的修改成本变得难以接受时,软件就会被抛弃。

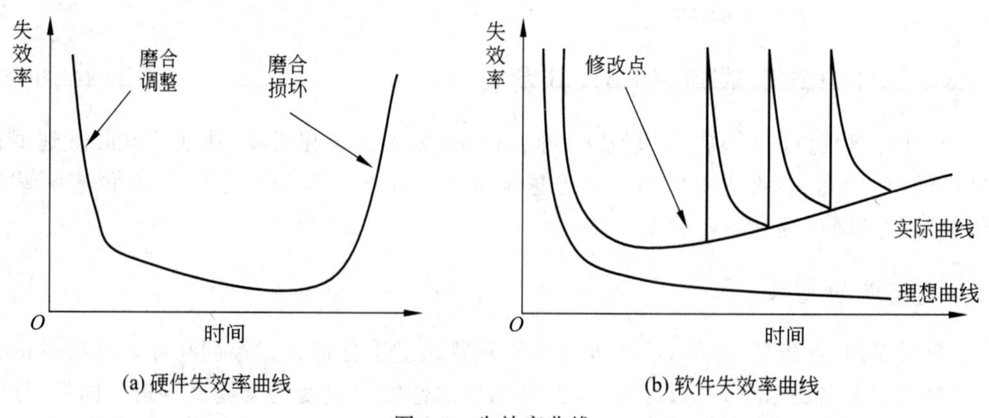

(a) 硬件失效率曲线

(b) 软件失效率曲线

图 1.1 失效率曲线

④ 软件对硬件和环境有着不同程度的依赖性,这导致了软件升级和移植问题。随着计算机技术的发展,计算机硬件和支撑环境不断升级,为了适应运行环境变化,计算机软件也需要不断维护,并且维护成本通常比开发成本高许多。

⑤ 软件的复杂性越来越高。随着软件需求的增长,软件所处理的对象类型由单纯的数值型数据发展到字符、图形、声音等,软件处理问题的规模日趋庞大,IBM 360 操作系统第 16 版有约 100 万条指令;1973 年,美国阿波罗计划有超过 1000 万条指令。这些庞大软件的功能非常复杂,其程序逻辑结构、调用关系、接口信息及数据结构都很复杂。随着软件规模的增大,对软件人员的要求也越来越高,其复杂程度超出了人类能接受的程度,因此出现了软件复杂性与软件技术发展的不适应现象,如图 1.2 所示。

⑥ 软件成本相当昂贵。软件的研制工作需要投入大量、复杂、高强度的脑力劳动,其成本自 20 世纪 80 年代以来已远远超过硬件的成本,硬件/软件成本比率的变化趋势如图 1.3 所示。

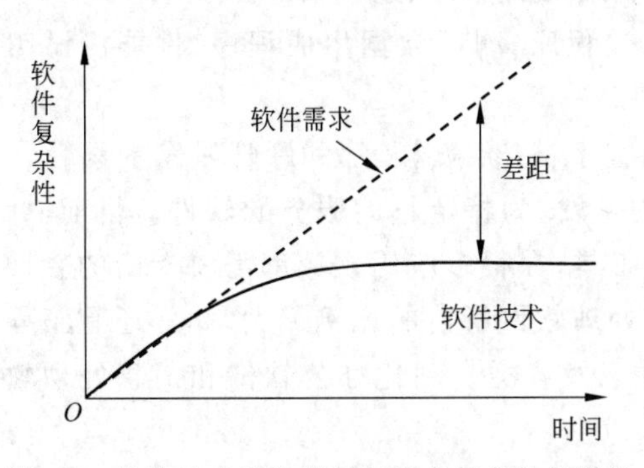

图 1.2 软件技术进步落后于需求复杂性的增长

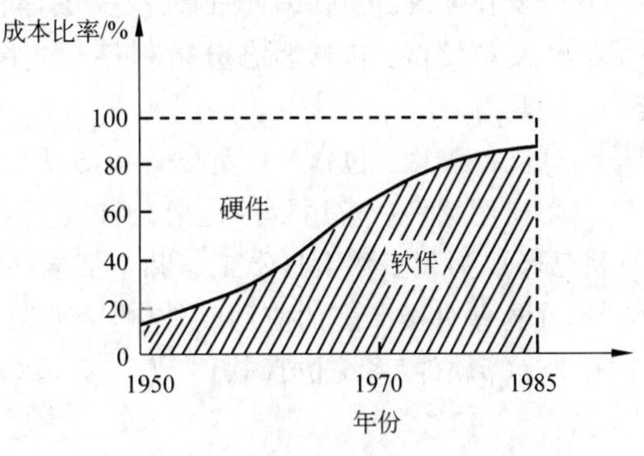

图 1.3 硬件/软件成本比率变化趋势

⑦ 大多数软件是新开发的,而不是通过已有构件组装而来的。硬件的设计和建造可以通过画电路图、做一些基本的分析保证实现预定的功能,根据功能和接口要求选定并购买零件,而软件设计中几乎没有软件构件。有可能在货架上买到的软件本身就是一个完整的软件,而不能作为构件再组装成新的程序。虽然关于"软件复用"已有大量论著,但这种概念的成功实现还有很长的路要走。

⑧ 软件工作涉及许多社会因素,如机构、体制、管理方式、人的观念及心理都直接影响到软件工作的成败。

以上特点使得软件开发的进展情况较难衡量,软件开发质量难以评价,从而使得软件产品的生产管理、过程控制及质量保证都十分困难。

3. 软件的种类

随着软件技术的不断发展,支持人们日常学习、工作的软件产品的种类和数量都已经很多。由于人们对软件关心的侧重点不同,对软件的分类也很难有一个科学、统一的标准。但对软件的类型进行必要的划分,根据不同类型的工程对象采用不同的开发和维护方法是很有价值的,因此有必要从不同的角度讨论计算机软件的分类情况。

(1) 按软件的功能分类

按软件的功能进行划分，软件可分为系统软件、支撑软件和应用软件三类，它们有如下的特点。

① 系统软件。系统软件是计算机运行时必不可少的组成部分，它与计算机硬件紧密配合，控制并协调计算机系统的各个部件、相关软件和数据高效地工作，例如有操作系统、设备驱动程序以及通信处理程序等。

② 支撑软件。支撑软件是协调用户开发软件的工具性软件，包括帮助程序员开发软件产品的工具，以及帮助管理员控制开发进程的工具。具体可分为以下几类。

- 支持需求分析：包括 PSL/PSA 问题描述语言、问题需求分析程序、关系数据库系统、一致性检验程序等。
- 支持设计：包括图形软件包、设计分析程序、各种程序设计结构图编辑程序等。
- 支持编码：包括文本编辑程序、文件格式化程序、程序库系统等。
- 支持实现：包括编译程序、交叉编译程序、预编译程序、连接编译程序等。
- 支持测试：包括静态分析程序、文件比较程序、测试数据生成程序、性能测试工具等。
- 支持管理：包括进度计划评审方法绘图程序、标准检验程序和库管理程序等。

③ 应用软件。应用软件是指在特定领域内开发，为特定目的服务的软件。目前，计算机已经成为大多数人日常工作和生活的必需工具，在很多应用领域都需要专门的软件支持，在这些种类繁多的应用软件中，商业数据处理软件所占的比例最大，此外还有工程与科学计算软件、系统仿真软件、人工智能软件以及各类自动化办公软件和信息处理软件等。

(2) 按软件规模分类

按软件规模分类即按照开发软件所需的人力、物力、时间以及完成的源程序的行数进行分类，可将软件分为微型、小型、中型、大型、甚大型和极大型 6 种。

① 微型软件是指一个人在几天之内可以完成的、程序语句不超过 500 行的程序。这类软件一般只由设计者个人使用。通常，设计者可根据实际情况掌握分析和设计的程度，只要所做的工作能够保证完成软件功能即可。这类软件虽然不需要完整的软件开发文档，但应有必要的注释。

② 小型软件是指一个人在半年之内可以完成的、程序语句在 2000 行以内的程序。这类程序通常没有与其他程序的接口，但具有一定的复杂性，因此设计应遵循一定的标准化原则，整理出较完备的涉及各阶段的文档资料，并做定期的系统审查。

③ 中型软件是指不超过 5 个人在 2 年内能够完成的、程序语句为 5000～50 000 行的程序。这类程序实现的技术复杂性较高，在实施过程中开始出现任务划分、人员分配、人员之间的信息交流、软件接口等方面的问题，因此需要按照工程的方法制定计划、整理文档资料并进行严格的技术审查。

④ 大型软件是指 5～20 人在 2～3 年内完成的、程序语句为 50 000～100 000 行的程序。这类程序具有开发时间长、参与人员多、程序复杂的特点，因此开发需要采用统一的标准，并实行严格的审查。同时需要尽量考虑开发过程中可能出现的问题并提出解决方

法，避免因意外事件而导致开发时间延误，保证按时限完成任务。

⑤ 甚大型软件是指100～1000人经过4～5年完成的、具有100万行程序语句的软件项目。这种软件通过功能模块划分而形成的每个子项目都是大型软件，且子项目之间接口复杂，需要的软件开发人员数量剧增，开发难度可想而知。为保证开发的质量和进度，获得预期的效益，从软件项目的提出到软件系统投入运行、维护，直至最终报废，整个周期中的各项工作都要严格按照软件工程的要求有计划、有步骤地进行，否则开发结果很难尽如人意。

⑥ 极大型软件是指2000～5000人在10年内能够完成的、程序语句在1000万行以内的程序。这类软件比较少见，其组织和开发活动必须具有严密性、持续性，否则很难达到最终的预想结果，甚至导致开发工作的失败。

(3) 按软件工作方式分类

按照软件的工作方式，可以将软件划分为以下几种形式。

① 实时处理软件。实时处理软件是一些监测、过程控制及实时信息处理软件，其特点是对外界变化的反应及处理有严格的时间限定。当事件或数据产生时，需要立即进行处理并及时反馈信号，在控制对象所能接受的延时内实施控制。

② 分时软件。分时软件允许多个联机用户同时使用计算机，系统通过将处理机时间轮流分配给各联机用户的分时技术，使各用户都感到自己在独立占有计算机，而不是共享资源。分时软件通常具有较强的交互性，并能够在用户所能接受的等待时间内及时响应用户的请求。

③ 交互式软件。交互式软件是指能够实现人机交互的软件，即用户可根据需要选择功能，软件可根据用户的选择触发相应操作。交互式软件一般需要提供用户界面，良好的界面设计可以为用户带来极大的方便。

④ 批处理软件。批处理软件可以将一组作业或一批数据以成批的方式输入，并按一定的顺序逐个自动处理，该类软件具有很强的处理能力。

(4) 按软件服务对象范围分类

按软件服务对象的范围，可以将软件分为面向部分用户的项目软件和面向市场的产品软件。

① 项目软件也称定制软件，是受某个特定用户(或少数用户)的委托，由软件开发机构在合同的约束下开发出来的软件。

② 产品软件是面向市场需求，由软件开发机构开发后直接提供给市场或为千百个用户服务的软件，如办公处理软件、财务处理软件和一些常用的工具软件等。

(5) 按使用频度分类

按照使用的频度，可以将软件分为使用频度低的软件，如用于人口普查、工业普查的软件；以及使用频度高的软件，如银行的财务管理软件等。

(6) 按软件可靠性要求分类

有些软件对可靠性的要求相对较低，软件在工作中偶尔出现故障也不会造成不良影响。但也有一些软件对可靠性的要求非常高，一旦发生问题，就可能造成严重的经济损失或人身伤害,因此这类软件特别强调软件的质量。

4. 软件的发展

(1) 程序设计阶段

计算机发展的早期阶段(20世纪50年代初期至60年代中期)为程序设计阶段。在这个阶段,硬件已经通用化,而软件的生产却是个体化的。这时,由于程序规模小,几乎没有系统化的方法可以遵循。对软件的开发没有管理方法,在出现计划推迟或者成本提高的情况时,程序员才开始弥补。在通用的硬件已经非常普遍时,软件产品还处在初级开发阶段,对每类应用均需自行再设计,软件的应用范围很有限。软件设计往往仅是人们头脑中的一种模糊想法,而文档根本不存在。

(2) 程序系统阶段

计算机系统发展的第二阶段(20世纪60年代中期到70年代末期)为程序系统阶段。多道程序设计和多用户系统引入了人机交互的概念,交互技术打开了计算机应用的新世界,使硬件和软件的配合达到了一个新的层次,实时系统和第一代数据库管理系统就此诞生。这个阶段还有一个特点,就是软件产品的使用和"软件作坊"的出现。被开发的软件可以在较宽广的范围内应用,主机和微机上的基础程序能够有数百甚至上千的用户。

在软件的使用过程中,当发现程序错误或用户需求和硬件环境发生变化时都需要修改软件,这些活动统称为软件维护。软件维护上的花费以惊人的速度增长,更为严重的是,许多程序的个体化特性使得它们根本不能维护,于是"软件危机"出现了。

(3) 软件工程阶段

计算机系统发展的第三阶段始于20世纪70年代中期并跨越了近十年,被称为软件工程阶段。在这一阶段,以软件的产品化、系列化、工程化、标准化为特征的软件产业发展起来,打破了软件生产的个体化特征,有了可以遵循的软件工程化设计原则、方法和标准。在分布式系统中,各台计算机可以同时执行某些功能并与其他计算机通信,极大地提高了计算机系统的复杂性。广域网、局域网、高带宽数字通信以及对即时数据访问需求的增加都对软件开发者提出了更高的要求。

(4) 第四阶段

计算机系统发展的第四阶段已经不再着重于单台计算机和计算机程序,而是针对计算机和软件的综合影响。由复杂操作系统控制的强大台式机、广域和局域网络,配以先进的软件应用已成为标准。计算机体系结构迅速从集中的主机环境转变为分布的用户机/服务器环境。世界范围的信息网提供了一个基本结构,信息高速公路和网际空间连通已成为令人关注的热点问题。事实上,Internet可以看作是能够被单个用户访问的软件,计算机正朝着社会信息化和软件产业化的方向发展,从技术的软件工程阶段过渡到社会信息化的计算机系统。随着第四阶段的发展,一些新技术开始涌现。面向对象技术将在众多领域中迅速取代传统的软件开发方法。

计算机系统发展的四个阶段中的典型技术如表1.1所示。

表 1.1 计算机系统发展的四个阶段中的典型技术

阶段	第一阶段	第二阶段	第三阶段	第四阶段
典型技术	面向批处理	多用户	分布式系统	强大的桌面系统
	有限的分布	实时数据库	嵌入“智能”	面向对象技术
	自定义软件	软件产品	低成本硬件	专家系统
			消费者的影响	人工神经网络
				并行计算
				网络计算机

1.1.2 软件危机

软件危机指软件开发和维护过程中出现的一系列严重问题。这些问题绝不仅仅是“不能正常运行的”软件才具有的，实际上几乎所有软件都不同程度地存在这些问题。概括地说，软件危机包含以下两方面问题：如何开发软件，怎样满足人们对软件日益增长的需求；如何维护数量不断膨胀的已有软件。具体地说，软件危机主要有下列表现。

① 产品不符合用户的实际需要。

② 软件开发生产率的提高速度远不能满足客观需要，软件的生产率远低于硬件生产率和计算机应用的增长率，使人们不能充分利用现代计算机硬件提供的巨大潜力。

③ 软件产品质量差。软件可靠性和质量保证的定量概念刚刚出现不久，软件质量保证技术（审查、复审和测试）没有贯穿软件开发的全过程，这些都会导致软件产品发生质量问题。

④ 对软件开发成本和进度的估计通常不准确。实际成本比估计成本有可能高出一个数量级，实际进度比预期进度拖延几个月甚至几年，这种现象降低了软件开发者的信誉。而为了赶进度和节约成本所采取的一些权宜之计又往往会降低软件产品的质量，从而不可避免地引发用户的不满。

⑤ 软件的可维护性差。很多程序中的错误是难以改正的，实际上既不能使这些程序适应硬件环境的改变，也不能根据用户的需要在原有程序中增加一些新的功能。无法实现软件的可重用会导致人们仍然在重复开发功能类似的软件。

⑥ 软件文档资料通常既不完整，也不合格。

⑦ 软件的价格昂贵，软件成本在计算机系统总成本中所占比例逐年上升。

1.2 软件工程的概念

本节讨论软件工程的定义，并介绍软件工程的基本目标及开发原则。

1.2.1 软件工程的定义

概括地说，软件工程是指导计算机软件开发和维护的一门工程学科。采用工程的概念、原理、技术和方法开发与维护软件，把经过时间考验证明是正确的管理技术和当前能够得到的最好的技术及方法结合起来，从而经济地开发出高质量的软件并有效地维护它，这就是软件工程。

人们曾经给软件工程下过许多定义，下面给出两个典型的定义。

1968 年，第一届 NATO 会议曾经给出了软件工程的一个早期定义：软件工程是指建立并使用完善的工程化原则，以较经济的手段获得能在实际机器上有效运行的可靠软件的一系列方法。这个定义不仅指出了软件工程的目标是经济地开发出高质量的软件，而且强调了软件工程是一门工程学科，它应该建立并使用完善的工程原理。

IEEE 在 1983 年给出的定义是：软件工程是开发、运行、维护和修复软件的系统方法。1993 年，IEEE 又进一步给出了一个更全面、更具体的定义：软件工程是：①把系统化、规范化、可度量的途径应用于软件开发、运行和维护的过程，也就是把工程化应用于软件中；②研究①中提到的途径。

尽管后来又有一些人提出了许多软件工程的定义，但其主要思想都是强调在软件开发过程中应用工程化原则的重要性。

1.2.2 软件工程的目标和原则

1. 软件工程的基本目标

软件工程是一门工程性学科，其目的是采用各种技术和管理上的手段组织与实施软件项目，成功地建造软件系统。项目成功的主要目标是：①付出较低的开发成本，在用户规定时限内获得功能、性能满足用户需求的软件；②开发的软件移植性较好；③易于维护且维护费用较低；④软件系统的可靠性高。

在实际开发过程中，要同时满足上述几个目标是非常困难的。这些目标之间有些是互补关系，有些是互斥关系。因此在解决问题时，要根据具体情况在必要时牺牲某个目标以满足其他优先级更高的目标，只要保证总体目标满足要求，软件开发就是成功的。

2. 软件工程的开发原则

若要满足上述这些目标，在软件开发过程中必须遵循以下软件工程原则。

(1) 模块化

模块是程序中逻辑上相对独立的成分，通过分解的手段可以将复杂的问题从时间或规模上划分成若干较小的、相对独立的、容易求解的子问题，子问题之间应具有良好的接口定义，然后分别求解。例如 C 语言中的函数、C++ 语言中的类都是模块，模块化有助于抽象和信息隐藏，有助于表示复杂的系统。

(2) 抽象和信息隐藏

抽象是指抽取事物最基本的特征和行为，忽略与问题无关的其他细节，通过分层次抽象这一逐层细化方法可以提高软件开发过程的共享机制。信息隐藏是将模块设计成一个“黑盒”，将数据和操作的细节隐藏在模块内部并对外界屏蔽，使用者若要访问模块中的数据，则只能通过模块对外界提供的接口进行，这样可以有效地保证模块的独立性。

(3) 模块的高内聚和低耦合

划分模块时要考虑将逻辑上相互关联的计算机资源集中到一个物理模块内,保证模块之间具有松散的耦合,模块内部具有较强的内聚,这样有助于控制解的复杂性。

(4) 确定性

软件开发过程中所有概念的表达均应是规范的、确定的和无二义性的,这有助于人们在交流时不会产生误解,保证整个开发工作能够协调一致、顺利地进行。

(5) 一致性

一致性是研究软件工程方法的目的之一,就是使软件产品设计遵循统一、公认的方法和规范的指导,是开发过程的标准化。一致性要求整个软件系统(包括程序、文档和数据)能够满足以下几个方面的一致性:所使用的概念、符号和术语具有一致性;程序内部和外部接口保持一致性;系统规格说明与系统行为保持一致性;软件文件格式具有一致性;工作流程具有一致性等。

(6) 完备性

管理和技术的完备性是指能够在时限内实现系统所要求的功能,并保证软件的质量,在软件开发和运行过程中必须进行严格的技术评审,以保证各阶段的开发结果的有效性。

1.3 软件生存周期与软件开发模型

软件产品从形成概念开始,经过开发、使用和维护,直到最后被淘汰的全过程通常被称为软件生存周期。本节主要介绍软件生存周期与软件生存周期模型。

1.3.1 软件生存周期

传统的软件生存周期(Software Life Cycle)是指软件产品从形成概念(构思)开始,经过定义、开发、使用和维护,直到最后被废弃(不能再使用)的全过程。按照传统的软件生存周期方法学,可以把软件生存周期划分为软件定义、软件开发、软件运行与维护3个阶段。

(1) 软件定义阶段

软件定义包括可行性研究和详细需求分析过程,任务是确定软件开发工程必须完成的总目标,具体可分成问题定义、可行性研究、需求分析等。

① 问题定义。

问题定义就是人们常说的软件的目标系统是什么、系统的定位以及范围等,也就是要按照软件系统工程需要确定问题空间的性质(说明它是一种什么性质的系统)。

② 可行性研究。

软件系统的可行性研究包括技术可行性、经济可行性、操作可能性、社会可行性等,用来确定问题是否有解,解决办法是否可行。

③ 需求分析。

需求分析的任务是确定软件系统的功能需求、性能需求和运行环境的约束,并写出软件需求规格说明书、软件系统测试大纲、用户手册概要。功能需求指软件必须完成的功能;性能需求指软件的安全性、可靠性、可维护性、结果的精度、容错性(出错处理)、响应速度、适应性等;运行环境指软件必须满足运行环境的要求,包括硬件和软件平台。需求分析过程应该由系统分析员、软件开发人员与用户共同完成并反复讨论和协商,同时逐步细化、一致化、完全化等,直至建立一个完整的分析模型。

(2) 软件开发阶段

软件开发阶段指软件的设计与实现,可分成概要(总体)设计、详细设计、编码、测试等。

① 概要设计。

概要设计指在软件需求规格说明书的基础上,建立系统的总体结构(含子系统的划分)和模块之间的关系,定义功能模块及各功能模块之间的关系。

② 详细设计。

详细设计可以对概要设计产生的功能模块逐步细化,把模块的内部细节转换为可编程的程序过程性描述。详细设计包括算法与数据结构、数据分布、数据组织、模块之间接口信息、用户界面等的设计。设计完成后应写出详细设计报告。

③ 编码。编码又称编程,任务是把详细设计转换为能在计算机上运行的程序。

④ 测试。测试可分成单元测试、集成测试、确认测试、系统测试等。通常把编码和测试统称为系统的实现。

(3) 软件运行和维护阶段

软件运行就是把软件产品移交给用户使用。软件投入运行后的主要任务是使软件持久满足用户的要求。

软件维护是对软件产品进行修改或对软件需求变化做出响应的过程,也就是尽可能地延长软件的寿命。

按照前面的软件生存周期的划分方法,软件生存周期可分为以下 8 个阶段:问题定义、可行性研究、需求分析、概要设计、详细设计、编码、测试、运行和维护。

当软件失去维护的价值时,即宣告退役,软件生存周期也随之宣告结束。

1.3.2 软件开发模型

为了反映软件生存周期内各种工作如何组织及软件生存周期的各个阶段如何衔接,需要用软件开发模型给出直观的图示表达。软件开发模型是软件工程思想的具体化,是实施于过程模型中的软件开发方法和工具,是在软件开发实践中总结出来的软件开发方法和步骤。总体说来,软件开发模型是跨越整个软件生存周期的系统开发、运作、维护所实施的全部工作和任务的结构框架。

1. 瀑布模型

瀑布模型即生存周期模型,由 W. S. Royce 提出,是软件工程的基础模型。瀑布模型的核心思想是按工序将问题化简,将功能的实现与设计分开,以便于分工协作,采用结构化的分析与设计方法将逻辑实现与物理实现分开。瀑布模型规定了各项软件工程活动,包括制定开发计划、需求分析和说明、软件设计、程序编码、测试及运行维护,并且规定了软件生存周期各个阶段如同瀑布流水、逐级下落、自上而下、相互衔接的固定次序。瀑布模型如图 1.4 所示。

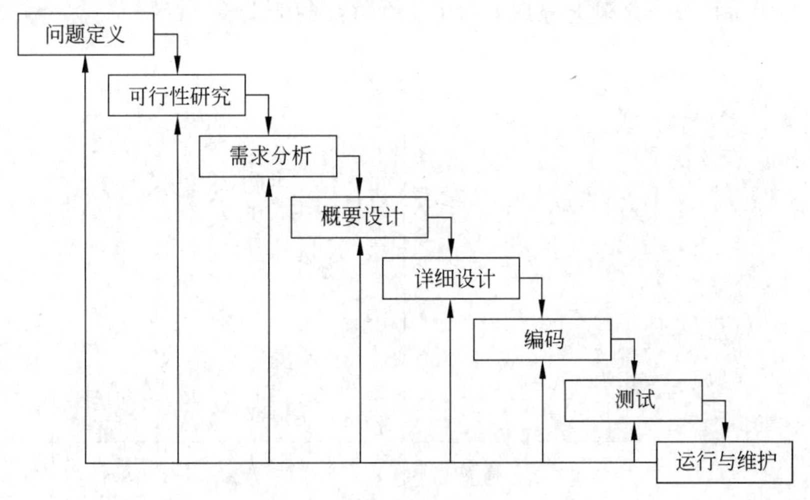

图 1.4 瀑布模型

瀑布模型为软件开发和软件维护提供了一种有效的管理图式。根据这一图式可以制定开发计划、进行成本预算、组织开发力量,以项目的阶段评审和文档控制为手段,有效地对整个开发过程进行指导,从而保证软件产品能够及时交付,并达到预期的质量要求。与此同时,瀑布模型在大量的软件开发实践中也逐渐暴露出它的严重缺点,其中最为突出的是该模型缺乏灵活性,特别是无法解决软件需求不明确或不准确的问题。这些问题的存在会给软件开发带来严重影响,最终可能导致开发出来的软件并不是用户真正需要的。并且,由于瀑布模型具有顺序性和依赖性,凡后一阶段出现的问题均需要通过前一阶段的重新确认解决,因此其代价十分高昂。而且,随着软件开发项目规模的日益庞大,瀑布模型不够灵活等缺点而引发的上述问题显得更为严重。软件开发需要人们合作完成,因此人员之间的通信和软件工具之间的联系以及开发工作之间的并行和串行等都是十分必要的,但瀑布模型并没有体现出这一点。

2. 螺旋模型

为克服瀑布模型的不足,多年来人们已经提出了多种模型。1988 年,B. M. Boehm 提出了螺旋模型,该模型加入了风险分析,通常用来指导大型软件项目的开发。

“软件风险”是普遍存在于软件开发项目中的实际问题。对于不同的项目,其差别只是风险有大有小。在制定软件开发计划时,系统分析员必须回答项目的需求是什么,需要投入多少资源以及如何安排开发进度等一系列问题。然而,若要系统分析员当即给出准确无误的回答是不容易的,甚至是不可能的,但系统分析员又不可能完全回避这一问题。从经验的估计出发给出初步的设想难免会带来一定的风险。实践表明,项目规模越大,问题越复杂,资源、成本、进度等因素的不确定性越大,承担项目所承受的风险也越大。总之,风险是软件开发不可忽视的潜在不利因素,它可能在不同程度上影响软件开发的过程或软件产品的质量。软件风险分析的目标是在造成危害之前及时对风险进行识别和分析，并采取对策，进而消除或减少风险的损害。螺旋模型沿着螺旋线旋转，如图 1.5 所示，在笛卡儿坐标系的 4 个象限上分别表达了 4 个方面的活动。

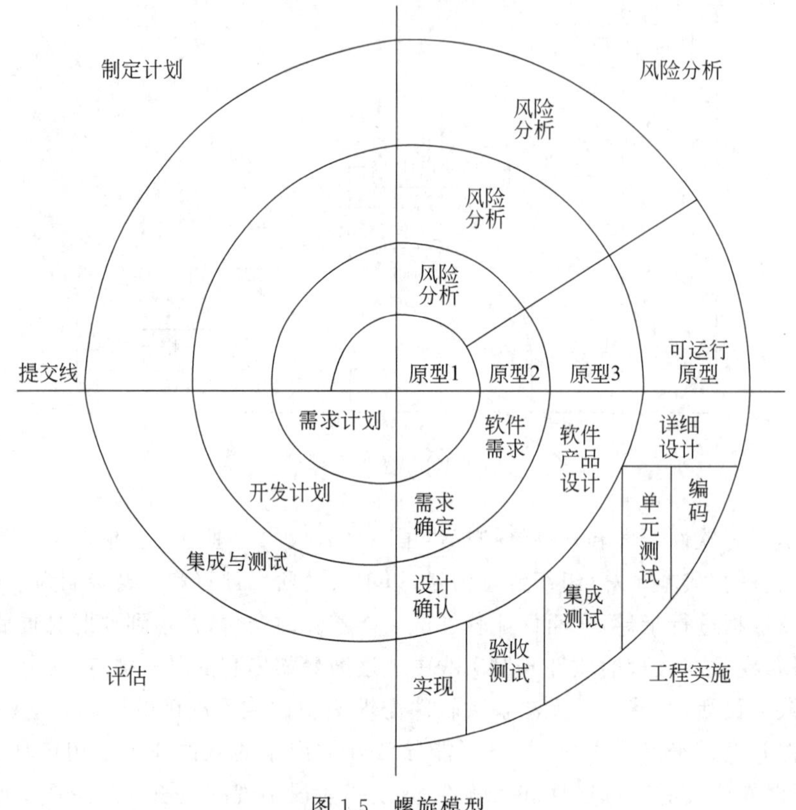

图 1.5 螺旋模型

① 制定计划：确定软件目标，选定实施方案，厘清项目开发的限制条件。

② 风险分析：分析所选方案，考虑如何识别和消除风险。

③ 实施工程：实施软件开发。

④ 用户评估：评价开发工作，提出修正建议。

沿螺旋线自内向外每旋转一圈便会开发出更为完善的一个新的软件版本。例如，在第一圈确定了初步的目标、方案和限制条件后，转入右上的工程象限对风险进行识别和分析。如果风险分析表明需求有不确定性，则在右下的工程象限内，所建的原型会帮助开发人员和用户考虑其他开发模型，并对需求做出进一步修正。用户对工程成果做出评价之后，给出修正建议。在此基础上需要再次计划并进行风险分析。在每圈螺旋线上的风险分析的终点做出能否继续下去的判断。假如风险过大，开发者和用户无法承受，则项目有可能终止。多数情况下，沿螺旋线的活动会继续下去，自内向外逐步延伸，最终得到所期望的系统。

如果软件开发人员对所开发项目的需求已有较好的理解或较大的把握，则无须开发原型，可以采用普通的瀑布模型，这在螺旋模型中认为是单圈螺旋线。与此相反，如果软件开发人员对所开发项目的需求理解较差，则需要开发原型，甚至需要多个原型的帮助，那么就需要经历多圈螺旋线。在这种情况下，外圈的开发包含很多的活动，也可能某些开发采用了不同的模型。

螺旋模型适用于大型软件的开发，应该说它是最为实际的方法，它吸收了软件工程的“演化”概念，使得开发人员和用户对每个演化层可能出现的风险都有所了解，继而做出应有的反应。螺旋模型的优越性比起其他模型来说是明显的，但并不是绝对的，要求许多用户接受和相信此方法并不容易。螺旋模型的使用需要开发人员具有相当丰富的风险评估经验和专业知识，如果风险较大，又未能及时发现，则势必造成重大损失。此外，螺旋模型是出现较晚的新模型，远没有瀑布模型普及，要想让广大软件人员和用户充分肯定它，还有待更多的实践。

3. 原型模型

原型模型如图 1.6 所示。从需求分析开始，软件开发者和用户一起定义软件的总目标及说明需求，并规划出定义的区域，然后快速设计软件中对用户可见部分的表示。快速设计导致了原型的建造，原型由用户评估，并进一步求精待开发软件的需求，逐步调整原型使之满足用户需要，这个过程是迭代的。

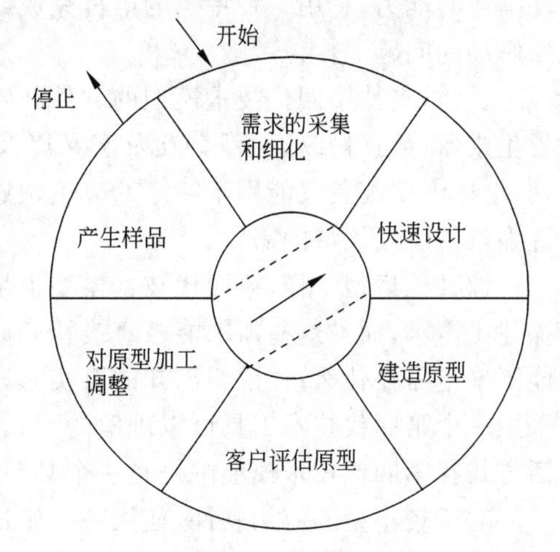

图 1.6 原型模型

(1) 原型模型的优点

① 原型模型法在得到良好的需求定义上比传统生存周期法好得多，它不仅可以处理模糊需求，而且开发者和用户也可以充分通信沟通。

② 原型模型系统可作为培训环境，有利于用户培训和开发同步，开发过程也是学习过程。

③ 原型模型给用户以机会更改原先设想的、不尽合理的最终系统。

④ 原型模型可以低风险地开发柔性较大的计算机系统。

⑤ 原型模型使系统更易于维护，对用户更友好。

⑥ 原型模型使总的开发费用降低、开发时间缩短。

(2) 原型模型的缺点

① 易局限于“模型效应”或“管中窥豹”。开发者在不熟悉的领域中易把次要部分当作主要框架，做出不切题的原型。

② 原型迭代不收敛于开发者预先的目标。为了消除错误，更改是必要的，但随着更改次数的增多，次要部分会越来越大，甚至“淹没”主要部分。

③ 原型过快收敛于需求集合，而忽略了一些基本点。

④ 资源规划和管理较为困难，随时更新文档也会带来麻烦。

⑤ 长期在原型环境上进行开发容易只注意满意的原型，而“遗忘”用户环境和原型环境的差异。

(3) 原型模型的适用范围

① 特别适用于需求分析与定义规格说明。

② 设计人机界面。

③ 充当同步培训工具。

④ "一次性"应用。

⑤ 低风险引入新技术。

原型模型不适用于嵌入式软件、实时控制软件和科技数值计算软件。

4. 基于第四代技术的模型

第四代技术(4GT)包含一系列软件工具,它们的共同点是:能使软件设计者从较高级别上说明软件的某些特征,然后利用软件工具根据说明自动生成源代码。在越高的级别上说明软件,就能越快地构造出程序。软件工程的第四代技术模型的应用关键在于软件描述的能力,它用一种特定的语言完成或者以一种用户可以理解的问题描述方法描述须解决的问题。

目前,支持第四代技术模型的软件开发环境及工具有:数据库查询的非过程语言、报告生成器、数据操纵、屏幕交互及定义以及代码生成;高级图形功能;电子表格功能。最初,上述许多工具仅能用于特定的应用领域,而今天,第四代技术环境已经扩展,能够满足许多软件应用领域的需要。

像其他模型一样,第四代技术模型也是从需求分析开始的。在理想情况下,用户能够描述出需求,而且这些需求能被直接转换成可操作的原型。但这是不现实的,因为用户可能不确定需要什么;在说明已知的事实时,又可能出现二义性;也可能不能够或是不愿意采用一个第四代技术工具可以理解的形式说明信息。因此,其他模型中所描述的用户对话方式在第四代技术模型中仍是一个必要的组成部分。

对于较小型的应用软件,使用一个非过程的第四代语言有可能直接从需求分析过渡到实现。但对于较大的应用软件,就有必要制定一个系统的设计策略。对于较大的项目,如果没有很好的设计,则即使使用第四代技术也会产生不用任何模型开发软件所遇到的同样问题,这些问题包括质量低、可维护性差、难以被用户接受等。

应用第四代技术,软件开发者能够自动生成代码,从而得到期望的输出。很显然,相关信息的数据结构必须已经存在,且能够被第四代技术访问。

要将一个第四代技术模型生成的功能变成最终产品,开发者还必须进行测试,写出有意义的文档,并完成其他软件工程模型中同样要求的所有集成活动。此外,采用第四代技术开发的软件还必须考虑是否能够迅速实现维护。

像其他所有软件工程模型一样,第四代技术模型也有优点和缺点,其优点是极大地减少了软件的开发时间,并显著提高了构造软件的生产率;缺点是目前的第四代技术并不比程序设计语言更容易使用,而且这类工具生成的结果源代码是"低效的",使用第四代技术开发的大型软件系统的可维护性是令人怀疑的。

综上所述,可以概括如下。

① 在过去十余年中,第四代技术模型发展得很快,且目前已成为适用于多种不同应用领域的方法。与计算机辅助软件工程(CASE)工具和代码生成器结合,第四代技术为

许多软件问题提供了可靠的解决方案。

② 从使用第四代技术模型的公司收集的数据表明：在小型和中型应用软件开发中，它可以使软件的开发时间大幅缩短，且使小型应用软件的分析和设计的时间也缩短许多。

③ 在大型软件项目中使用第四代技术，需要同样甚至更多的分析、设计和测试才能节省工程时间，主要通过编码量的减少节省时间。

因此，第四代技术模型已经成为软件开发的一个重要方法。

5. 构件组装模型

构件组装模型导致了软件的重用，提高了软件开发的效率。面向对象技术是软件工程的构件组装模型的基础。面向对象技术强调类的创建，类封装了数据和操纵该数据的算法，面向对象的类可以被重用。构建组装模型融合了螺旋模型的特征，本质上是演化且支持软件开发的迭代方法，它利用预先包装的软件构件构造应用程序，如图 1.7 所示。

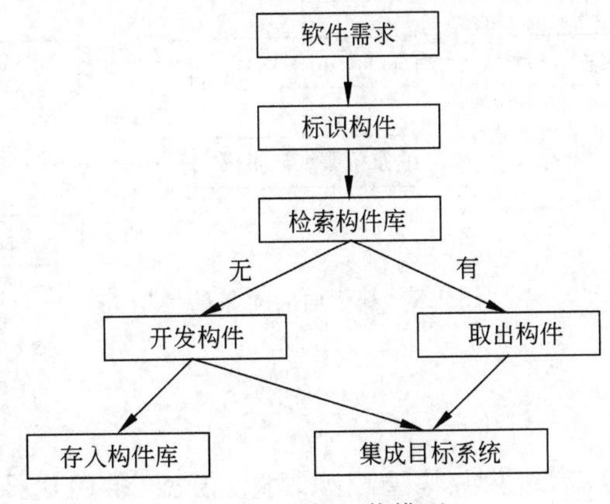

图 1.7　构件组装模型

首先标识候选构件，通过检查应用程序操纵的数据及实现的算法，将相关的算法和数据封装成一个构件。把以往软件工程项目中创建的构件存放于一个库或仓库中，根据标识的构件即可搜索该构件库。如果该构件存在，则在库中提取出来复用；如果该构件不存在，则采用面向对象的方法进行开发，以后就可以使用从库中提取的构件及为了满足应用程序的特定要求而建造的新构件，进而完成待开发应用程序的第一次迭代。流程又回到螺旋模型方式，最后进入构件组装迭代。

6. 基于面向对象的模型

面向对象技术自从问世后，很快就被人们所接受，并得到了广泛的应用。面向对象技术确实有很多的优点，其中构件重用是非常重要的技术之一。对象技术强调了类的创建与封装，一旦一个类创建与封装成功，它就可以在不同的应用系统中被重用。

对象技术为基于构件的软件过程模型提供了更强的技术框架。基于面向对象的模型综合了面向对象和原型方法及重用技术，该模型如图 1.8 所示。

该模型描述了软件从需求开始，通过检索重用构件库，一方面进行构件开发，另一方面进行需求开发。需求开发完成后，在面向对象分析过程中，它可以在重用构件库中读取构件，并快速建立 OOA 原型。同理，在进行面向对象设计时，它可以在重用构件库中读取构件，并快速建立 OOD 原型。最后利用生成技术，建造一个目标系统。

在这个模型中，一个系统可以由重用构件组装而成，甚至可以通过组装可重用的子系统而创建出更大的系统。

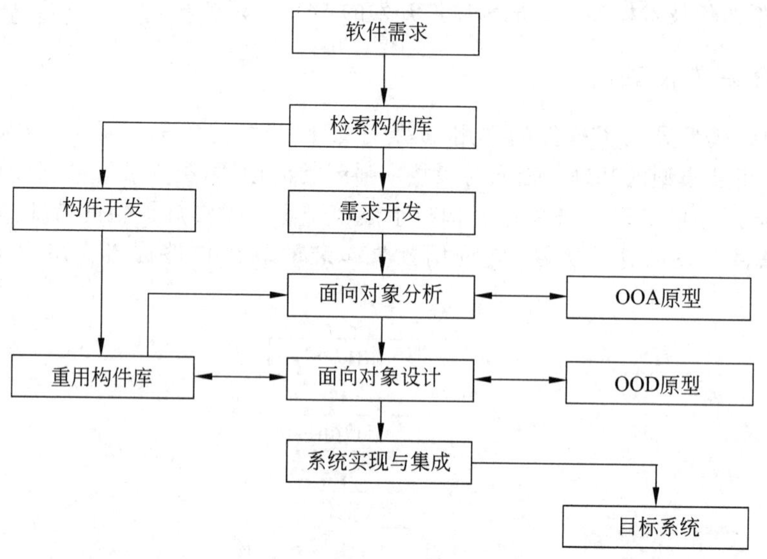

图 1.8　基于面向对象的模型

7. 混合模型

虽然近年来已创建瀑布模型、原型模型、螺旋模型、第四代技术模型和构件组装模型等，但是这些可选的开发模式仍将整个项目的开发限制在所确定的阶段性的系统开发方向上。而混合模型则把几种模型组合在一起，它允许一个项目沿着最有效的路径发展。

在瀑布模型、原型模型等模型中，开发模式十分严谨，但实际上被开发的项目几乎不可能按模型的过程一步一步地进行。这是由于一个项目的开发取决于众多因素，例如应用领域、规模、可重用构件的大小和数量、实现环境等。混合模型是能够适应不同项目和不同情况的需要而提出的一种灵活多样的动态方法。

在混合模型中，有多种开发模式，它提供了一种适用于各种具体系统、环境和结构的灵活方法。混合模型分为分析、综合、运行和废弃 4 个阶段，各阶段的重叠使设计员可以进行路线的选择。

混合模型的优点是：给项目管理人员提供了在具体操作中使用结构框架的某种形式。一个项目有了构思，预计划就确定了过程的初始方向。例如，可以决定构造一个原型完成项目的需求分析，用来开发规格说明，然后用于整个系统的设计或另一个原型的设计。混合模型允许管理人员按照当前情况指导一个项目选择其中任一开发模式，而不是在不了解问题的情况下，在软件生存周期中事先确定一个方向。由于混合模型具有不确定性,因此管理人员在一开始不必决定完成开发过程的方向。

1.4 软件开发工具与软件开发环境

本节简要介绍计算机辅助软件工程及与此相关的开发工具、开发环境和开发方法。

1.4.1 软件开发工具

目前,软件开发工具(CASE)正在发生变化。许多用在微机上的工具正在建立,其目标是实现软件生存周期各个环节的自动化。这些工具主要用于软件的分析和设计,通过使用这些工具,软件开发人员就能在个人计算机或工作站上以对话的方式建立各种软件系统,进而解决已经持续了20多年的软件生产率问题,这种新技术就是计算机辅助软件工程技术。计算机辅助软件工程技术可以简单地定义为软件开发的自动化,通常简称为CASE(Computer Aided Software Engineering)技术。

1. CASE工具

CASE技术的核心是软件工具发展的必然结果。许多这类工具都是在微机上开发的,使用了强有力的图形功能以增强用户的接口,并将其加入工作环境,使其能方便地被调用或互相调用。CASE工具的主要目的是提高专业软件人员的开发效率。有了工作站、局域网和基于PC的软件工具,软件开发人员就可以在相应的专用开发环境中工作,这一点在过去是不可想象的。

CASE工具主要供专业的软件开发人员,而不是终端用户使用。另外,许多CASE工具是立足于工作站的,而且CASE是一种通用的软件技术,适用于各类软件系统的开发。

总之,CASE工具不同于以往的软件工具,主要体现在以下几个方面。

① 支持专用的个人计算机环境。

② 使用图形功能对软件系统进行说明并建立文档。

③ 将软件生存期各阶段的工作连接在一起。

④ 收集和连接软件系统中从最初的需求到软件维护各个环节的所有信息。

⑤ 用人工智能技术实现软件开发和维护工作的自动化。

2. 软件自动化

CASE技术的实质是为软件开发人员提供一组优化集成且能大量节省人力的软件开发工具,其目的是实现软件生存各环节的自动化并使之成为一个整体。

传统的软件技术有两种类型:工具与方法。软件工具大多数是独立且依赖于计算机的,而且主要集中在软件生存周期的实现阶段。软件方法包括手工的软件开发方法,如结构化分析、结构化设计和结构化程序设计。这些方法限定了软件开发的逐步规格化过程。CASE技术是软件工具和软件方法的结合,它不同于以前的软件技术,因为它强调了解决整个软件开发过程的效率问题,而不仅仅是实现阶段。由于跨越了软件生存周期的各个阶段,因此,CASE技术也是一种最完美的软件技术。CASE技术着眼于软件分析和设计以及程序实现和维护的自动化，从软件生存周期的两端解决了软件生产率的问题。由于手工的结构化方法实在太冗长乏味，而且需要花费很多人力，因此在实际开发过程中很少能够完全按照其要求进行。而CASE技术通过自动画出结构化图形、自动生成系统的文档使手工的结构化方法得到了实际应用。

3. CASE的作用

归纳起来，CASE有以下三个作用，这些作用从根本上改变了软件系统的开发方式。

① 一个具有快速响应、专用资源和早期查错功能的交互式开发环境。

② 软件开发和维护过程中的许多环节实现了自动化。

③ 通过一个强有力的图形接口实现了直观的程序设计。

CASE技术的最终目标是通过一组集成的软件工具实现整个软件生存的自动化，但目前还没有达到这一目标。

4. CASE工具实例

CASE工具所做的事情比以往的软件工具要多得多，它们实现了许多软件开发和维护工作的自动化。CASE工具的例子如下。

① 画图工具：画出结构化的视图并生成用图形表示的系统规格说明。

② 报告生成工具：建立系统的规格说明和原型。

③ 数据辞典、数据库管理系统和报告生成工具：存储、报告和查询技术信息、项目管理系统信息。

④ 规格说明检查工具：自动监测系统规格说明的完整性、语法正确性和一致性。

⑤ 代码生成工具：根据图形化的系统规格说明自动生成可执行的代码。

⑥ 文档资料生成工具：产生结构化方法所需的各种技术文档和用户系统文档。

虽然工具是CASE的重要组成部分，但CASE技术并不仅仅是指软件工具，而是对整个软件环境的重新定义。CASE能够改变软件开发环境的一个主要原因是因为CASE工具一般都在工作站的环境下运行，使软件开发成为一个高度交互的过程，因此在系统需求定义这样的前期工作中就可以开始进行查错。

1.4.2 软件开发环境

软件开发环境(Software Development Environment，SDE)是一组相关的软件工具的集合，将它们组织在一起可以支持某种软件开发方法。软件开发环境又称集成式项目支持环境(Integrated Project Support Environment，IPSE)。

1. 软件开发环境的特性

软件开发环境的具体组成可能千姿百态，但都包含交互系统、工具集和环境数据库，并具备下列特性。

① 可用性：用户友好性、易学、对项目工作人员的实际支持等。

② 自动化程度：指在软件开发过程中对用户所进行的频繁、耗时或困难的活动提供

自动化的程度。

③ 公共性：指覆盖各种类型用户（如程序员、设计人员、项目经理和质量保证工作人员等）的程度，或者指覆盖软件开发过程中的各种活动（如体系结构设计、程序设计、测试和维护等）的程度。

④ 集成化程度：指用户接口一致性和信息共享的程度。

⑤ 适应性：指环境被定制、剪裁或扩展时符合用户要求的程度。其中，定制是指环境符合项目的特性、过程或各个用户的爱好等的程度。剪裁是指提供有效能力的程度。扩展是指适合改变后的需求的程度。

⑥ 价值：指得益和成本的比率。得益是指生产率的增长、产品质量的提高、目标应用开发时间或成本的降低等。成本是指投资、开发所需的时间以及培训使用人员达到一定水平所需要的时间等。

2. 软件开发环境的结构

一般说来，软件开发环境都具有层次式结构，可分为4层。

① 宿主层：包括基本宿主硬件和基本宿主软件。

② 核心层：一般包括工具组、环境数据库和会话系统。

③ 基本层：一般包括最少限度的一组工具，如编译工具、编辑程序、调试程序、连接程序和装配程序等。这些工具都是由核心层支持的。

④ 应用层：以特定的基本层为基础，但可以包括一些补充工具，借以更好地支持各种应用软件的研制。

3. 软件开发工具与环境的关系

任何软件的开发工作都是处于某种环境中的，软件开发环境的主要组成成分是软件工具。为了提高软件本身的质量和软件开发的生产率，人们开发出了不少软件工具为软件开发服务。例如，最基本的文本编辑程序、编译程序、调试程序和连接程序；进一步还有数据流分析程序、测试覆盖分析程序和配置管理系统等自动化工具。面对众多软件工具，开发人员会感到眼花缭乱，难于熟练地使用它们。针对这种情况，从用户的角度考虑，不仅需要众多工具辅助软件的开发，还希望它们能有统一的界面，以便于掌握和使用。另外，从提高工具之间信息传递的角度考虑，用户希望共享的信息能有统一的内部结构，并且存放在一个信息库中，以便于各个工具的存取。因此，软件开发环境的基本组成有3个部分：交互系统、工具集和环境数据库。

软件工具在软件开发环境中已不再是各自封闭和分离的，而是以综合、一致和整体连贯的形态支持软件的开发，它们是与某种软件开发方法或者软件加工模式相适应的。

4. 软件开发环境的分类

目前，世界上已有近百个大小不同的程序设计环境系统，这些环境系统相互之间的差别很大。根据各种软件环境的特点，软件开发环境的类别有以下几种。

① 按研制目标分类：针对各个不同应用领域的程序设计环境，如开发环境、项目管

理环境、质量保证环境和维护环境等。

② 按环境结构分类：基于语言的环境、基于操作系统的环境和基于方法论的环境。

③ 按工作模式分类：交互式软件环境、批处理软件开发环境和个人分布式环境等。

小　结

本章首先介绍了软件的有关概念，包括软件的定义、特点、种类和软件的发展过程；然后提到了软件危机的产生及其特点，并由软件危机引出了对软件工程概念的介绍，包括软件工程的定义、目标和原则；之后又介绍了软件生存周期与软件开发模型，主要包括瀑布模型、螺旋模型、原型模型、基于面向对象的模型等；最后介绍了软件开发工具与软件开发环境。

习　题

1. 简述软件的定义及特点。
2. 简述软件的发展过程及软件的种类。
3. 什么是软件危机？阐述软件危机的主要表现形式。
4. 什么是软件工程？
5. 阐述软件工程是如何解决软件危机的。
6. 软件工程的目标是什么？软件工程有哪些原则？
7. 什么是软件生存周期？软件生存周期包括哪几个阶段？
8. 简述软件开发模型，并总结其各自的优缺点。
9. 软件和程序是一回事吗？软件开发与程序设计有什么不同？
10. 软件开发工具主要有哪些？什么是软件开发环境？

可行性研究

教学提示：在第 1 章中，我们学习了软件及软件工程的相关概念、软件生存周期和软件开发模型等内容。本章将介绍软件生存周期中可行性研究阶段的内容，包括可行性研究的任务和方法、成本/效益分析以及系统规格说明与评审等。

教学目标：了解可行性研究的任务，掌握可行性研究的方法以及成本/效益分析的方法，了解系统规格说明与评审的相关内容。

开发任何一个基于计算机的系统都会受到资源和时间的限制，因此在接受项目前，必须根据用户提供的资源和时间条件进行可行性研究，这样可以避免人力、物力和财力的浪费。

2.1 可行性研究的任务

可行性研究的目的是用最小的代价在尽可能短的时间内确定问题是否能够解决。也就是说，可行性研究的目的不是解决问题，而是确定问题是否值得解决，研究在当前的具体条件下，开发新系统是否具备必要的资源和其他条件。

在明确了问题定义后，分析员应该给出系统的逻辑模型，然后从系统逻辑模型出发，寻找可供选择的解法，研究每种解法的可行性。一般说来，应从经济可行性、技术可行性、法律可行性和开发方案可行性等方面进行可行性研究。

1. 经济可行性

经济可行性分析主要包括成本-效益分析和短期-长远利益分析。成本-效益分析估算软件开发成本、系统交付后的运行维护成本以及效益，确定系统的经济效益是否能超过各项花费。短期-长远利益分析该软件的短期和长远利益，估算系统的整体经济效益是否满足要求。

2. 技术可行性

技术可行性研究是最难决断和最关键的问题。根据用户提出的系统功能、性能及实现系统的各项约束条件，从技术的角度研究系统实现的可行性。由于系统分析和定义过程与系统技术可行性评估过程同时进行，因此这时系统目标、功能和性能的不确定性会给技术可行性的论证带来许多困难。技术可行性研究包括以下几项。

① 风险分析：在给出的限制范围内能否设计出系统，并实现必要的功能和性能。

② 资源分析：研究开发系统的人员是否存在问题；可用于建立系统的其他资源，如硬件、软件等是否具备。

③ 技术分析：相关技术的发展能否支持这个系统。

3. 运行可行性

运行可行性研究内容包括新系统规定的运行方式是否可行，如果新系统是建立在原来已担负其他任务的计算机系统上的，则不能要求它在实时在线状态下运行，以免与原有任务相矛盾。

4. 法律可行性

法律可行性研究是指研究在系统开发过程中可能涉及的各种合同、侵权、责任以及各种与法律相抵触的问题。

5. 开发方案可行性

提出系统实现的各种方案并进行评估之后，从中选择一种最优方案。当然，可行性研究最根本的任务是对以后的行动路线提出建议：如果所研究的问题没有可行的解，则应该建议停止这项工程的开发；如果问题值得解决，则应该推荐一个较好的解决方案，并且为工程制定一个初步的计划。

2.2 可行性研究的方法步骤

一般地说，可行性研究有以下步骤。

(1) 确定系统规模和目标

分析员对关键人员进行调查访问，仔细阅读和分析有关的材料，确认目标系统的规模和目标，并清晰地描述对目标系统的一切限制和约束，以确保分析员正在解决的问题确实是要求他解决的问题。

(2) 研究目前正在使用的系统

现有的系统是信息的来源，通过对现有系统的文档资料的阅读、分析和研究，再如实地考虑该系统，总结出现有系统的优点和不足，从而得出新系统的雏形。这是了解一个陌生应用领域的最快方法，可以使新系统脱颖而生。

(3) 导出新系统的高层逻辑模型

通过前一步的工作，分析员在逐步明确目标系统应该具有的基本功能、处理流程和所受的约束的基础上，可利用建立逻辑模型的工具定义新系统的逻辑模型，如利用数据流图描绘数据在系统中流动和处理的情况，利用初步的数据字典定义系统中使用的数据。数据流图和数据字典共同定义了新系统的逻辑模型，概括地表达出了分析员对新系统的设想，以后便可以从这个逻辑模型出发设计新系统。

(4) 重新定义问题

信息系统的逻辑模型实质上表达了分析员对新系统的看法。那么用户是否也有同样的看法呢？分析员应该和用户一起再次复查问题定义，再次确定工程规模、目标和约束条件，并修改已发现的错误。

可行性研究的前4个步骤实质上构成了一个循环：分析员定义问题，分析问题，导出一个试探性的解，在此基础上再次定义问题，再次分析，再次修改……继续这个过程，直到推出的逻辑模型完全符合系统目标为止。

(5) 导出和评价供选择的方案

分析员从系统的逻辑模型出发，导出若干较高层次的(较抽象的)物理解供比较和选择。从技术、经济、操作等方面进行分析比较，并估算开发成本、运行费用和纯收入。在此基础上对每个可能的系统进行成本/效益分析。

(6) 推荐一个方案并说明理由

在对上一步提出的各种方案进行分析比较的基础上向用户推荐一种方案，在推荐的方案中应清楚地表明：

① 本项目的开发价值；

② 推荐这个方案的理由；

③ 制定实现进度表，这个进度表不需要也不可能很详细，通常只需要估计软件生存周期每个阶段的工作量。

(7) 推荐行动方针

根据前面的可行性研究的结果做出一个关键性决定，表明是否进行这项开发工程。分析员还需要较详细地分析开发此项工程的成本/效益情况，这可作为使用部门的负责人根据经济实力决定是否投资此项工程的依据。

(8) 书写计划任务的可行性论证报告，把上述材料进行分析汇总，草拟描述计划任务的可行性论证报告。此报告应包括以下内容。

① 引言。简单介绍系统背景情况，包括国内外相关系统的发展水平和市场需求程度、实现系统的环境以及与其他系统之间的关系。

② 系统技术描述。包括总体设计方案、系统分解情况、涉及的关键技术、各阶段目标。

③ 系统经济效益。即经济可行性，包括设计开发总花费、预期经济效益以及长期效益。

④ 系统技术评价。即技术可行性，包括开发队伍的技术实力、设备条件和已有的工作基础。

⑤ 法律上的可行性。系统开发是否存在侵权行为或要承担的法律责任。

⑥ 其他。与项目开发有关的问题，如对现有的系统进行分析，并为开发系统提供可行性建议等。

⑦ 结论。可行性报告的最后必须给出一个明确的结论，结论的内容可能是：项目开发可以立即开始；系统开始的前提是要具备某些条件或对系统目标进行某些修改；系统在技术、经济或操作等方面不可行，要求立即终止该项目的所有工作。

(9) 提交审查

用户和使用部门的负责人应仔细审查上述文档,也可以召开论证会。论证会成员包括用户、使用部门负责人及有关方面的专家,并对该方案进行论证,最后由论证会成员签署意见,指明该计划任务的可行性论证报告是否通过。

2.3 成本/效益分析

成本/效益分析的目的是从经济角度评价开发一个新的软件项目是否可行。本节主要从成本估算及效益分析两方面进行介绍。

2.3.1 成本估算技术

软件的生产率数据是软件价格的基础,但软件生产率是一个很难度量的量。软件生产是一次性事件,软件生产率必须反映软件生产进程中的所有阶段,但是很难提出一种关于整个软件工程进程的宏观度量。很多因素都影响着软件生产率,如人的因素:程序设计人员的素质和经验;产品因素:问题的复杂性、设计约束、性能指标等;工程因素:分析和设计方法、复审过程、可用的语言等;资源因素:开发工具和硬软资源的可用性等。

为了得到可靠的成本及工作量的估算,可采用如下方法。

① 将软件价格计算延迟到工程设计的最后,可得到精确计算的价格。

② 基于已完成的类似项目进行估算。

③ 使用相对简单的分解技术生成项目成本和工作量的估算。

④ 使用一个或多个经验模型进行软件成本和工作量的估算。

显然,第一种方法虽然可靠准确,但是不实用。软件价格估算必须预先提出,它是软件计划工作的主要部分之一。

而第二种方法在没有与当前项目完全相同的经验时也很难实施。

所以软件估算可采用其余两个方法,而且在理想的情况下,可将这两种方法同时使用,互相进行交叉检验。分解技术将软件项目分解成若干主要的功能和相关的软件工程活动,通过求精的方法完成成本及工作量的估算。经验估算模型可对分解技术进行补充。经验估算模型是基于历史数据的,是一些经验公式,其形式为

$$d = f(V_i)$$

式中,d 为待估算的某个值(如工作量、成本或项目持续时间等);V_i 为选取的影响价格的独立参数。

下面介绍一些常用的成本估算方法。

(1) 基于代码行的成本估算方法

与其他商品比较,软件成本估算的特殊性取决于软件生产过程的非实物性。软件的开发过程也是软件的生产过程。软件是高度知识密集型产品,开发过程中几乎没有原材料或者能源消耗,设备折旧所占比例很小,因此软件生产的成本主要是劳动力成本,即以软件开发全过程以劳动力消耗为主的全部代价作为软件成本。软件生产率是软件成本估算的基础,常用的软件成本估算计量单位如下。

① 源代码行：交付的可运行软件中有效的源程序代码行数，通常不包括程序中的注释。

② 工作量：指程序员完成一项任务所需的平均工作时间，其单位可以是人月(PM)、人年(PY)或者人日(PD)。

③ 软件生产率：开发全过程中单位劳动量能够完成的平均软件数量。

例如，在一个软件的开发中，工作量分配估计数据如表2.1所示。

表2.1 一软件开发的工作量分配

任　务	工作量/PM	任　务	工作量/PM
需求分析	2.0	编码	1.5
设计	3.0	测试	4.0

若共交付源码3800行，其中包括400行系统演示和测试代码，则软件生产率是

$$生产率=3400\ 行/10.5\text{PM}=324\ \text{LOC/PM}$$

其中，LOC指Line Of Code。

软件生产率不仅可以用于成本估算，也可以用于软件计划的进度估算。

行代码估算方法是比较简单的定量估算方法。通常根据经验和历史数据估计系统实现后的各功能的源代码行数，然后用每行代码的平均成本相乘得到软件功能成本估算。每行代码的平均成本取决于软件复杂程度和开发人员的工资水平。如果用软件生产率相乘，则得到预期开发期。若进行功能或者任务分解，则可以估计开发进度。

(2) 任务分解成本估算

任务分解成本估算的典型方法是根据生命周期的瀑布模型对开发工作进行任务分解，分别估计每个任务的成本，然后累加得到总成本。每个任务的成本估计通常指估计工作量(通常以PM为单位)。

如果软件系统庞大，可以分为子系统独立开发，则应对每个子系统按照开发阶段分别进行估算。典型系统开发需要的工作量比率大体如表2.2所示。

表2.2 工作量比率

任　务	工作量比率/%	任　务	工作量比率/%
需求分析	15	编码与单元测试	20
设计	25	综合测试	40

(3) 经验统计估算模型

① 参数方程。静态单变量模型的一般形式为

$$代价=C_1\cdot(估计特点)\cdot \mathrm{e}^{C_2}$$

式中，C_1可以是工作量、需要人数、项目持续时间等；估计特点通常是估计源代码行数。

例如，Walston-Felix模型为

$$工作量\ E=5.2\times L^{0.91}(\text{PM})$$

$$\text{项目时间 } D = 4.1 \times L^{0.36}\text{(月)}$$

$$\text{程序员人数 } S = 0.54 \times E^{0.6}\text{(人)}$$

$$\text{文档数量 } DOC = 2.47 \times E^{0.35}\text{(页)}$$

式中,PM 为人月,L 为估计目标程序指令代码条数,对于高级语言源程序,应在不包括程序注释、编译命令的前提下将所有源程序行乘以转换系数折算为机器指令条数。

该模型收集了 1973—1977 年 IBM 公司联合系统分部 60 个项目的成本数据。程序规模从 400 行到 46.7 万行,人力从 12PM 到 1178PM,使用 66 台计算机、28 种不同语言。最后这些数据用最小二乘法进行参数估计得出。

② Putnam 模型。1978 年,Putnam 对从美国军队计算机指挥系统的软件项目中收集到的数据进行了全面分析,得到了 Putnam 估算模型。Putnam 模型是基于 Norden-Rayleigh 曲线的动态多变量模型,在工作量、提交时间、程序规模之间有一个非线性的折中平衡功能。

$$L = C_k K^{1/3} T_d^{4/3}$$

式中,L 为源代码行数(以 LOC 计);K 为整个开发过程所花费的工作量(以 PY 计);T_d 为开发持续时间(以年计);C_k 为技术状态常数,它反映了妨碍开发进度的限制,取值因开发环境而异,如表 2.3 所示。

表 2.3 Putnam 模型中 C_k 的取值

C_k 的典型值	开发环境	开发环境举例
2000	差	没有系统开发方法,缺乏文档和复审
8000	好	有合适的系统开发方法,有充分的文档和复审
11 000	优	有自动的开发工具和技术

对上述方程加以变换,可以得到估算工作量的公式为

$$K = L^3/(C_k^3 T_d^4)$$

还可以估算开发时间,即

$$T_d = [L^3/(C_k^3 K)]^{1/4}$$

③ COCOMO 模型(Constructive Cost Model)。这是 Boehm 利用加利福尼亚州的一个咨询公司的大量项目数据推导出的一个结构化成本估算模型,是一种精确的、易于使用的成本估算方法。该模型于 1981 年首次发表,为适应软件业界的变化,Boehm 又于 1994 年发表了 COCOMOⅡ模型。

COCOMO 模型中用到了以下变量。

D:源指令条数,不包括注释。

M:开发工作量(以人月计),M=19 人・日=152 人・时=$\frac{1}{12}$人・年。

T:开发进度(以月计)。

在 COCOMO 模型中,需要考虑开发环境,软件开发项目的类型可以分为以下 3 种。

① 组织型。相对较小、较简单的软件项目。开发人员对开发目标理解比较充分,与

软件系统相关的工作经验丰富，对软件的使用环境很熟悉，受硬件的约束较小，程序的规模不是很大(小于50 000行)。

② 嵌入型。要求在紧密联系的硬件、软件和操作的限制条件下运行，通常与某种复杂的硬件设备紧密结合在一起。对接口、数据结构、算法的要求高。软件规模任意，如大而复杂的事务处理系统、大型/超大型操作系统、航天用控制系统、大型指挥系统等。

③ 半独立型。介于上述两种软件之间，规模和复杂度都属于中等或更高，最大可达30万行。

基本COCOMO模型估算工作量和进度的公式为

$$\text{工作量 } M = r \cdot (kD)^c$$

$$\text{进度 } T = a \cdot M^b$$

式中，经验常数 r、c、a、b 取决于项目的总体类型。

COCOMO模型按其详细程度可以分为3级：基本COCOMO模型、中级COCOMO模型和详细COCOMO模型。其中，基本COCOMO模型是一个静态单变量模型，它用一个以已估算出来的LOC为自变量的经验函数计算软件开发工作量；中级COCOMO模型在基本COCOMO模型的基础上，再用涉及产品、硬件、人员、项目等方面的影响因素调整工作量的估算；详细COCOMO模型包括中级COCOMO模型的所有特性，但更进一步考虑了软件工程中每个步骤(如分析、设计)的影响。

COCOMO模型是一个采用自底向上的方法进行估算的杰出典范。对于详细COCOMO模型来说，估算工作从软件结构的最底层模块开始，然后逐步进行到更高层次的子系统，最后到达系统层次。

影响软件开发成本的因素可以分为软件产品属性、计算机属性、人员属性和项目属性。在详细COCOMO模型中，影响开发成本的15个主要因素调整系数如表2.4所示。利用该表不仅可以估算软件开发成本，还可以分析和比较不同开发条件的成本和效益，从而制定更恰当的开发方案。

表2.4 影响开发成本的主要因素

f_i	类别	主要因素	级别					
			很低	低	正常	高	很高	极高
f_1	软件属性	软件可靠性	0.75	0.88	1.00	1.15	1.40	
f_2		数据库大小		0.94	1.00	1.08	1.16	
f_3		产品复杂性	0.70	0.85	1.00	1.15	1.30	1.65
f_4	硬件属性	执行时间限制			1.00	1.11	1.30	1.66
f_5		内存容量限制			1.00	1.06	1.21	1.56
f_6		硬环境变动		0.87	1.00	1.15	1.30	
f_7		计算机响应时间		0.87	1.00		1.07	1.15

续表

f_i	类别	主要因素	级别					
			很低	低	正常	高	很高	极高
f_8	人员属性	分析员能力	1.46	1.19	1.00	0.86	0.71	
f_9		应用经验	1.29	1.13	1.00	0.91	0.82	
f_{10}		程序员能力	1.42	1.17	1.00	0.86	0.72	
f_{11}		开发环境知识	1.21	1.10	1.00	0.90		
f_{12}		编程语言经验	1.14	1.07	1.00	0.95		
f_{13}	项目属性	软件开发模型	1.24	1.10	1.00	0.91	0.82	
f_{14}		软件工具	1.24	1.10	1.00	0.91	0.83	
f_{15}		进度约束	1.23	1.08	1.00	1.04	1.10	

2.3.2 几种度量效益的方法

1. 货币的时间价值

通常以利率的形式表示货币的时间价值。假设年利率为 i，如果现在存入 P 元，则 n 年后可以得到的钱数为

$$F = P(1 + i)^n$$

式中，F 即为 P 元钱在 n 年后的价值。反之，如果 n 年后能收入 F 元钱，则这些钱现在的价值是

$$P = F / (1 + i)^n$$

【例 2.1】 在工程设计中用 CAD 系统取代大部分人工设计工作，每年可节省 9.6 万元。若软件生存期为 5 年，则可节省 48 万元，而开发这个 CAD 系统共需投资 20 万元。

不能简单地把 20 万元同 48 万元相比较。因为前者是现在投资的钱，而后者是 5 年以后节省的钱，需要把 5 年内每年预计节省的钱折合成现在的价值才能进行比较。

设年利率是 5%，利用计算货币现在价值的公式可以算出引入 CAD 系统后每年预计节省的钱的价值，如表 2.5 所示。

表 2.5 货币的时间价值

时间/年	将来值/万元	$(1+i)^n$	现在值/万元	现在的累积值/万元
1	9.6	1.05	9.1429	9.1429
2	9.6	1.1025	8.7075	17.8513
3	9.6	1.1576	8.2928	26.1432
4	9.6	1.2155	7.8979	34.0411
5	9.6	1.2763	7.5219	41.5630

2. 投资回收期

通常用投资回收期衡量一项开发工程的价值。所谓投资回收期,就是使累计的经济效益等于最初投资所需要的时间。显然,投资回收期越短,获得利润就越快,这项工程也就越值得投资。在例 2.1 中,引入 CAD 系统 2 年以后可以节省 17.85 万元,比最初投资还少 2.15 万元。但第 3 年可以节省 8.29 万元,则

$$2.15/8.29=0.259$$

因此,投资回收期是 2.259 年。投资回收期仅仅是一项经济指标,只衡量一项开发工程的价值,还应该考虑其他经济指标。

3. 纯收入

衡量工程价值的另一项经济指标是工程的纯收入。纯收入是整个生命周期内系统的累计经济效益(折合成现在值)与投资之差,相当于比较投资开发一个软件系统和把钱存在银行中(或贷给其他企业)这两种方案的优劣。如果纯收入为零,则工程的预期效益和在银行存款一样,但由于开发一个系统要冒风险,因此从经济观点看,这项工程可能是不值得投资的。如果纯收入小于零,那么这项工程显然不值得投资。上例中,工程的纯收入预计是 41.563－20＝21.563(万元)。

4. 投资回收率

若将资金存入银行或贷给其他企业以获得利息,则通常使用年利率衡量获利的多少。类似地也可以计算投资回收率,用它衡量投资效益,并且可以把它和年利率比较,在衡量工程的经济效益时,它是最重要的参考数据。

如果以现在的投资额,并且已经估计出将来每年可以获得的经济效益,那么给定软件的使用寿命之后,计算投资回收率的方法如下。

假设把数量等于投资额的资金存入银行,每年年底从银行取回的钱等于系统每年预期可以获得的效益,在时间等于系统寿命时,正好把在银行中的存款全部取出。假设有年利率且年利率等于投资回收率,则根据上述条件可以列出

$$P = F_1/(1+j) + [F_2/(1+j)^2] + [F_n/(1+j)^n]$$

式中,P 是现在的投资额;F_i 是第 i 年年底的效益($i=1,2,\cdots,n$);n 是系统的使用寿命;j 是投资回收率。

解出这个高阶代数方程,即可求出投资回收率。

2.4 系统规格说明与评审

系统规格说明是一种文档,用于描述基于计算机系统的功能、性能和支配系统开发的各种约束条件。本节介绍系统规格说明的主要内容和评审。

2.4.1 系统规格说明

系统规格说明是作为硬件工程、软件工程、数据库工程、人类工程的基础而使用的一个文档，它描述了系统的功能和性能，以及管理该系统的一些限制条件。这个规格说明界定每个被分配的系统元素，对于软件工程，指明了软件在整个系统和结构流程图描述的各种子系统环境中的作用。系统规格说明还描述了系统的输入/输出（数据与控制）信息。

系统规格说明的主要内容如下。

① 引言。

- 文档的范围和目的。
- 概述：目标；限制条件。

② 功能和数据描述。包括系统结构、结构环境图、结构环境图描述。

③ 子系统描述。

- 对于子系统 n 的结构图描述：包括结构流程图、系统模块描述、性能问题、设计限制条件、系统部件的分配。
- 结构词典。
- 结构互联图及其描述。

④ 系统模型化和模拟结果。

- 用于模拟的系统模型。
- 模拟结果。
- 特殊的性能问题。

⑤ 项目问题。

- 项目开发成本。
- 项目进度安排。

⑥ 附录。

应当注意：这只是许多可用于定义系统描述文档中的一种方案，实际的格式和内容可以根据软件或系统工程标准（如 DOD/STD 2167A）或者本地用户和优先选择决定。

2.4.2 系统定义的评审

① “系统定义评审”评价在“系统规格说明”中所做出规定的正确性。评审由开发人员和用户合作进行，是要保证以下几点。

- 正确地定义了项目的范围。
- 适当地定义了功能、性能和接口。
- 环境的分析和开发风险证明了系统是可行的。
- 开发人员与用户对系统的目标达成了共识。

② 系统定义评审分两步走。先从管理的角度进行审查，再对系统元素和功能进行技术评估。管理方面考虑的关键问题如下。

- 是否已经建立了稳固的商业需求，系统可行性是否合理。
- 特定的环境（或市场）是否需要所描述的系统。

- 考虑了哪些候选方案。
- 每个系统元素的开发风险有哪些。
- 资源对于系统的开发是否有效。
- 成本与进度界限是否合理。

③ 系统技术评审时考虑的详细程度随功能分配工作时考虑的详细程度而改变。评审应当包括以下问题。

- 系统的功能复杂性是否与开发风险、成本、进度的评估相一致。
- 功能分配是否定义得足够详细。
- 系统元素之间的接口、系统元素与环境元素的接口是否定义得足够详细。
- 在规格说明中是否考虑了性能、可靠性和可维护性问题。
- 系统规格说明是否为后续的硬件和软件工程步骤提供了足够的基础。

一旦完成了系统评审,工程便开始并行开展。系统的硬件、人员、数据库元素将成为各自工程过程的一部分。

小　结

在问题定义之后,应进行可行性研究。通过可行性研究可以知道问题有无可行的解,进而避免人力、物力和财力的浪费。可行性研究的目的是用最小的代价在尽可能短的时间内确定问题是否能够解决,也就是说,可行性研究的目的是确定问题是否值得解决,而不是解决问题。本章主要介绍了可行性研究的任务和方法,并对成本/效益分析以及系统规格说明与评审进行了介绍。

习　题

1. 可行性研究的目的是什么?可行性研究的任务包括哪些?
2. 简述可行性研究的方法。
3. 在可行性研究阶段主要会形成哪些相关文档?
4. 自选一个项目开发实例,试分析它的投资回收期、纯收入以及投资回收率。

需求分析

教学提示：本章内容是传统的软件生命周期开发计划中的分析时期的最后一个阶段，是生命周期中最重要的一个阶段。在这个阶段要弄清用户的真实需求，包括功能需求、性能需求、数据需求、运行需求和将来可能提出的要求；建立系统的逻辑模型，书写需求规格说明文档。

教学目标：掌握需求分析的方法、数据流图的画法和需求规格说明的书写方法。

需求分析是软件开发生存周期中介于系统分析和软件设计之间的重要阶段，它是以系统规格说明等作为分析活动的基础，并从软件的角度对系统进行检查和调整。良好的分析活动有助于避免或尽早剔除早期出现的错误，从而大幅提高软件生产率，降低开发成本，保证软件质量。

3.1 需求分析的任务、过程与原则

在进行需求分析时，必须理解并描述问题的信息域；定义系统要完成的功能；描述作为外部事件结果的软件行为等。

3.1.1 需求分析的任务

在需求分析阶段，不仅用户要弄清楚软件的功能和性能，并对软件的最终结构提出要求，而且软件分析人员也应该准确地回答“系统必须做什么”这个问题。

需求分析阶段要从可行性研究阶段的结果出发。根据现有系统的物理模型建立现有系统的逻辑模型，通过研究现有系统存在的问题修改现有系统的逻辑模型，进而得到开发系统的逻辑模型，从而设计出开发系统的物理模型。

弄清用户的需求及确定系统必须完成哪些工作也就是对目标系统提出完整、准确、清晰、具体的要求，建立系统的逻辑模型是需求分析阶段的主要任务。需求分析采用的主要方法是结构化分析方法。系统逻辑模型主要通过系统的数据流图和数据字典共同体现。

3.1.2 需求分析的过程

需求分析的过程主要分为5个步骤，分别是验证可行性研究阶段得到的结果，分析系统的主要要求，得到系统的逻辑模型，修正系统的开发计划和验证软件需求。

首先要验证可行性研究阶段得到的结果。在需求分析阶段要进一步与用户交流，获得用户的真实需求，对在可行性研究阶段得到的关于系统的初步开发计划和数据流图进行修改。

然后分析和确定系统的主要需求，包括用户对系统的功能要求、性能要求、运行要求和数据要求，为了使系统在较长时期内可用，还应将未来用户可能提出的要求考虑进来。

下一步是导出系统的逻辑模型。系统的逻辑模型由数据流图和数据字典共同构成。在需求分析阶段主要采用交流技术，如访谈、情景分析等与用户进行充分的交流，让用户弄清自己到底需要哪些功能，并且能清楚地表达出来，进而对可行性研究阶段已经得到的数据流图进行修改。同时为数据流图书写数据字典，以更充分地描绘系统的逻辑模型。对于主要的处理算法，应通过加工处理的描述进行说明。

接下来是要修正系统的开发计划。由于通过与用户的进一步交流挖掘出了用户的许多真实需求，在可行性研究阶段制定的计划不一定适合这次开发，因此要修正开发计划，重新制定开发进度、预算等。

最后是验证软件的需求。为了验证软件的需求，需要建立一个非常重要的文档，即需求规格说明书。需求规格说明书是开发方获得用户需求的表达，是用户检验产品的标准。

3.1.3 需求分析的原则

需求分析阶段最重要的一条原则是要弄清系统必须做什么，而不要考虑如何具体实现。当与用户进行交流时，一定要挖掘用户的真实需求，将用户的需求在这个阶段“冻结”，不要再改变，否则将会造成很大的损失。

3.2 需求分析的方法

与用户沟通获取需求的方法有很多，最初是用访谈的形式，现在比较常用的是结构化分析方法和原型化方法等。

3.2.1 结构化分析方法

1. 结构化分析方法的原理

结构化分析(SA)方法是指面向数据流自顶向下、逐步求精地进行需求分析。使用“分解”和“抽象”两个基本手段控制开发的复杂性。分解就是指把大问题分割成若干小问题，然后分别解决；分解也可以分层进行，即先考虑问题最本质的属性，暂时把细节略去，以后再逐步添加细节，直至设计到最详细的内容，这就是抽象。

2. 数据流图

数据流图是描绘系统的逻辑模型，其中没有任何具体的物理元素，只描绘了信息在系统中流动和处理的情况。在需求分析阶段建立的数据流图是采用结构化分析方法的基本思想获得的分层细化的数据流图。

(1) 数据流图的组成

数据流图是由 4 个要素组成的,分别是外部实体(也就是数据的源点或终点)、处理、数据流和数据存储。

① 外部实体(数据的源点或终点)。指系统外与系统有联系的人或事物。表达该系统数据的外部来源或去处,如顾客、工人、单位或另一个系统等。

② 处理。指对数据的逻辑处理功能,也就是对数据的变换功能,任何改变数据的操作都是处理,如一系列程序、单个程序或程序的一部分。

③ 数据流。指处理功能的输入或输出,是运动中的数据,如信件、票据等。

④ 数据存储。是静止状态的数据,表示数据保存的"地方"。这个地方并不是指保存数据的物理地点或物理介质,而是指数据存储的逻辑描述,如可以表示一个文件、文件的一部分、数据库的元素或记录的一部分等。

(2) 数据流图的符号

数据流图中的符号主要包括基本符号和附加符号。

① 基本符号,如图 3.1 所示。

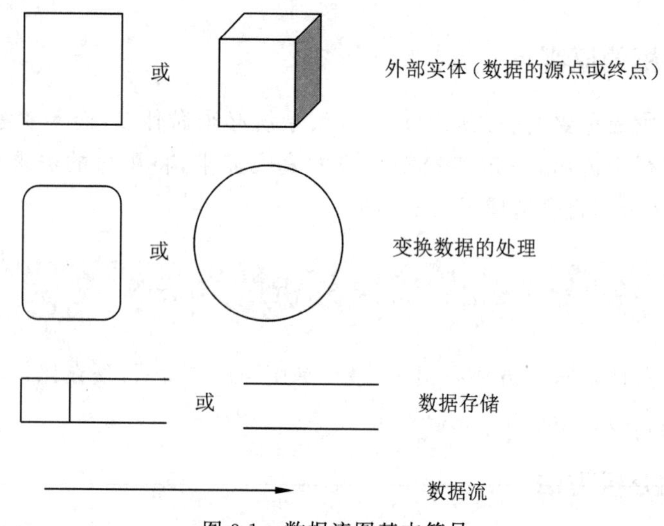

图 3.1 数据流图基本符号

② 附加符号,如图 3.2 所示。

"*"表示数据流之间是"与"的关系。

"+"表示数据流之间是"或"的关系。

"⊕"表示只能从中选择一个(互斥关系)。

(3) 分层数据流图

绘制分层细化的数据流图的基本原则是:一是要保持父图和子图信息的连续性,二是当进一步划分将涉及如何具体实现一个功能时,细化结束。

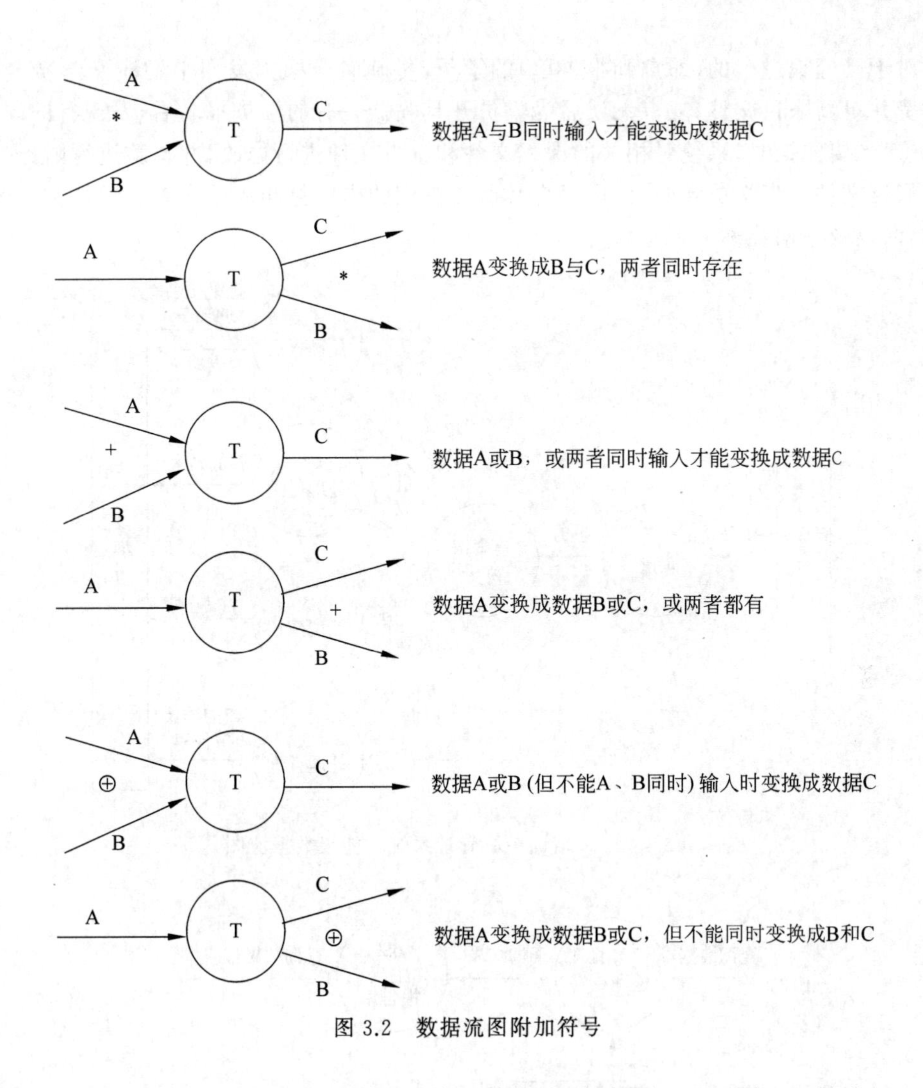

图 3.2　数据流图附加符号

【例 3.1】　画出××培训中心管理系统的数据流图，如图 3.3 至图 3.5 所示。

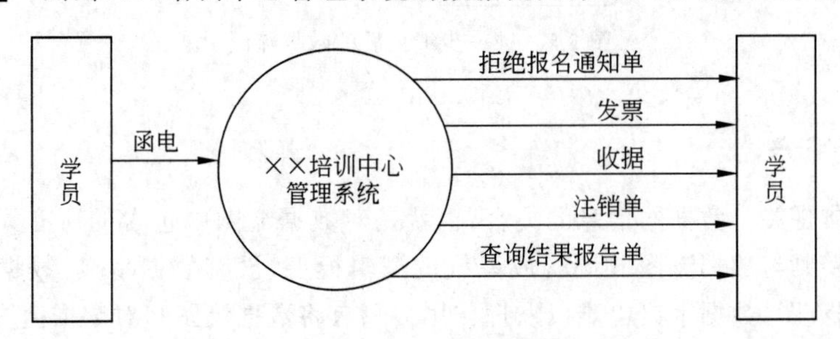

图 3.3　××培训中心管理系统基本模型

问题描述：

××培训中心当有学员报名时，根据系统中的课程文件的内容，查看该门课程是否已经额满(额满不能报名，未满可以报名)，以及该学员是否已经进行了学员登记(即该学员是否为新学员)。报名后，为该学员打印一份报名单，标出最迟的交费日期及所报课程信息。对于已经报过名的(即拿到报告单)的学员,付款时应根据发票上的应交学费金额收取学费并更新账目文件,复审无误后为学员开具收据。有的学员报名后,发现有的课程不想学了,当要注销时,系统对相关的课程文件和学员文件进行修改,并退款进行财务处理,更新账目文件。当学员咨询时,可以将其所要查询的内容打印成报告单。学员的报名、付款、查询以及注销统称为事务。

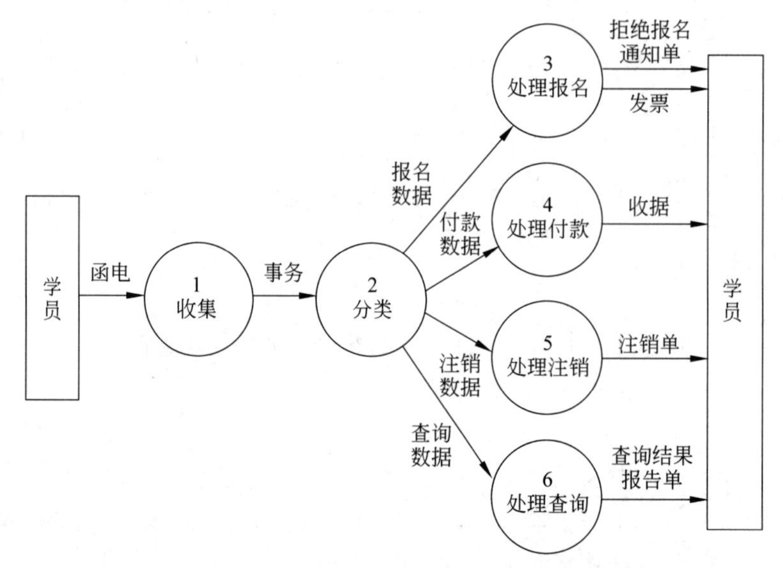

图 3.4　××培训中心管理系统功能级数据流图

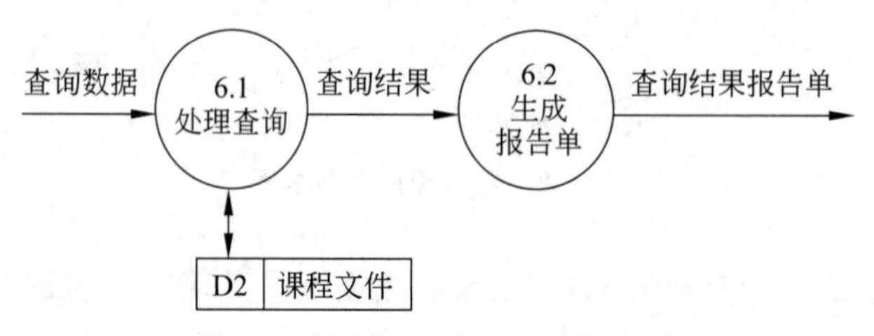

图 3.5　进一步细化后的数据流图

3. 数据字典

数据字典是关于数据的信息的集合,也就是对数据流图中包含的所有元素的定义的集合。数据字典与数据流图共同构成系统的逻辑模型,没有数据字典,数据流图就不严格;没有数据流图,数据字典也难以发挥作用。只有将数据流图和对数据流图中每个元素的精确定义(数据字典)放在一起,才能共同构成系统的规格说明。

数据字典由对下列 4 类元素的定义组成：数据流、数据流分量(即数据元素)、数据存储和处理(用 IPO 图或 PDL 描述更方便)。除了数据定义之外,还包含关于数据的一些其他信息：一般信息——名字、别名、描述;定义——数据类型、长度、结构;使用特点——值的范围、使用频率、使用方式;控制信息——来源、用户、使用它的程序、使用权、改变权;

分组信息——父结构、从属结构、物理位置(记录、文件、数据库)。

数据字典中的定义就是对数据自顶向下的分解,通过数据元素组成数据的方式和分类。

① 顺序:以确定的次序连接两个或多个分量。

② 选择:从两个或多个可能的元素中选取一个。

③ 重复:把指定的分量重复零次或多次。

④ 可选:一个分量是可有可无的(不重复或重复一次)。

数据字典中的常用符号见表 3.1。

表 3.1 数据字典中的常用符号

符号	含义	解释
=	被定义为	
+	与	例如,x=a+b,表示 x 由 a 和 b 组成
[⋯,⋯] [⋯	⋯]	或	例如,x=[a|b]或 x=[a,b],表示 x 由 a 或 b 组成
{⋯}	重复	例如,x={a},表示 x 由 0 个或多个 a 组成
m{⋯}n	重复	例如,x=3{a}8,表示 a 在 x 中至少出现 3 次、至多 8 次
(⋯)	可选	例如,x=(a),表示 a 可在 x 中出现,也可不出现
“⋯”	基本数据元素	例如,x=“a”,表示 x 是取值为 a 的数据元素
⋯	连接符	例如,x=1⋯9,表示 x 可取 1~9 的任意一值

【例 3.2】 写出××培训中心管理系统的数据字典。

事务=[报名数据|付款数据|注销数据|查询数据]

报名数据=姓名+课程代号+电话+地址

付款数据=姓名+课程代号+课程名+学时数+学费+开课时间+最晚缴费时间

注销数据=姓名+课程代号+学费+备注

查询数据=[类别|课程号]

发票=姓名+课程代号+课程名+学时数+学费+开课时间+最晚缴费时间

收据=姓名+课程代号+课程名+交款额+交款日期

注销单=姓名+课程代号+课程名+注销日期

查询结果报告单=课程代号+课程名+学时数+开班人数+学费+开课时间+已有人数

学员文件=姓名+课程代号+电话+地址

课程文件=课程代号+课程名+学时数+开班人数+学费+开课时间+已有人数

账目文件=姓名+交款额+交款日期

拒绝数据=课程代号+开班人数+已有人数

拒绝报名通知单=课程代号+开班人数+已有人数

3.2.2 原型化方法

按照传统的软件开发方法，目标软件往往需要在等待漫长的开发时间之后才能得到目标软件的最初版本。此时，由于软件研制的各个阶段中各种错误和偏差的积累，用户常常会对目标软件提出许多修改意见，有时甚至会全盘否定，导致开发失败，这无疑会造成人力、物力和财力的巨大浪费。为了防止这种情况的发生，降低开发风险，在需求分析阶段常常采用原型化方法。

1. 原型化方法的基本思想

在软件开发的早期，快速建立目标软件系统原型可以让用户在对原型进行评估的同时提出修改意见。当原型几经改进最终确认后，它将从软件设计和编码阶段进化成软件产品；或者设计和编码人员遵循原型所确立的外部特征以实现软件产品。

2. 采用原型化方法的步骤

确定采用原型化方法之后，分析人员要遵循以下步骤。

① 采用一种分析技术或方法生成一个简化的需求规格说明。

② 对上述需求规格说明进行评审并通过后，生成设计规格说明。通常，为了快速生成原型，这种设计只注重软件的总体结构、用户界面和数据设计，不注重过程内部的控制流设计。

③ 使用可重用软部件库、用户界面自动生成器等工具生成可运行的软件原型并进行测试和改进。

④ 将原型提交给用户进行评估，同时征询改进意见。

⑤ 上述过程将反复进行，直到用户完全满意。此时的原型已全面、准确地反映了目标软件在外部行为方面的需求，可以作为需求规格说明的一部分而成为软件设计和编码的基础。

3. 快速原型开发模型

在获得用户需求时，分析人员不断与用户沟通交流，但获得的需求仍然十分有限。分析人员通过列出用户已经提出的需求和可能提出的需求、让用户重新判断等方法与用户沟通，但分析人员仍无法确定用户所描述的需求就是他们想要开发的系统，也就是无法获得最真实的需求信息。

此时，快速原型开发模型应运而生，它通过快速构建一个可运行的原型系统，让用户试用原型并收集用户反馈意见的方法获取用户的真实需求。快速原型模型有两种，一种是在与用户交流之前就已经建立的原型系统，将这个系统拿给用户看，让用户说出自己所要的系统与这个系统的主要区别，这种快速原型称为抛弃型。另一种称为进化型，这种快速原型先与用户交流，获得一定的信息(用户的需求)，然后快速搭建一个原型系统交给用户看，用户从这个系统出发，找出这个系统与其心目中的系统的区别，开发人员从而获得更多的需求信息，进一步修改系统以满足用户的需求。

3.2.3 系统动态分析

在对系统进行需求分析时，不仅要建立系统的逻辑模型，还要建立系统的行为模型，也就是对系统进行动态分析。进行动态分析的主要工具是状态迁移图。

状态迁移图简称状态图，用来描绘系统的状态及引起系统状态转换的事件，并指明作为特定事件的结果系统将做出哪些动作。

状态是任何可以被观察到的系统行为模式，一个状态代表系统的一种行为模式，它规定了系统对事件的响应方式。

初始状态简称初态，指系统启动时进入的状态。

最终状态简称终态，指系统运行结束时达到的状态。

事件是指在某个特定时刻发生的事情，它是对引起系统做出动作或(和)从一个状态转换到另一个状态的外界事件的抽象。

符号表示如图 3.6 所示。

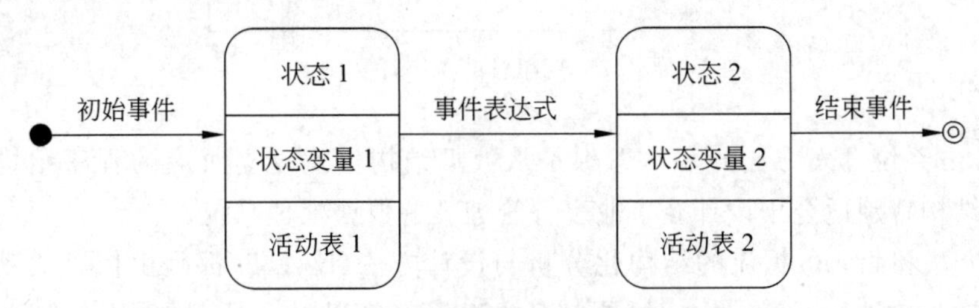

图 3.6 状态图中使用的主要符号

【例 3.3】 复印机的工作过程大致如下。未接到复印命令时处于闲置状态，一旦接到复印命令则进入复印状态，完成一个复印命令规定的工作后又回到闲置状态，等待下一个复印命令；如果执行复印命令时发现没纸，则进入缺纸状态，发出警告，等待装纸，装满纸后进入闲置状态，准备接收复印命令；如果复印时发生卡纸故障，则进入卡纸状态，发出警告，等待维修人员排除故障，故障排除后回到闲置状态。请用状态迁移图描绘复印机的行为。

答案如图 3.7 所示。

3.2.4 Jackson 系统开发方法和 Warnier 系统开发方法

Jackson 系统开发方法和 Warnier 系统开发方法都是结构化分析的主要方法。

1. Jackson 系统开发方法

Jackson 系统开发方法是英国人 Michael Jackson 在 1970 年提出的，它的发展分为 2 个阶段，前期(20 世纪 70 年代)主要研究以处理数据为主的结构化程序设计，称为 Jackson 结构程序设计方法，简称 JSP(Jackson Structured Programming)方法；后期(20 世纪 80 年代)吸收了软件工程的功能分割、逐步求精等设计思想，集中研究软件系统的开发，提出了 Jackson 系统开发方法，简称 JSD(Jackson System Development)方法。

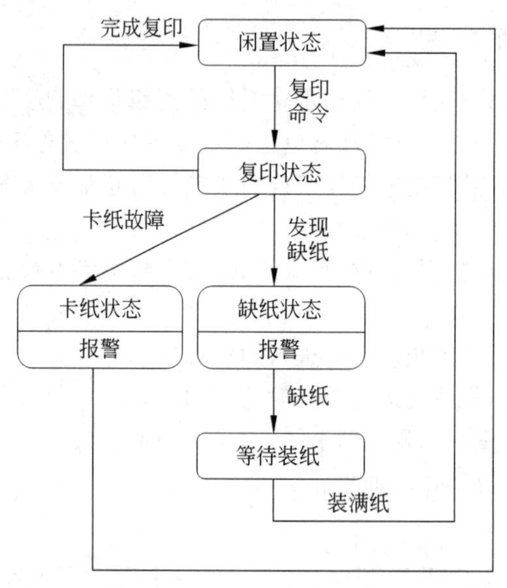

图 3.7　复印机的状态迁移图

Jackson 系统开发方法的基本思想是从数据结构出发建立对应的程序结构，所以这样的程序结构特别适合于设计企事业事务管理类的数据处理系统。

JSD 方法和面向数据流的结构化分析与设计方法（SADT）都是由信息驱动的，都是将信息转换为软件的程序结构。但是 JSD 方法不直接利用数据流图，因此不区分变换型结构或事务型结构。而且 JSD 方法的最终目标是生成软件的过程性描述，没有特别考虑程序模块化结构，模块只作为过程的副产品而出现，模块独立性也没有特别强调。

JSD 方法实际上是支持软件分析与设计的一组连续的技术步骤，具体操作如下。

① 实体动作分析：从问题的描述中提取软件系统要产生和运用的实体（人、物或组织），以及现实世界作用于实体上的动作（事件）。

② 实体结构分析：把作用于实体的动作或由实体执行的动作按时间发生的先后次序排序以构成进程，并用一个层状的 Jackson 结构图表示。

③ 定义初始模型：把实体和动作表示成一个进程模型，定义模型与现实世界的联系。模型系统的规格说明可用系统规格说明图（System Specification Diagram，SSD）表示。

④ 功能描述：说明与已定义的动作相对应的功能，为已定义的动作加入功能函数。

⑤ 决定系统时间特性：为进程加入时间因素，对进程调度特性进行评价和说明。

⑥ 实现：设计组成系统的硬件和软件，实现系统的原型。

JSD 方法的前 3 步属于需求分析阶段，后 3 步属于设计阶段。

与程序结构一样，Jackson 系统开发方法的数据结构也有顺序、选择和重复这 3 种类型。

① 顺序结构：顺序结构的数据由一个或多个数据元素组成，每个数据元素按确定次序出现一次，如图 3.8(a)所示。

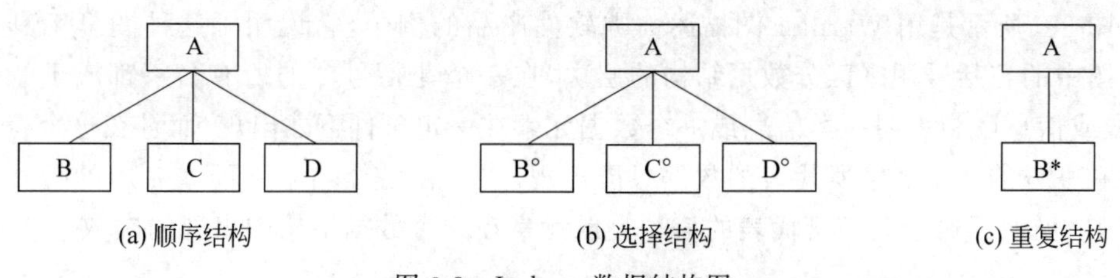

(a) 顺序结构　　(b) 选择结构　　(c) 重复结构

图 3.8　Jackson 数据结构图

② 选择结构：选择结构的数据包含两个或多个数据元素，每次使用这个数据时，按一定条件从这些数据元素中选择一个，如图 3.8(b)所示，图中的"°"表示选择。

③ 重复结构：重复结构的数据根据使用时的条件由一个数据元素出现零次或多次构成，如图 3.8(c)所示，图中的"＊"表示重复。

与 Jackson 结构图对应，可用伪码将 Jackson 结构图表示的 3 种程序结构转换为语言表示。

顺序结构：

```
A seq
B
C
D
A end
```

选择结构：

```
A select 条件 1
B
A          or 条件 2
C
A          or 条件 3
D
A end
```

重复结构：

```
A iter until(或 while)条件
B
A end
```

2. Warnier 系统开发方法

法国计算机科学家 Warnier 提出了表示信息层次结构的另外一种图形工具，Warnier 图应用树状结构描绘信息。用 Warnier 图可以表明信息的逻辑组织，它不仅可以指出一类信息或一个信息量是重复出现的，也可以表示特定信息在某一类信息中是有条件出现的。因为重复条件约束是说明软件处理的基础，所以 Warnier 图成为软件设计的工具。

图 3.9 所示是用 Warnier 图描述一类软件产品的例子，它说明了这种图形工具的用法。图中的花括号用来区分数据结构的层次，在一个花括号中的所有名字都属于一类信息；异或信息(⊕)表明一类信息或一个数据元素在一定条件下才出现，而且在这个符号的上方和下方的 2 个名字所代表的数据只能出现一个；在一个名字下面或右边的括号中的数字 P_i 说明了这个名字所代表的信息类或元素在这个数据结构中出现的次数。

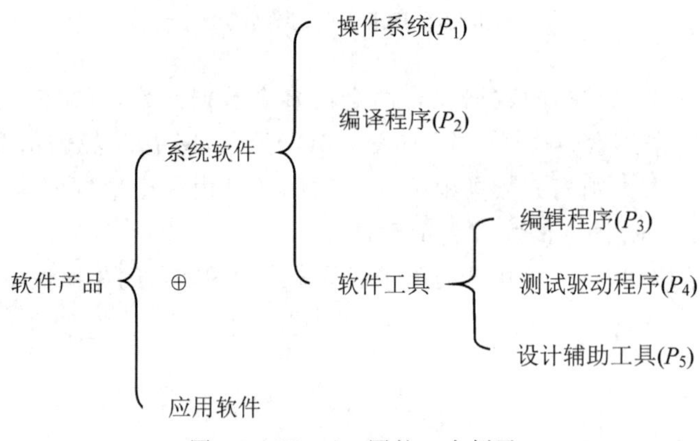

图 3.9 Warnier 图的一个例子

3.3 需求规格说明与评审

在进行需求分析时要将需求分析的有关数据记录下来，并按照有关标准和原则形成需求规格说明书。

3.3.1 需求规格说明书

需求规格说明书是需求分析阶段的最后成果，是软件开发中的重要文档之一。

需求规格说明书的内容是把软件计划中确定的软件范围加以展开，制定出完整的信息描述、详细的功能说明、恰当的检验标准及其他与要求有关的数据。

(1) 概述

从系统的角度描述软件的目标和任务。

(2) 数据描述

对软件系统所必须解决的问题做出详细说明。

- 数据流图
- 数据字典
- 系统接口说明
- 内部接口

(3) 功能描述

描述为解决用户问题所需要的每项功能的过程细节，对每项功能给出处理说明和在设计时需要考虑的限制条件。

- 功能
- 处理说明
- 设计的限制

(4) 性能描述

说明系统应达到的性能和应满足的限制条件,以及检测的方法和标准、预期的软件响应和可能需要考虑的特殊问题。

- 性能参数
- 测试种类
- 预期的软件响应
- 应考虑的特殊问题

(5) 参考文献目录

应包括与该软件有关的全部参考文献,其中包括前期的其他文档、技术参考资料、产品目录手册以及标准等。

(6) 附录

包括一些补充资料,如列表数据、算法的详细说明、框图、图表和其他资料。

需求规格说明书的作用主要有以下三方面。

作为用户和软件人员之间的共同文档,为双方相互了解提供基础;反映用户问题的结构,可以作为软件人员进行设计和编码的基础;作为验收的依据,即作为选取测试用例和进行形式验证的依据。

3.3.2 需求评审

需求分析文档完成后,应由用户和系统分析员共同进行需求评审。需求评审需要有用户方和承包商方的人员共同参与,检查文档中的不规范之处和遗漏之处。

在需求评审过程中,需要检查的主要内容如下。

- 系统定义的目标是否与用户的要求一致。
- 系统需求分析阶段提供的文档资料是否齐全。
- 文档中的所有描述能否完整、清晰、准确地反映用户要求。
- 与所有其他系统成分的重要接口是否都已经描述。
- 被开发项目的数据流与数据结构是否足够。
- 所有图表是否清楚,在不做补充说明时能否理解。
- 主要功能是否已包括在规定的软件范围之内,是否都已充分说明。
- 软件的行为和它必须处理的信息及必须完成的功能是否一致。
- 设计的约束条件或限制条件是否符合实际。
- 是否考虑了开发的技术风险。
- 是否考虑了软件需求的其他方案。
- 是否考虑了将来可能会提出的软件需求。
- 是否详细制定了检验标准,它们能否对系统定义成功进行确认。
- 有没有遗漏、重复或不一致的地方。

• 用户是否审查了初步的用户手册或原型。

• 软件开发计划中的估算是否受到了影响。

首先在宏观上进行评审，保证规约是完整、一致、精确的，然后细致地评审每个域，不仅要检查概要描述，还要检查需求被陈述的方式。

最后把需求评审期间找出的冲突、矛盾、错误和遗漏正式记录下来，由系统用户、系统购买者和开发商共同协商解决这些问题的方案。

小　结

本章主要阐述了需求分析的过程和在分析工程中应用的基本原理和主要图形工具。本章重点介绍了数据流图的画法、数据字典的写法、需求规格说明书的内容等。在学习数据流图的过程中，不仅要掌握基本元素及图形符号，还要掌握绘制分层数据流图的步骤以及在细化过程中的指导原则。数据字典的定义要规范，要使用恰当的符号。需求规格说明书是需求分析阶段的重要文档。

习　题

1. 根据问题描述绘制数据流图，写出数据字典。

为方便储户，某银行拟开发计算机储蓄系统。储户填写的存款单或取款单由业务员输入系统，如果是存款，则系统记录存款人姓名、住址、存款类型、存款日期、利率等信息，并打印存款单给储户；如果是取款，则系统计算利息并打印利息清单给储户。

2. 根据问题描述绘制数据流图，写出数据字典。

某装配厂有一存放零件的仓库，仓库中现有的各种零件的基本信息及库存量临界值都记录在库存清单主文件中。当库存量有变化时，应及时修改库存清单主文件；若库存量小于临界值，则报告给采购部门，每天送一次订货报表。该厂使用一台计算机处理和更新库存清单主文件和产生订货报表的任务。零件库存量的每次变化称为一个事务，由 CRT 终端输入计算机；系统重点库存清单程序对事务进行处理，更新并存储在磁盘上的库存清单主文件中，并且把必要的订货信息写在磁带上。最后，每天由报告生成程序读一次磁带，并打印订货报告。

3. 说明绘制分层数据流图的步骤。

4. 说明绘制分层数据流图的指导原则。

概 要 设 计

教学提示：从概要设计阶段开始就进入了软件开发的设计时期。在概要设计阶段，开发人员主要对软件系统的结构进行设计，将软件系统划分成相对独立的子系统或模块。划分时采用的技术主要是结构化设计技术。

教学目标：在这一章的学习中需要掌握模块化的基本原理和结构化的设计方法。

概要设计是建立在需求分析的基础上，将软件需求转换为数据结构和软件的系统结构，它可以为软件的详细设计打下基础。

4.1 概要设计的任务与步骤

进行概要设计主要是为了站在全局的高度上花费较少成本从较抽象的层次上分析和对比多种可能的系统实现方案和软件结构，并从中选择最佳方案和最合理的软件结构，从而用较低的成本开发出质量较高的软件系统。

4.1.1 概要设计的任务

概要设计又称总体设计，这个阶段的主要任务是：开发人员主要根据需求分析阶段得到的结果找出具体的实现方案。开发人员需要将软件系统的总体结构建立起来，将软件系统划分成模块，并且考虑模块之间的联系，为下一个阶段详细设计做准备。

4.1.2 概要设计的步骤

(1) 设想供选择的方案

开发人员根据需求分析阶段得到的数据流图所划分的自动化边界，逐个边界地设想并列出供选择的方案。

(2) 选取合理的方案

通过对不同方案的比较选取合理的方案。比较主要从易于实现性和成本/效益分析两方面进行。推荐最佳方案并制定实现这个系统的进度计划。

(3) 功能分解

功能分解也就是进行结构设计，确定软件系统由哪些模块组成，以及这些模块之间的相互关系。

(4) 设计软件结构

设计软件结构是概要设计阶段的核心工作，主要应用软件设计的概念和原理，采用面向数据流的设计方法(结构化设计方法 SD)为软件划分层次和结构。

(5) 数据库设计

应用所学的数据库知识对软件系统进行数据库设计，设计中还包括代码设计。代码设计是为了操作方便和区别唯一实体引入的字段。代码设计首先要考虑是否已有国家标准、行业标准、部门标准、企业标准，如果没有相关标准，则可以考虑重新设计代码。

代码的长度既要保证代码具有可扩充性，又要做到代码尽可能短小精悍。代码中可以包含属性，但属性应当是稳定的。代码校验的主要方法有：带校验位的代码校验方法、代码库检索校验方法、常用校验方法的综合运用和类型校验、长度校验、取值范围的校验等。

(6) 制定测试计划

在软件开发的早期阶段考虑测试问题，能促使软件设计人员在设计时注意提高软件的可测试性。

(7) 书写文档

(8) 审查和复审

技术审查通过后，再由使用部门的负责人从管理角度对其进行复审。

4.2 软件设计的基础

本节主要讲述在软件设计过程中应遵循的基本原理和相关概念。

4.2.1 模块化

通常，人们在解决问题时会将较复杂的问题划分成多个相对较简单的小问题处理。在进行软件系统的开发时也一样，也可以将一个大系统划分成功能相对独立的子系统或模块。

模块是程序中单独命名且可以通过名字访问的程序对象的集合，如过程、函数、子程序、宏等。模块化就是把程序划分成若干模块，每个模块完成一个子功能，把这些模块组装成一个整体，可以完成指定的功能以满足问题的要求。

定性论证：C(X)——问题 X 的复杂程度；

E(X)——解决问题 X 需要的工作量。

对于两个问题 P1、P2，如果 C(P1)>C(P2)，显然，E(P1)>E(P2)。

根据人类解决一般问题的经验：

$$C(P1+P2)>C(P1)+C(P2)$$

所以 E(P1+P2)>E(P1)+E(P2)。

在应用模块化原理划分模块时，采用的方法主要是分解，在需求分析阶段也提到了抽象和分解，实际上，抽象和分解是结构化方法的精髓。

在概要设计阶段，抽象就是把事务、状态或过程之间存在的形式的方面集中或概括起来,暂时忽略它们之间的差异,或者说是抽出事物的本质特性而暂时不考虑它们的细节。

为了保证模块之间的相对独立性,还要采用信息隐蔽和局部化技术。信息隐藏就是一个模块内包含的信息(过程和数据)对于不需要这些信息的模块来说是不能访问的。定义一组独立的模块,这些模块彼此之间仅交换那些为了完成系统功能而必须交换的信息。把一些关系密切的软件元素(如模块中使用的局部数据元素)物理地放得彼此靠近。

4.2.2 模块独立性

模块独立性指使每个模块完成一个相对独立的特定子功能,并且与其他模块之间的关系很简单。模块独立性可以通过两个定性标准度量:耦合性和内聚性。

1. 耦合性

耦合性是衡量不同模块彼此之间互相依赖的紧密程度,是程序结构中各个模块之间相互关联的度量。耦合强弱取决于模块之间接口的复杂程度、进入或访问一个模块的点以及通过接口的数据。模块之间的耦合程度强烈影响到系统的可理解性、可测试性、可靠性、可维护性。

耦合按照从弱到强的顺序可以分为数据耦合、控制耦合、公共环境耦合和内容耦合。

① 数据耦合:两个模块彼此之间通过参数交换信息,而且交换的信息仅仅是数据。

② 控制耦合:传递的信息中有控制信息(尽管有时以数据的形式出现)。

③ 公共环境耦合:两个或多个模块通过一个公共数据环境相互作用。

④ 内容耦合:出现下列情况之一就认为是内容耦合。一个模块访问另一个模块的内部数据;一个模块不通过正常入口而进入另一个模块内部;两个模块有一部分程序代码重叠;一个模块有多个入口。

对于模块设计,应尽量使用数据耦合,少用控制耦合,限制公共环境耦合的范围,不要使用内容耦合。耦合种类形象的描述如图 4.1 至图 4.3 所示。

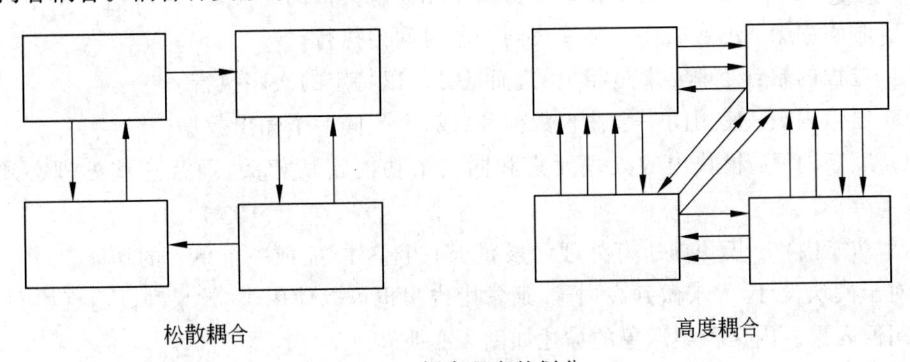

图 4.1 耦合程度的划分

2. 内聚性

内聚性用来衡量一个模块内部各个元素彼此结合的紧密程度,是模块功能强度的度量。

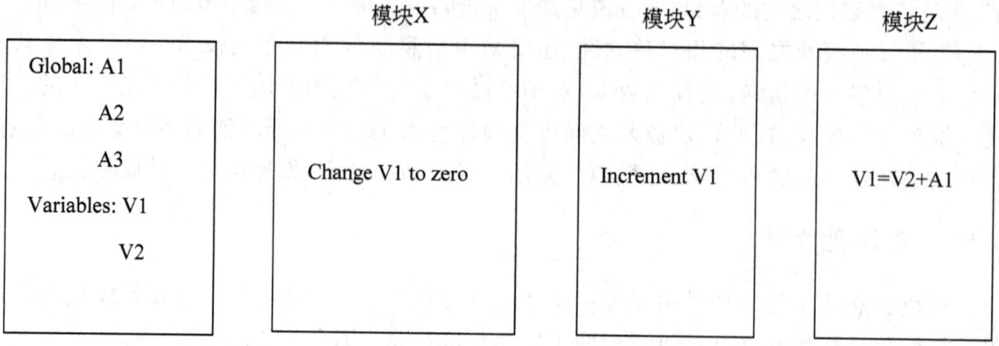

模块X
模块Y
模块Z
Global: A1
A2
A3
Variables: V1
V2
Change V1 to zero
Increment V1
V1=V2+A1

图 4.2　普通耦合

A
B
C
D
E
B
GOTO
D1
B
GOTO
D1

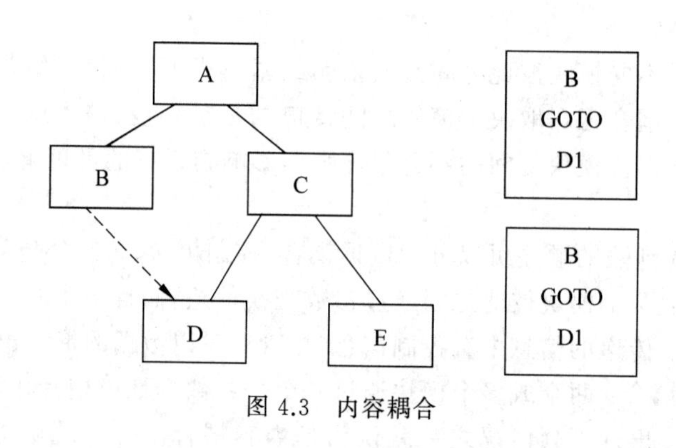

图 4.3　内容耦合

内聚性按从低到高的顺序可以分为偶然内聚、逻辑内聚、时间内聚、过程内聚、通信内聚、顺序内聚和功能内聚。

① 偶然内聚：完成一组任务，这些任务彼此之间即使有关系，也是松散的关系。

② 逻辑内聚：完成的任务在逻辑上属于相同或类似的一类。

③ 时间内聚：包含的任务必须在同一段时间内执行。

④ 过程内聚：处理元素是相关的，而且必须以特定的次序执行。

⑤ 通信内聚：使用同一个输入数据和(或)产生同一个输出数据。

⑥ 顺序内聚：模块内的处理元素和同一个功能密切相关，而且这些处理必须顺序执行。

⑦ 功能内聚：模块内所有处理元素属于一个整体，完成一个单一的功能。

对于模块设计，力求做到高内聚，通常中内聚也可以使用，其效果和高内聚相类似，禁止使用低内聚。内聚种类形象的描述如图 4.4 所示。

耦合和内聚是相互关联的。在程序结构中，各模块的内聚越高，模块之间的耦合越低，但这也不是绝对的，软件概要设计的目标是增加模块的内聚，尽量减少模块之间的耦合。也就是说，模块独立性较强的模块应该是高内聚、低耦合的模块。

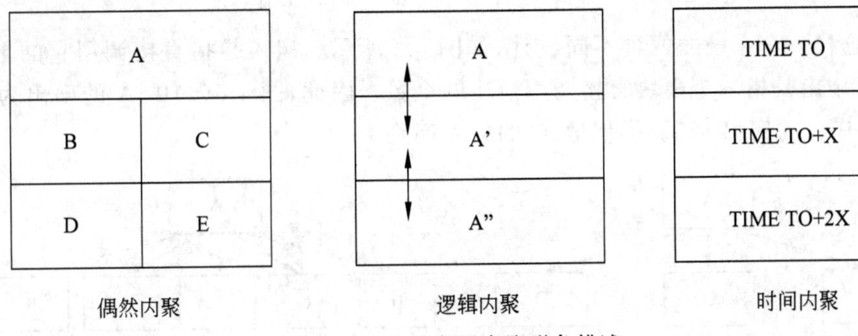

图 4.4 几种主要内聚形象描述

4.2.3 软件结构设计

软件结构图是 Yourdon 提出的进行软件结构设计的有力工具。图中的一个方块代表一个模块,框内注明模块的名字或主要功能;方框之间的箭头(或直线)表示模块的调用关系。

软件结构图中主要的模块有四类,分别是传入模块、传出模块、变换模块和协调模块。传入模块从下级模块获得数据,经过处理传递到上级模块;传出模块从上级模块获得数据,经过处理传递到下级模块;变换模块主要实现变换处理;协调模块对所有下级模块进行协调和管理,如图 4.5 所示。

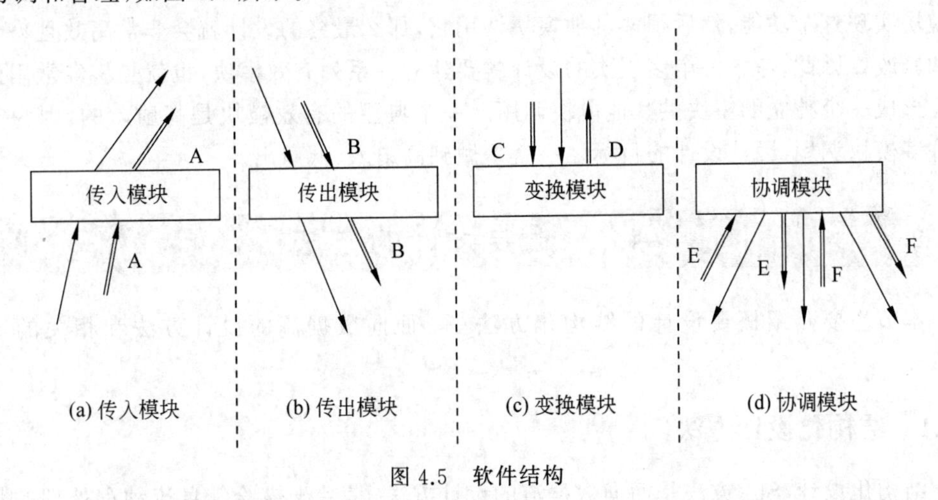

图 4.5 软件结构

在后面要学到的面向数据流的设计方法中,根据不同的数据流特性采用不同类型的模块描绘软件结构。

在实际设计中,必须考虑某个模块控制了多少模块。在某系统的结构图中,当一个模块可以调用其他模块时,将它们用箭头连接起来。一个模块的控制域是指这个模块本身以及所有直接或间接从属于它的模块的集合。一个模块的作用域是指受该模块内一个判定影响的所有模块的集合。如果一个模块不在控制域内,则它一定不在作用域内。如果一个模块的作用域比控制域范围广,则不能保证一个模块的改变不会导致整个设计的失败。

考虑这样一个系统的两种不同设计，如图 4.6 所示。扇入是指直接调用它的上级模块的个数，扇出是指一个模块直接调用模块的个数。因此，图 4.6(a)中 A 的扇出为 3，而图 4.6(b)中 A 的扇出为 5。类似地，C 的扇入都是 1。

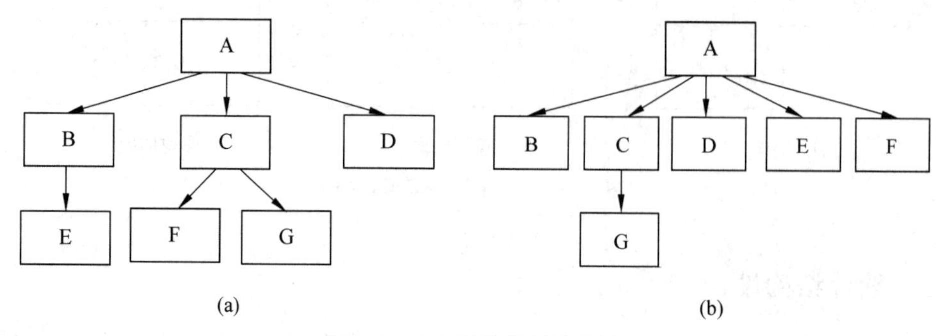

图 4.6 一个系统的两种设计

通常情况下，对于一个高扇出的模块，应尽量减少它的扇出。一个模块控制或调用的模块越多，说明这个模块实现的功能越多，也就是说，这个模块能实现不止一个功能。另外，对于同一模块如果多次调用，则在设计过程中可以增加一个层次。由此可见，图 4.6(a)的设计比图 4.6(b)的设计更好，因为它的模块具有低扇出。

举个例子，如果做这样一个设计：在字符串中寻找某个特定的字符。设计一个通用的模块实现这个功能，然后很多其他模块调用它，那么最终的设计就会非常高效且易于测试和修改。因此，考虑一个多层次的设计就要建立一系列有效模块，也就是将经常用到的功能形成一个独立的模块供其他模块调用。一个典型的有效模块是高扇入的，因为它要被许多模块调用，因此设计的目标之一就是做到高扇入、低扇出。

4.3 概要设计的方法

本节主要介绍概要设计的结构化方法——面向数据流的设计方法和相关的基本概念。

4.3.1 结构化设计方法

结构化设计(SD)方法是面向数据流的设计方法，是基于描绘信息流动和处理的数据流图(DFD)，是从数据流图出发，根据数据流特性划分软件模块并建立软件结构的。

数据流的特性主要有两种，一种是变换流，另一种是事务流。

信息沿输入通路进入系统，同时由外部形式变换成内部形式，进入系统的信息通过变换中心，经加工处理再沿输出通路变换成外部形式离开系统，当数据流图具有这些特征时，这种信息流称为变换流，如图 4.7 所示。

数据沿输入通路到达一个处理，这个处理根据输入数据的类型从若干动作序列中选择一个执行。这类数据流应该被划分为一类特殊的数据流，称为事务流，如图 4.8 所示。

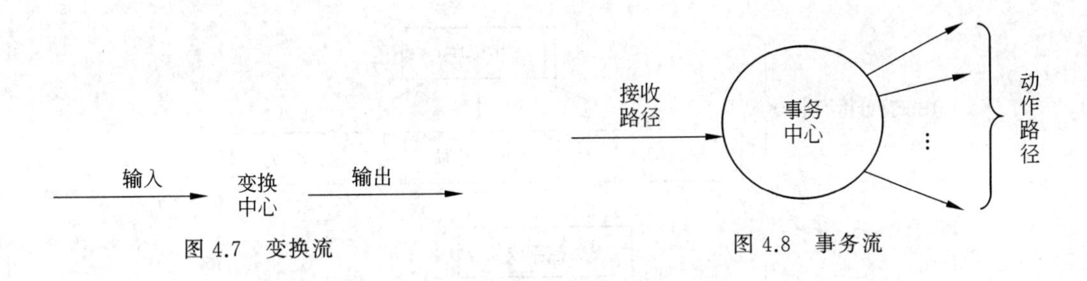

图 4.7 变换流

图 4.8 事务流

具体的设计过程如图 4.9 所示。

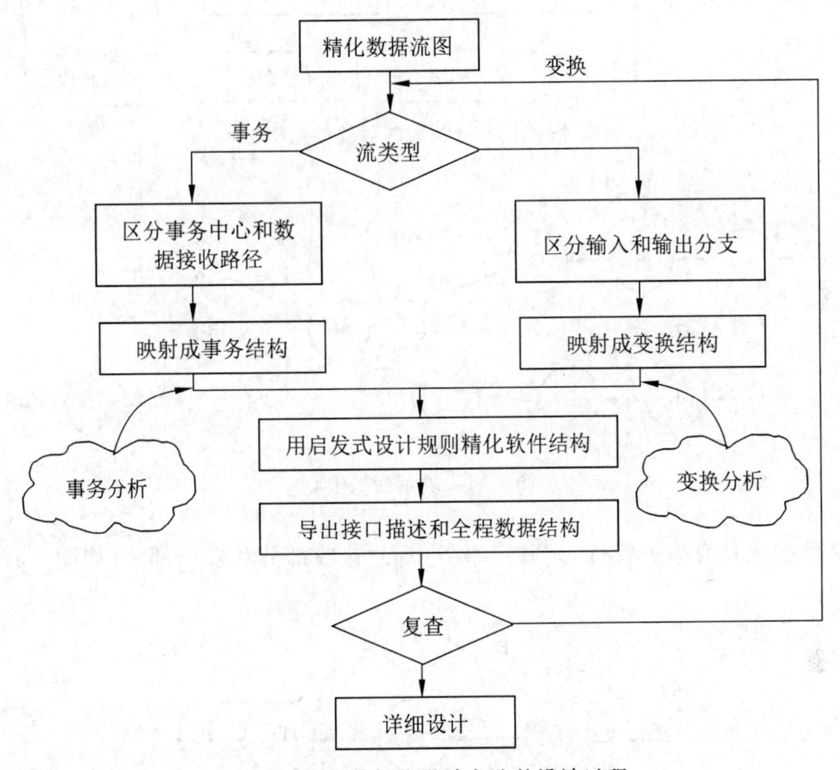

图 4.9 面向数据流设计方法的设计过程

接下来就要根据不同的数据流特性分析和映射软件结构。针对不同的数据流特性，分析方法也不同，如具有变换流特性的进行变换分析，具有事务流特性的进行事务分析。分析和映射的过程如图 4.10 所示。

具体的映射软件结构的步骤如下。

① 复查基本系统模型。

② 复查并精化数据流图。应根据数据流图中占优势的属性把具有和全局特性不同的特点的局部区域孤立出来，以后便可以按照这些子数据流的特点精化根据全局特性得出的软件结构了。

如果数据流具有变换特性，则确定输入流和输出流的边界，从而孤立出变换中心，如图 4.11 所示。

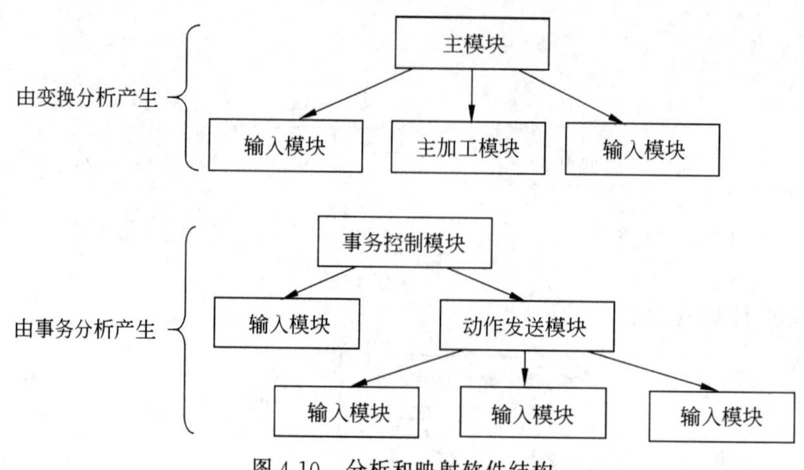

图 4.10　分析和映射软件结构

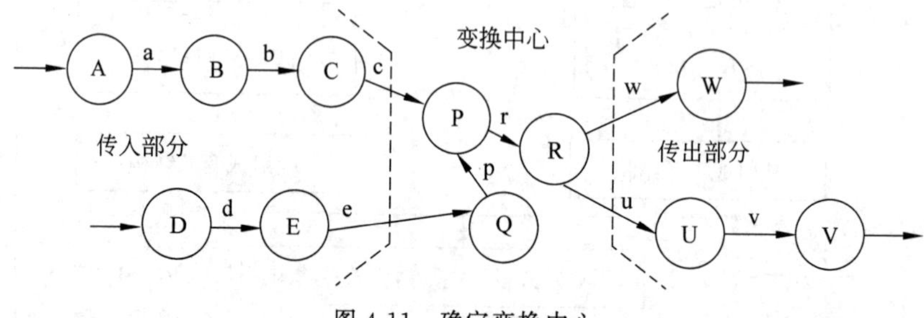

图 4.11　确定变换中心

如果数据流具有事务特性,则确定事务中心、接收部分和发送部分,如图 4.12 所示。

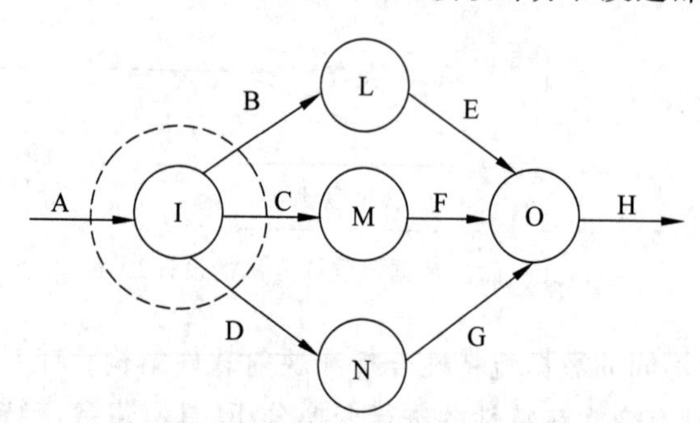

图 4.12　确定事务中心

③ 完成“第一级分解”。变换流特性的第一级分解是将数据流图中的输入边界左边的所有处理作为结构图的输入控制模块的下级模块;将数据流图中的输出边界右边的所有处理作为结构图的输出控制模块的下级模块;将数据流图中的两个边界中间的所有处理作为变换中心控制模块的下级模块,如图 4.13 所示。

事务流特性的第一级分解是将数据流图中的接收边界左边的所有处理作为结构图的输入控制模块的下级模块;将数据流图中的事务中心处理作为结构图的协调模块;将数据

流图中发送边界右边的所有处理作为协调模块的下级模块，如图 4.14 所示。

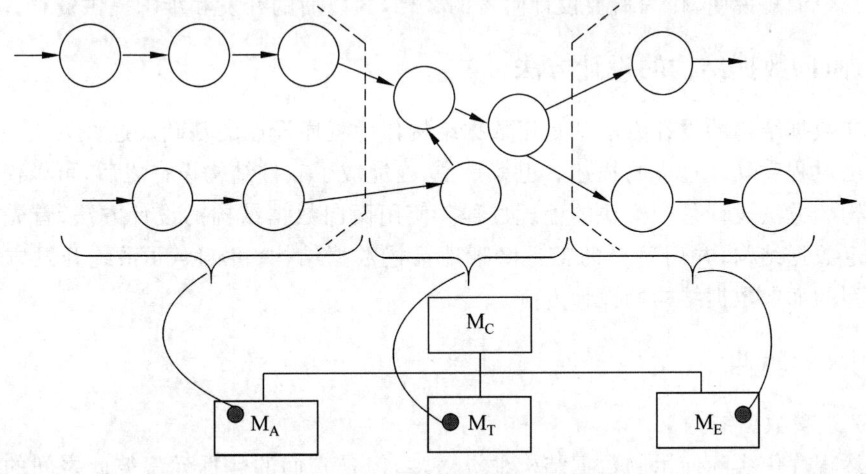

图 4.13　变换流特性的第一级分解

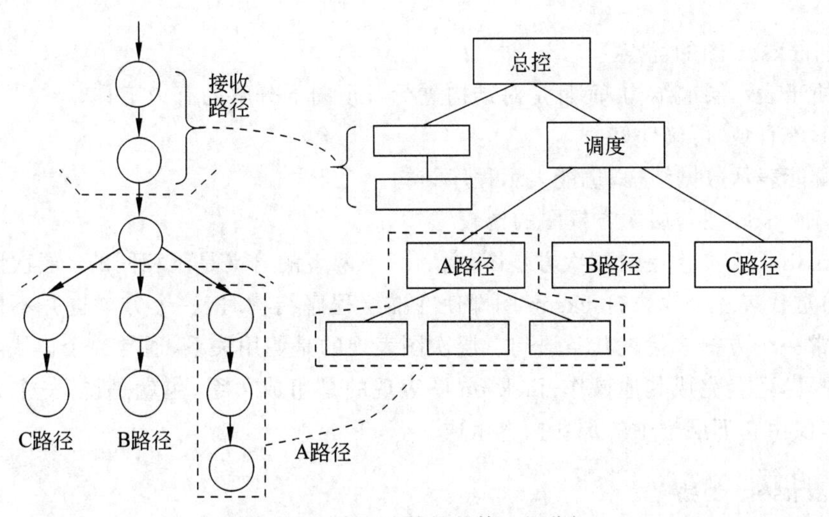

图 4.14　事务流特性的第一级分解

④ 完成“第二级分解”。第二级分解是把数据流图中的每个处理映射成软件结构中的一个适当的模块。

对于变换特性的映射，数据流图中沿着输入边界向左移动，依次将遇到的处理连接到输入控制模块的下边；再沿输出边界向右移动，依次将遇到的处理连接到输出控制模块的下边；将剩下的处理直接连接到变换控制模块的下边即可。

对于事务特性的映射，沿着接收边界向左移动，依次将遇到的处理连接到输入控制模块的下边；沿着发送边界向右移动，依次将遇到的处理连接到协调模块的下边即可。

⑤ 优化软件结构。应用模块化原理和衡量模块独立性的两个因素检验软件结构。查看结构是否满足软件结构设计原则：单入口、单出口，高内聚、低耦合，扇入、扇出适中等。

⑥ 为每个模块写一个简要说明。将进出模块的信息、模块内部的信息和简单的过程陈述成一个简短说明,作为概要设计阶段的文档,为以后的开发和维护提供资料。

4.3.2 面向数据结构的设计方法

面向数据结构的设计方法就是用数据结构作为程序设计的基础。这种方法的最终目标是得出对程序处理过程的描述。也就是说,在完成了软件结构设计之后,可以使用面向数据结构的方法设计每个模块的处理过程。使用面向数据结构的设计方法,首先需要分析和确定数据结构,并用适当的工具清晰地描述数据结构。Jackson 系统开发方法就是一种典型的面向数据结构的设计方法。

1. Jackson 图

(1) 逻辑数据结构

虽然程序中实际使用的数据结构种类繁多,但是它们的数据元素彼此之间的逻辑关系却只有 3 类:顺序结构、选择结构和重复结构。这一点已经在第 3 章阐述,这里不再重复。

(2) Jackson 图的优点

① 便于表示层次结构,而且是对结构进行自顶向下分解的有力工具。

② 形象直观,可读性好。

③ 既能表示数据结构,也能表示程序结构。

(3) Jackson 图与层次方框图的比较

Jackson 图实质上是对层次方框图的精化,但两者的含义是不相同的:层次图中的一个方框通常代表一个模块;Jackson 图即使在描绘程序结构时,一个方框也并不代表一个模块,通常一个方框只代表几条语句。层次图表现的是调用关系,通常一个模块除了调用下级模块外,还会完成其他操作;Jackson 图表现的是组成关系,也就是说,一个方框中包括的操作仅由它下层框中的那些操作组成。

2. Jackson 方法

Jackson 结构程序设计方法的 5 个步骤如下。

① 分析并确定输入数据和输出数据的逻辑结构,并用 Jackson 图描绘这些数据结构。

② 找出输入数据结构和输出数据结构中有对应关系的数据单元。

所谓有对应关系是指有直接的因果关系,且在程序中可以同时处理的数据单元(对于重复出现的数据单元,必须重复的次序和次数都相同才可能有对应关系)。

③ 用以下 3 条规则从描绘数据结构的 Jackson 图中导出描绘程序结构的 Jackson 图。

- 为每对有对应关系的数据单元,按照它们在数据结构图中的层次在程序结构图的相应层次绘制一个处理框(注意:如果这对数据单元在输入数据结构和输出数据结构中所处的层次不同,则和它们对应的处理框在程序结构图中所处的层次与它们之中在数据结构图中层次较低的那个对应)。

- 根据输入数据结构中剩余的每个数据单元所处的层次，在程序结构图的相应层次分别为它们绘制对应的处理框。
- 根据输出数据结构中剩余的每个数据单元所处的层次，在程序结构图的相应层次分别为它们绘制对应的处理框。

④ 列出所有操作和条件(包括分支条件和循环结束条件)，并把它们分配到程序结构图的适当位置。

⑤ 用伪码表示程序。

【例 4.1】 一个正文文件由若干记录组成，每个记录是一个字符串。要求统计每个记录中空格字符的个数，以及文件中空格字符的总个数。输出数据格式是：每复制一行输入字符串后，另起一行打印出这个字符串中的空格数，最后打印出文件中空格的总个数。

(1) 用 Jackson 图描绘的输入/输出数据结构

绘制的 Jackson 图如图 4.15 所示。

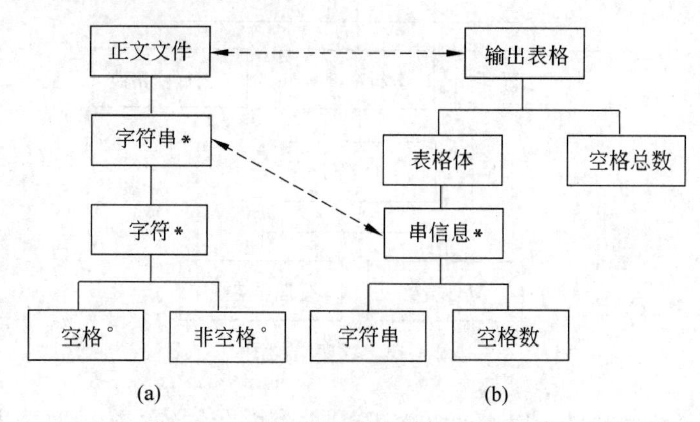

图 4.15 输入/输出数据结构 Jackson 图

(2) 寻找有对应关系的单元

① 经过程序的处理由正文文件得到输出表格。

- 输出数据总是通过对输入数据的处理而得到，因此输入/输出数据结构最高层次的两个单元(在这个例子中是“正文文件”和“输出表格”)总是有对应关系。
- 这一对单元将和程序结构图中最顶层的方框(代表程序)相对应。

② 字符串和串信息。

- 每处理输入数据中的一个“字符串”后，就可以得到输出数据中的一个“串信息”，它们都是重复出现的数据单元，而且出现次序和重复次数完全相同。
- “字符串”和“串信息”是一对有对应关系的单元。

(3) 从数据结构图导出程序结构图

导出的程序结构如图 4.16 所示。

① 在描绘程序结构的 Jackson 图的最顶层绘制一个处理框“统计空格”，它与“正文文件”和“输出表格”这对最顶层的数据单元相对应。

② 接下来还不能立即绘制与另一对数据单元(“字符串”和“串信息”)相对应的处

理框。

- 在输出数据结构中,“串信息”的上层还有“表格体”和“空格总数”这两个数据单元,在程序结构图的第 2 层应该有与这两个单元对应的处理框“程序体”和“总数”。
- 程序结构图的第 3 层才是与“字符串”和“串信息”相对应的处理框“处理字符串”。

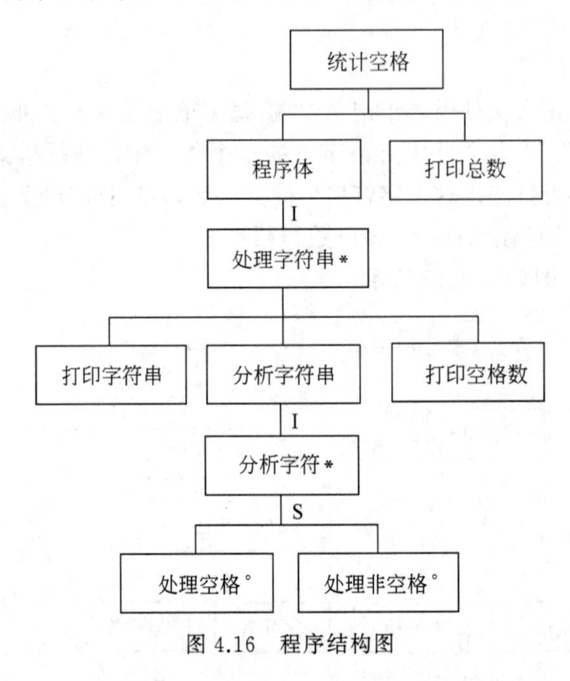

图 4.16　程序结构图

③ 在程序结构图的第 4 层似乎应该是和“字符串”“字符”及“空格数”等数据单元对应的处理框“打印字符串”“分析字符”及“打印空格数”,这三个处理是顺序执行的。

- “字符”是重复出现的数据单元,因此“分析字符”也应该是重复执行的处理。
- 改进的 Jackson 图规定顺序执行的处理中不允许混有重复执行或选择执行的处理,所以在“分析字符”这个处理框上面又增加了“分析字符串”处理框。

(4) 列出所有操作和条件

列出所有操作和条件后,把它们分配到程序结构图的适当位置。

① 停止;　　② 打开文件;
③ 关闭文件;　　④ 打印字符串;
⑤ 打印空格数;　　⑥ 打印空格总数;
⑦ sum:=sum+1　　// sum 是保存空格个数的变量;
⑧ totalsum:=totalsum+sum　　// totalsum 保存空格总数;
⑨ 读入字符串;　　⑩ sum:=0;
⑪ totalsum:=0;
⑫ pointer:=1　　//指示当前分析的字符在字符串中的位置;
⑬ pointer:=pointer+1;

⑭ 文件结束；　　　　　　　　　　　⑮ 字符串结束；

⑯ 字符是空格。

经过简单分析，不难把这些操作和条件分配到程序结构图的适当位置，如图 4.17 所示。

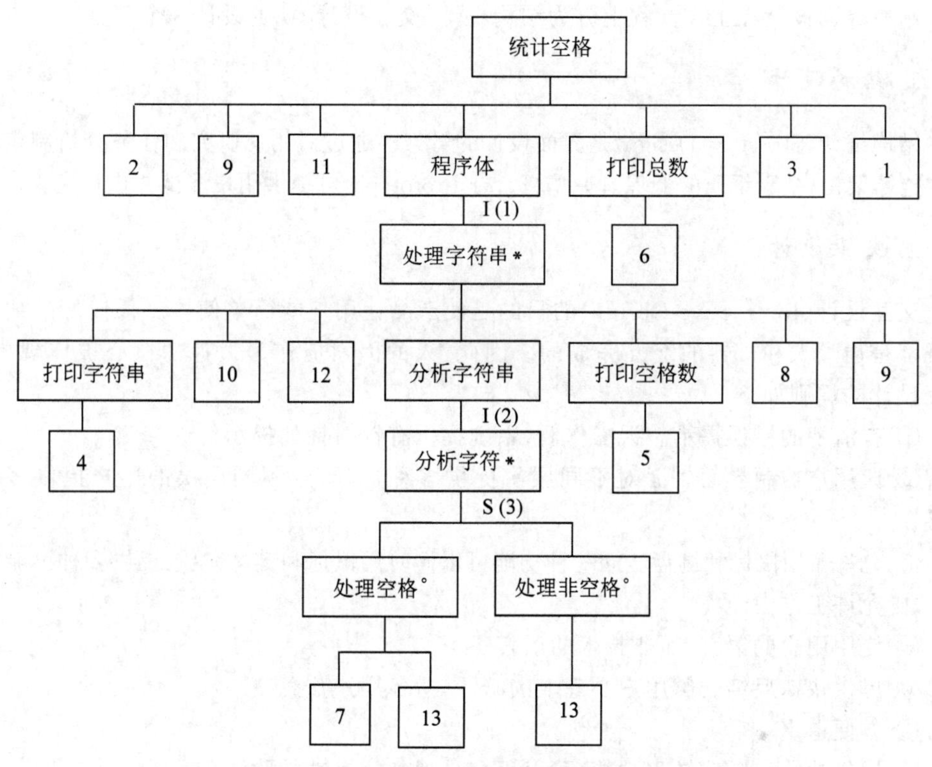

图 4.17　操作/条件程序结构图中分配示意图

(5) 用伪码表示程序处理过程

```
统计空格 seq
        打开文件
        读入字符串
        totalsum:=0
        程序体 iter until 文件结束
          处理字符串 seq
            打印字符串 seq
              打印字符串
          打印字符串 end
          sum:=0
        …
统计空格 seq
```

4.3.3 用户界面设计

在人和机器的互动过程(Human Machine Interaction)中，有一个层面，即我们所说的界面(interface)。从心理学意义划分,界面可分为感觉(视觉、触觉、听觉等)和情感两个层次。用户界面设计是屏幕产品的重要组成部分。界面设计是一个复杂的、有不同学科参与的工程,认知心理学、设计学、语言学等在此都扮演着重要的角色。用户界面设计的三大原则是:置界面于用户的控制之下;减少用户的记忆负担;保持界面的一致性。

用户界面设计在工作流程上分为结构设计、交互设计、视觉设计 3 个部分。

1. 结构设计

结构设计(Structure Design)是界面设计的骨架。通过对用户研究和任务分析制定出产品的整体架构,基于纸质的低保真原型(Paper Prototype)可提供用户测试并进行完善。

2. 交互设计

交互设计(Interactive Design)的目的是使产品让用户能简单使用。任何产品功能的实现都是通过人和机器的交互完成的。因此,人的因素应作为设计的核心被体现出来。交互设计的原则如下。

① 有清楚的错误提示。误操作后,系统提供有针对性的提示。

② 让用户控制界面。面对不同层次提供多种选择,给不同层次的用户提供多种可能性。

③ 允许兼用鼠标和键盘。同一种功能可以同时用鼠标和键盘完成,提供多种可能性。

④ 允许工作中断。

⑤ 使用用户的语言,而非技术的语言。

⑥ 提供快速反馈。给用户心理上的暗示,避免用户焦急。

⑦ 方便退出。

⑧ 导航功能。随时转移功能,可以很容易地从一个功能跳转到另外一个功能。

⑨ 让用户知道自己当前的位置,方便其做出下一步的操作。

3. 视觉设计

在结构设计的基础上,参照目标群体的心理模型和任务达成进行视觉设计(Visual Design),包括色彩、字体、页面等。视觉设计要达到使用户愉悦使用的目的。视觉设计的原则如下。

① 界面清晰明了,允许用户定制界面。

② 减少短期记忆的负担。让计算机帮助记忆,例如 User Name、Password、IE 进入界面地址可以让机器记住。

③ 依赖认知而非记忆。如打印图标的记忆、下拉菜单列表中的选择。

④ 提供视觉线索。图形符号的视觉刺激;GUI(图形界面设计):Where、What、Next Step。

⑤ 提供默认(default)、撤销(undo)、恢复(redo)的功能。

⑥ 提供界面的快捷方式。

⑦ 尽量使用真实世界的描绘。如电话、打印机的图标设计,尊重用户以往的使用经验。

⑧ 完善视觉的清晰度。条理清晰;不要让用户猜测图片、文字的布局和隐喻。

⑨ 界面的协调一致。如手机界面按钮的排放，左键为肯定，右键为否定；或按内容摆放。

⑩ 同样功能用同样的图形。

⑪ 色彩与内容。整体软件不超过5个色系，尽量少用红色和绿色。近似的颜色表示近似的意思。

4.4 概要设计文档与评审

在概要设计阶段结束之前，还要完成相应的文档并进行技术审查和管理复审。

4.4.1 概要设计阶段的文档

① 系统说明。系统说明应该进行系统描述，也就是将目标系统的物理模型和逻辑模型都放在此部分；将目标系统流程图、软件结构图、精化的DFD、模块之间的接口关系以及需求、功能和模块三者之间的交叉参照关系等都放在此部分。

② 用户手册。修改、更正在需求分析阶段产生的初步的用户手册。

③ 测试计划。应用测试策略设计出测试方案，给出预期的测试结果，安排测试进度计划。

④ 详细的实现计划。对软件结构图中的每个模块进行简要描述，包括模块功能、性能与接口的要求、模块之间的联系等。

⑤ 数据库设计结果。将数据库设计的结果阐述清楚，包括数据库管理系统的选择、模式和子模式的设计，也就是在这个阶段已经完成了基本表的设计、数据库完整性和安全性的设计以及优化的方法，还应将代码设计的结果也写进去。

4.4.2 概要设计阶段的评审

概要设计阶段的评审主要是对设计软件结构的合理性和正确性进行评审。

① 概要设计说明书是否与软件需求说明书的要求一致。

② 概要设计说明书是否正确、完整、一致。

③ 系统的模块划分是否合理。

④ 接口定义是否明确。

⑤ 文档是否符合有关标准规定。

小　　结

本章主要阐述了如何构建系统的结构，从需求分析阶段得到的数据流图出发，找出数据流的特性，并按相应规则映射出软件结构。本章主要介绍了划分软件模块的主要概念和原理，以及模块化、内聚、耦合等。区分数据流特性与映射软件结构也是本章的重点。

习　　题

1. 根据问题描述绘制软件结构。

为方便储户，某银行拟开发计算机储蓄系统。储户填写的存款单或取款单由业务员输入系统，如果是存款，则系统记录存款人姓名、住址、存款类型、存款日期、利率等信息，并打印存款单给储户；如果是取款，则系统计算利息并打印利息清单给储户。

2. 根据问题描述绘制软件结构。

某装配厂有一存放零件的仓库，仓库中现有的各种零件的基本信息及库存量临界值都记录在库存清单主文件中。当库存量发生变化时，应及时修改库存清单主文件；若库存量小于临界值，则报告给采购部门，每天送一次订货报表。该厂使用一台计算机处理和更新库存清单主文件和产生订货报表的任务。零件库存量的每次变化称为一个事务，由CRT终端输入计算机；系统重点库存清单程序对事务进行处理，更新并存储在磁盘上的库存清单主文件中，并且把必要的订货信息写在磁带上。最后，每天由报告生成程序读一次磁带，并打印订货报告。

3. 说明耦合的种类及设计原则。

4. 说明内聚的种类及设计原则。

第5章 详细设计

教学提示：第 4 章介绍了概要设计的有关知识，本章将介绍详细设计的内容，主要包括详细设计的任务与原则、设计方法以及规格说明及评审等。

教学目标：理解详细设计的设计任务和设计原则，掌握详细设计的方法和常用工具的使用，了解详细设计的规格说明书的内容和评审。

通过前面的学习了解了软件概要设计的主要任务是以比较抽象概括的方式提出解决问题的办法。从软件工程的观点看，在使用程序设计语言编制程序之前，还需要确定每个模块的具体算法，可以用程序流程图、N-S 图、PAD 图或伪码给予清晰的描述，以便在编码阶段直接翻译成在计算机上能够运行的程序代码，这就是详细设计的内容，因此详细设计(Program Design)也称过程设计或程序设计。详细设计阶段的任务就是把解法具体化，但这个阶段不是真正地编写程序，而是设计出程序的详细规格说明。这种规格说明的作用十分类似于其他工程领域中经常使用的工程蓝图，它们应该包含必要的细节，使程序员可以根据它们写出实际的程序代码。

5.1 详细设计的任务与原则

详细设计指在概要设计提供的文档及相关设计结果的基础上进一步确定如何实现目标系统。这一阶段所产生的设计文档将直接影响下一阶段的程序质量。为了保证软件质量，软件详细设计既要正确，又要清晰易读，以便于编码的实现和验证。

5.1.1 详细设计的任务

详细设计是在概要设计的指导下根据目标系统逻辑功能的要求，结合实际情况，详细地确定目标系统的结构和具体的实施方案，即对系统的各组成部分进行细致、具体的物理设计，使系统概要设计阶段所做的各种决定具体化，从而在编码阶段可以把这个描述直接翻译成用某种程序设计语言书写的程序。

详细设计不同于编码(Coding)，其目标是不仅为软件结构图(SC 图或 HC 图)中的每个模块确定使用的算法和数据结构，而且用某种选定的表达工具给予清晰的描述，更重要的是使设计的处理过程尽可能简明易懂。

详细设计阶段的主要任务如下。

1. 模块的逻辑结构设计

逻辑结构设计是结合所开发项目的具体要求和对每个模块规定的功能开发出模块处理的详细算法，并选择某种适当的工具加以精确描述。

编码是根据详细设计的逻辑结构进行的程序设计，良好的详细设计是获得可维护性强、可理解性好的高质量软件的前提。

2. 模块的数据设计

模块的数据设计是为在需求分析阶段的数据对象定义逻辑数据结构，并且对不同的逻辑数据结构进行不同的算法设计，以便选择一个最有效的方案，同时确定实现逻辑数据结构所必需的操作模块，以便了解数据结构的影响范围。数据设计包括数据结构设计、数据库结构设计和文件设计等。

由于数据结构会直接影响程序结构和过程复杂性，因此会在很大程度上决定软件质量。

3. 模块的接口设计

接口设计是分析软件各部分之间的联系，确定该软件的内部接口和外部接口是否已经明确定义，模块是否满足高内聚和低耦合的要求，模块作用范围是否在其控制范围之内等。

4. 模块的测试用例设计

要为每个模块设计一组测试用例，以便在编码阶段对模块代码(即程序)进行预定的测试，模块的测试用例是软件测试计划的重要组成部分，通常应包括输入数据和期望的输出数据等内容，其要求和设计方法将在第 8 章详细介绍，这里需要说明的是，由于负责详细设计的软件人员对模块的功能、逻辑和接口最清楚，所以可以由他们在完成详细设计后提出对各个模块的测试要求。

5. 模块的其他设计

根据软件系统的具体要求，还可能进行以下设计：网络系统的设计、输入/输出格式的设计、系统配置的设计等。

6. 编写详细设计说明书

在详细设计结束时，应该把上述结果写入详细设计说明书，并对详细设计说明书进行评审。如果评审没有通过，则要再次进行详细设计，直到满足要求为止。通过复审的详细设计说明书将形成正式文档，交付给下一阶段(编码阶段)并成为其工作依据。

5.1.2 详细设计的原则

由于详细设计是为程序员编码提供的依据，因此在进行详细设计时应遵循以下原则。

1. 模块的逻辑描述清晰易懂、正确可靠

详细设计的结果基本决定了最终的程序代码的质量。由于详细设计的蓝图是给后续阶段的工作人员看的，所以模块的逻辑描述正确可靠是软件设计正确的前提。详细设计结果的清晰易懂主要有两方面的作用：一是易于编码的实现，二是易于软件的测试和维护。

如果详细设计易于理解，又便于测试和排除所发现的错误，则能够有效地在开发期间消除在程序中隐藏的绝大多数故障，使得程序可以得到正确稳定的运行，极大地减小运行期间软件失效的可能性，大幅提高软件的可靠性。

2. 采用结构化设计方法

改善控制结构，降低程序复杂程度，提高程序的可读性、可测试性和可维护性。采用自顶向下逐步求精的方法进行程序设计，一般采用顺序、选择和循环 3 种结构，以确保程序的静态结构和动态结构的执行情况相一致，保证程序容易理解。

3. 选择恰当的工具进行各模块的算法描述

算法表达工具可以由开发单位或设计人员选择，但表达工具必须具有描述过程细节的能力，进而可以在编码阶段直接将它翻译为用程序设计语言书写的源程序。

5.2 详细设计的方法

使用不同的详细设计方法会影响详细设计的可读性、易理解性以及程序代码的质量和效率，从而进一步影响程序代码的可维护性。因此掌握详细设计的方法是详细设计的关键。

5.2.1 结构化程序设计技术

结构化程序设计技术是软件工程发展史中的重要成就之一。结构程序设计技术使得程序中的控制可以任意地、不受限制地转变成有限的固定结构，使程序的分支减少，易于阅读和理解，并易于测试，提高了软件开发的生产率和质量。

1. 结构化设计技术的形成

结构化设计技术是从对“取消 GOTO 语句”的争论开始而逐步形成的。GOTO 语句是程序设计语言的一个控制成分，它在给编程带来控制流程转移的方便与灵活、提高程序执行效率的同时，也使程序的可理解性降低。

20 世纪 70 年代以前，人们设计的绝大多数软件都是非结构化的。早在 1963 年，针对当时流行的 ALGOL 语言，Naur 指出在程序中大量、没有节制地使用 GOTO 语句会使程序结构变得非常混乱，但这在当时并没有引起人们足够的重视。随后，著名的荷兰科学家 E. W. Dijkstra 在 1965 年的 IFIP 会议上指出：可以从高级语言中消除 GOTO 语句，

程序的质量与程序中所包含的GOTO语句的数量呈反比。他提出了结构化程序的概念，认为GOTO语句太原始，引用太多会使程序一塌糊涂。由此引发了一场关于GOTO语句的争论。

1966年，Boehm和Jacopini在一篇文章中证明：只用“顺序”“选择”和“循环”3种基本控制结构就能实现任何单入口、单出口的程序设计。

1972年，IBM公司的Mills进一步提出，程序应该只有一个入口和一个出口，采用自顶向下、逐步求精的设计和单入口、单出口的控制结构。改善程序设计控制结构可以降低程序的复杂程度，从而提高程序的可读性、可测试性、可维护性。

我们知道，程序的执行是动态的过程，如果不加限制地使用GOTO语句，则会使程序变得晦涩难懂，增加程序出错的概率，降低程序的可靠性；GOTO语句会影响程序结构的清晰度，破坏程序基本结构的单入口、单出口原则；由于GOTO语句将程序串成一体，因此会给程序的测试和维护造成困难，在修改程序时也会引发副作用。

通过下面的一个实例，我们可以体会到非结构化程序设计技术的缺点。

【例5.1】 编程实现：从键盘输入3个数，判断最小值并输出。

方法一：用非结构化设计技术实现。

算法描述如图5.1所示。

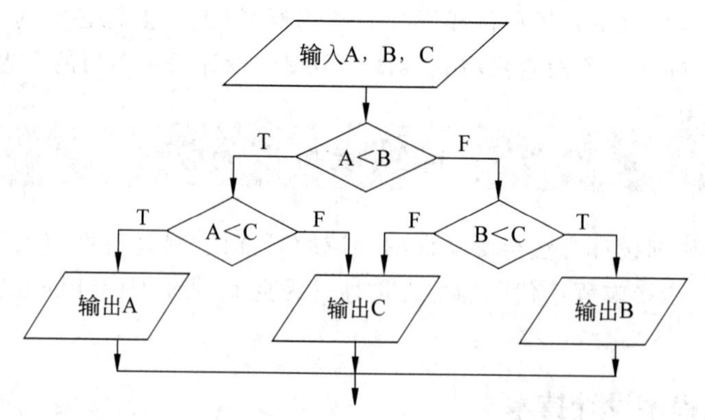

图5.1 求3个数中最小值的非结构化设计的算法描述

具体代码如下。

```
#include<stdio.h>
main()
{
    int a, b, c;
    scanf("%d %d %d",&a,&b,&c);
    if (a<b)
        goto label2;
    if (b<c)
        goto label1;
    label0:
        printf("min=%d\n",c);
```

```
        goto label4;
    label1:
        printf("min=%d\n",b);
        goto label4;
    label2:
        if (a<c)
            goto label3;
        goto label0;
    label3:
        printf("min=%d\n",a);
    label4:
        getch();
}
```

方法二：用结构化设计技术实现。

算法描述如图 5.2 所示。

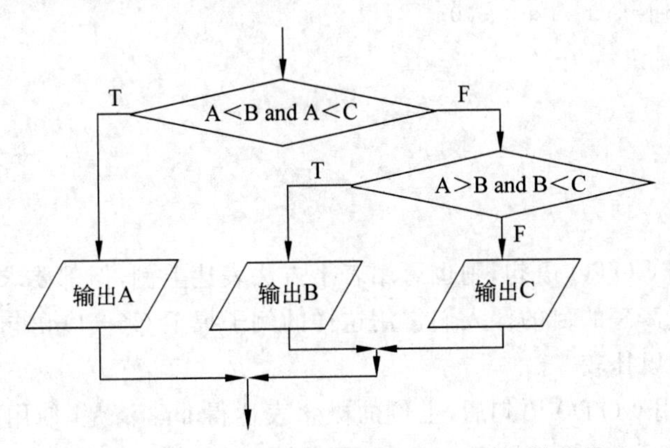

图 5.2 求 3 个数中最小值的结构化设计的算法描述

具体代码如下。

```
#include<stdio.h>
main()
{
    int a,b,c;
    scanf("%d %d %d",&a,&b,&c);
    if(a<b && a<c)
        printf("min=%d\n",a);
    else if(a>=b && b<c)
        printf("min=%d\n",b);
    else
        printf("min=%d\n",c);
    getch();
}
```

比较上述两个算法可以看出，前一算法在程序中使用了多个 GOTO 语句，在阅读程序时，顺着每个 GOTO 语句的流向必须一气呵成才能理解程序，程序的可读性很差；第二种算法程序逻辑结构清楚，条理分明。由此可以看出，GOTO 语句在程序中是可以消除的，至少它不是必不可少的。

难道一定要从高级语言中消除 GOTO 语句吗？实践证明，在有些算法设计中完全不用 GOTO 语句比用 GOTO 语句实现的可读性还要差，例如在查找结果时、文件访问结束时、出现错误情况时。要尽可能快地从当前程序跳转到一个出错处理程序，使用布尔变量和选择结构实现不如用 GOTO 语句简洁易懂。

【例 5.2】 假设要在表 A[1]…A[m]中找出给定值 X，若 X 不出现在表中，就作为附加的表元素将给定值 X 插入表中。另假设数组 B，其中 B[i]中存放已经检索 A[i]的次数。

程序设计如下。

```
    for i:=1 to M do
        If A[i]=x then goto 10;
    I:=m+1;
    M:=I;
    A[i]:=x;
    B[i]:=0;
10: B[i]:=B[i]+1;
```

如果此例不用 GOTO 语句，则也可用若干方法表达上例，但都要求更多的计算，而实际上也没有达到更清楚的目的。人们常用这样的例子捍卫 GOTO 语句，读者也可以写出一些等价的例子加以比较。

可以看出，使用 GOTO 语句后，上例的概念表达得非常清楚，使用方便，而且易于掌握。因此在有些情况下也不必消除 GOTO 语句，特别是在提高程序执行效率且又不大影响结构的同时，可以适当地使用 GOTO 语句。另一方面，用一大堆控制语句代替 GOTO 语句，用户也难以掌握。

综合以上情况可知，GOTO 语句具有二重性。一直到 1974 年 Kunth 发表了“带 GOTO 语句的结构程序设计”一文后，才平息了这场旷日持久的争论。

2. 结构化设计技术的概念

结构程序设计的经典定义为：如果一个程序的代码仅通过顺序、选择和循环这 3 种基本控制结构进行连接，并且每个代码块只有一个入口和一个出口，则称这个程序为结构化的。

3 种基本结构的流程如图 5.3 所示。

然而结构化设计的经典定义过于狭义，结构化设计的重点不是关注有无 GOTO 语句，而是应该把注意力集中在程序结构方面，使设计的程序容易阅读、容易理解，以推动软件设计方法的发展。在某些情况下，为了达到上述目的，反而需要使用 GOTO 语句，因此出现了结构化设计的定义。

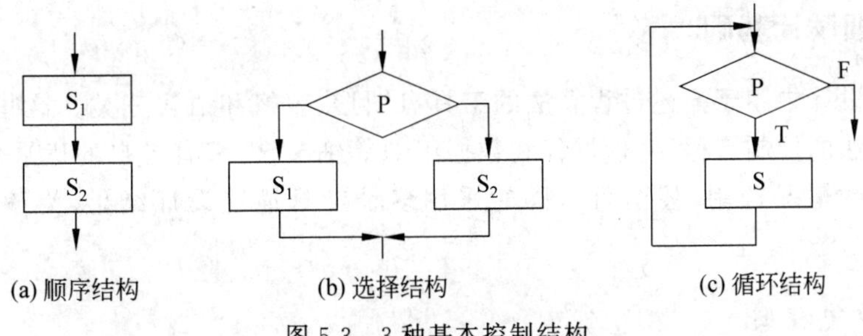

(a) 顺序结构 (b) 选择结构 (c) 循环结构

图 5.3 3 种基本控制结构

结构程序设计是尽可能少地用 GOTO 语句的程序设计方法。最好仅在检测出错误时才使用 GOTO 语句，而且应该总是使用向前的 GOTO 语句。

虽然从理论上说只用上述 3 种基本的控制结构就可以实现任何单入口、单出口的程序，但是为了使用方便，通常还允许使用扩展的控制结构，包括直到型循环(Do-Until)和多分支选择结构(Do-Case)，它们的框图表示如图 5.4 所示。

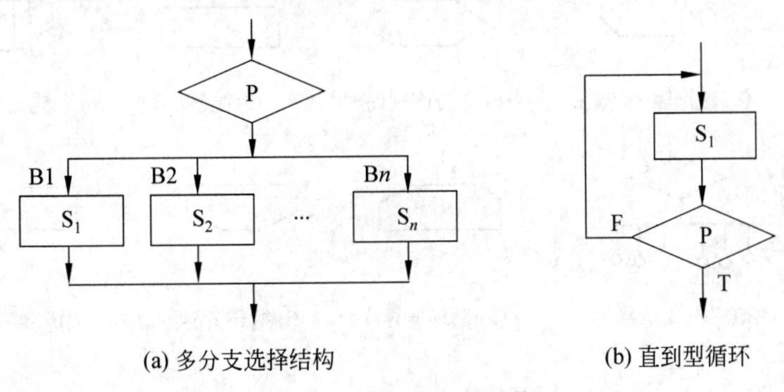

(a) 多分支选择结构 (b) 直到型循环

图 5.4 扩展的控制结构

如果在允许使用 3 种基本控制结构的基础上，还允许使用多分支结构和 Do-Until 循环结构，则称为扩展的结构化设计；如果在扩展的结构化设计的基础上，还允许使用转到循环结构下面的受限的 GOTO 语句(如 leave 或 break)，则称为修正的结构化设计。

通过对 GOTO 语句的讨论，人们认识到单纯强调程序效率和只关注是否使用了 GOTO 语句的片面性，认识到设计简明易懂的算法的重要性，这实际上也就形成了一种新的设计思想、方法和风格。

综上所述，结构化程序设计的基本内容可归纳如下。

① 程序的控制结构一般采用顺序、选择、循环 3 种结构构成，以确保结构简单。

② 使用单入口、单出口的控制结构。

③ 程序设计中应尽量少用 GOTO 语句，以确保程序结构的独立性。

④ 采用自顶向下、逐步求精方法完成算法设计。结构化程序设计的缺点是存储容量和运行时间会增加 10％～20％，但可读性、可维护性好。

5.2.2 详细设计基础

在详细设计中用于描述过程算法的工具有图形、表格和语言三类。这些工具虽然能明确指出算法的控制流程、处理过程和数据组织等细节，但都有各自的优缺点，在设计时可针对不同的情况选用，甚至可以同时采用多种工具描述设计结果，为编码阶段提供依据。

1. 程序流程图

程序流程图(Program Flow Chart，PFC)又称程序框图，它是传统的、使用最广泛的描述程序逻辑结构的方法，也是软件开发者最熟悉的一种算法表达工具。PFC 独立于任何一种程序设计语言，能比较直观和清晰地描述过程的控制流程，易于学习和掌握。因此，程序流程图是软件开发者最普遍采用的一种工具。图 5.5 所示为程序流程图中使用的基本符号。

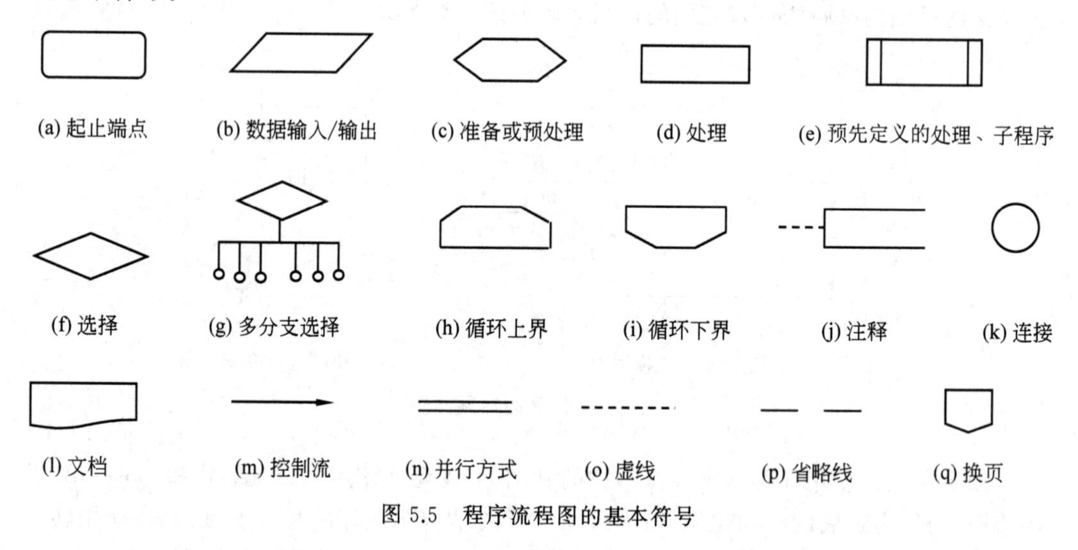

图 5.5 程序流程图的基本符号

【例 5.3】 分析图 5.6 所示的基于嵌套的结构程序设计流程图算法。

经过分析可知：图 5.6 描述的算法由 3 个顺序的语句单元组成，即 a、Do-Until 循环和 h；其中，Do-Until 循环的循环体部分又由多分支结构 P1 和 g 组成；而 P1 的每个分支又分别由顺序结构、循环结构和选择结构等组成。由此可见，任何复杂的程序流程图都可由图 5.3 和图 5.4 所示的 5 种基本结构组合或嵌套而成。

程序流程图虽然容易掌握，使用广泛，但总的发展趋势是越来越多的人不再使用程序流程图，主要原因是程序流程图存在许多缺陷如下。

① 程序流程图使用的符号不够规范，使用的灵活性极大，程序员可以完全不顾结构程序设计的精神，不受任何约束随意转移控制。

② 在实际使用中，程序流程图本质上并不具备逐步求精的特点，对于提高大型系统的可理解性作用甚微。

③ 由于程序流程图中的控制流可以随意转向，因此会诱惑程序员过早地考虑程序的

控制流程,而忽略整体结构。

④ 程序流程图不易表示模块的数据结构。

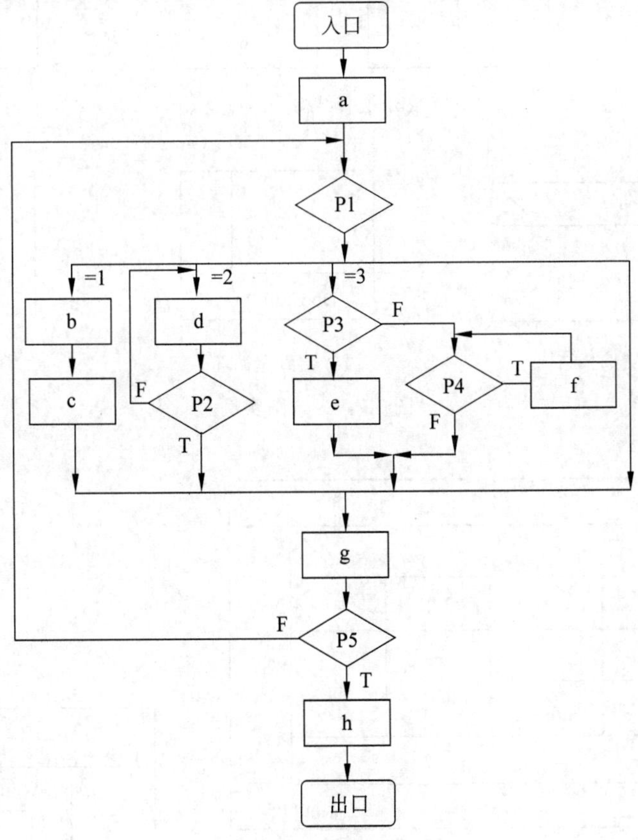

图 5.6 结构程序设计流程图

2. 盒式图

盒式图(Nassi-Shneiderman,N-S)最早由 Nassi 和 Shneiderman 在 1973 年发表的题为“结构化程序的流程图技术”的一文中提出。盒式图强调使用 3 种基本控制结构构造程序逻辑,符合结构化程序设计原则。在 N-S 图中规定的基本图形符号如图 5.7 所示。

【例 5.4】 将图 5.6 所示的程序流程图转换为 N-S 图,结果如图 5.8 所示。

任何复杂的 N-S 图都应由图 5.7 所示的 5 种基本结构组合或嵌套而成。当一个问题较复杂时,对应的 N-S 图会相对较大,这时可以使用带有子程序调用的 N-S 图表示。

从以上分析可以看出,N-S 图具有如下特点。

① 逻辑结构表示清晰、准确,每个矩形框都是一个功能域,但在多分支选择结构中的条件取值例外。

② 由于取消了控制流符号,不允许随意转移控制,必须遵守结构化程序设计原则。

③ 很容易确定局部数据和全局数据的作用域。

④ 能清晰地表现嵌套关系和模块的层次结构。

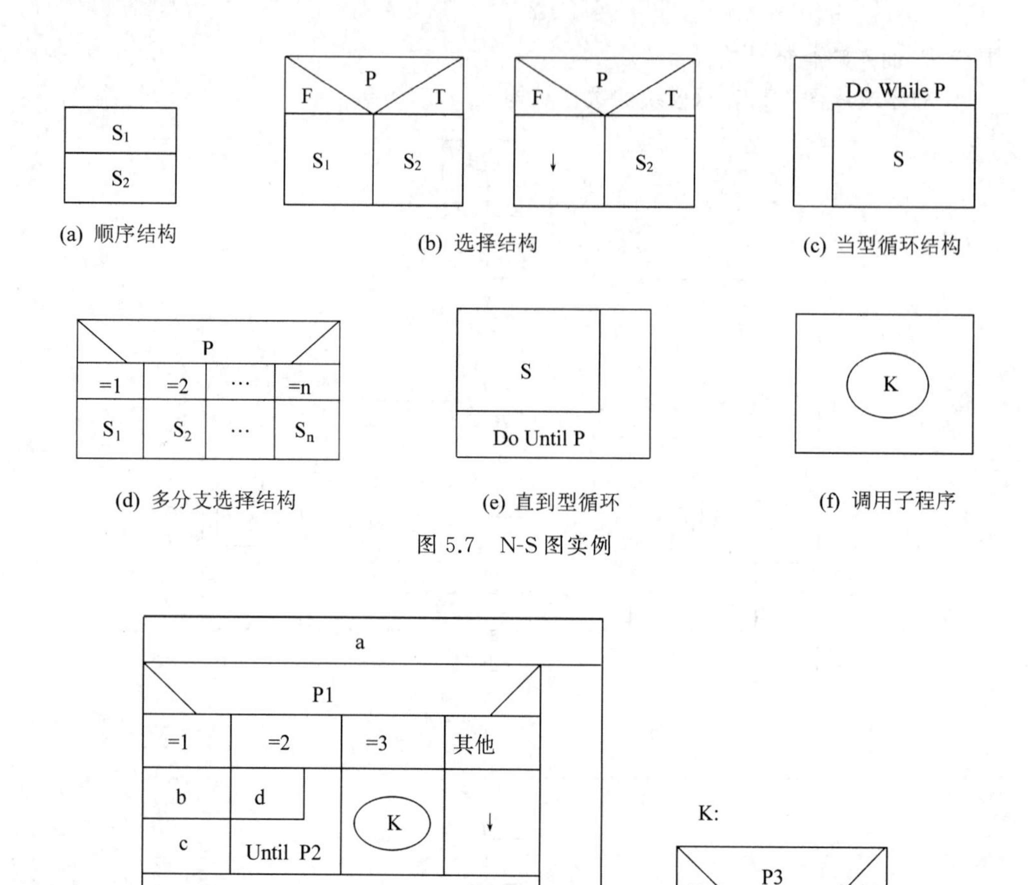

图 5.7　N-S 图实例

图 5.8　带有子程序调用的 N-S 图

因此，坚持使用 N-S 图可以使程序员逐步养成用结构化的方式思考和解决问题。

3. 问题分析图

问题分析图(Problem Analysis Diagram，PAD)是由日本日立公司二村良彦等于 1979 年提出，由 PFC 演变过来的一种支持结构化程序设计的图形工具。该图用二维树状结构表示程序的逻辑结构。PAD 的基本控制结构图形(基本符号)如图 5.9 所示。

【例 5.5】 将图 5.6 所示的程序流程图转换为 PAD 图，结果如图 5.10 所示。

PAD 所描述程序的层次关系表现在纵线上，每条纵线表示一个层次。把 PAD 图从左到右展开，随着程序层次的增加，PAD 逐渐向右延伸，有可能会超过一页纸，这时对 PAD 增加一种如图 5.9(g)所示的扩充形式。当一个模块 A 在一页纸上画不下时，可在图中该模块的相应位置的矩形框中简记一个 K，再在另一页纸上详细画出 K 的内容，用 def 及双下画线定义作出 K 的 PAD。这种方式可使在一张纸上画不下的图分在几张纸上画出，也可以用它定义子程序。

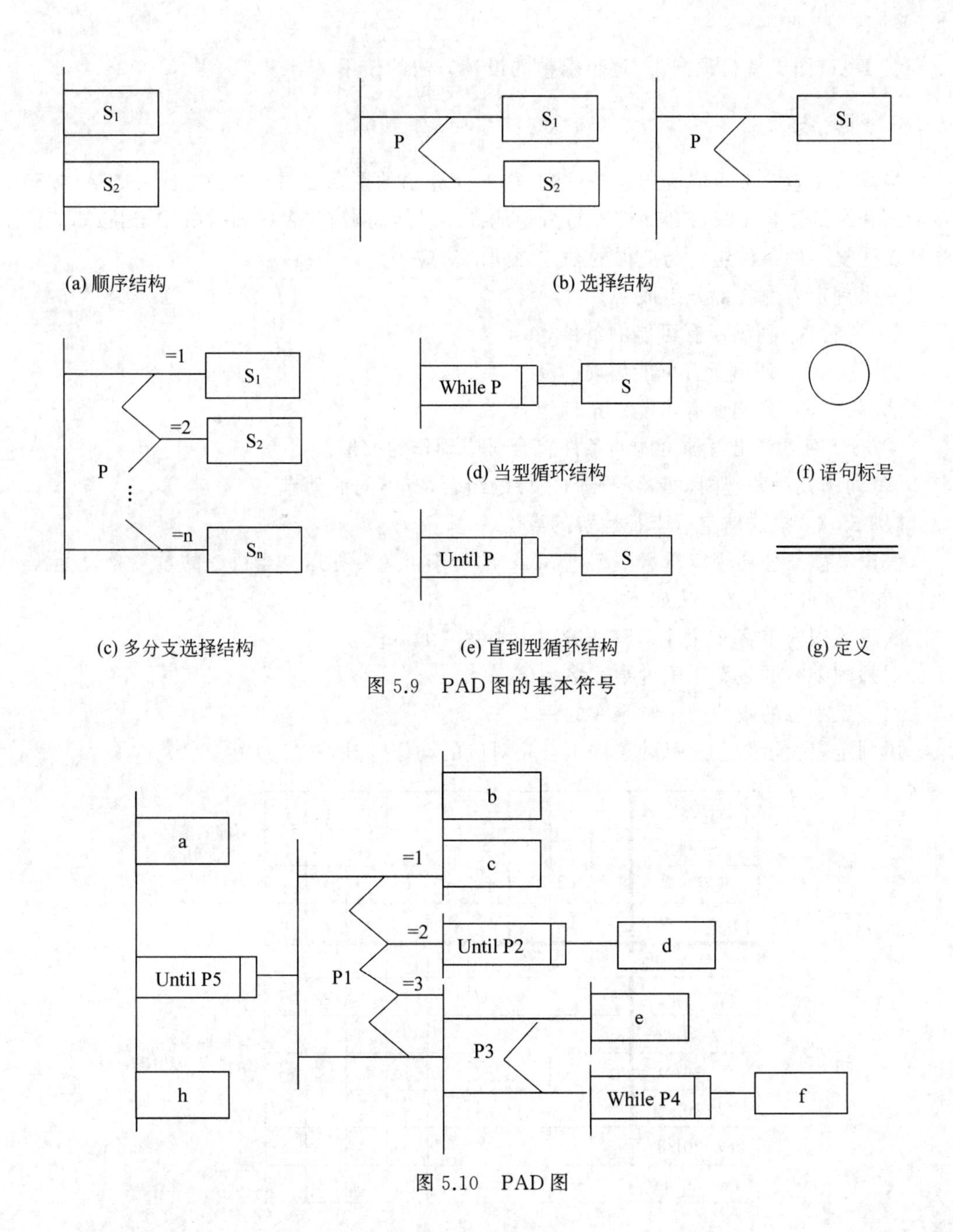

图 5.9 PAD 图的基本符号

图 5.10 PAD 图

从以上分析可以看出，PAD 图具有以下特点。

① PAD 图描述的逻辑结构清晰、层次分明、图形标准，PAD 图中从左向右的竖线总条数代表程序的层次数，因此 PAD 图的可读性强。

② 使用 PAD 符号设计出来的程序必然是结构化程序，有利于提高程序的设计质量。

③ PAD 图既可用于表示程序逻辑，也可用于描述数据结构。

④ PAD 图描述的算法可利用软件工具转换成高级语言程序，提高软件的可靠性和生产率。

⑤ PAD图支持自顶向下、逐步求精的设计方法的使用。

4. 判定表

当算法中包含多重嵌套组合条件时，用上面介绍的图形工具（如 PFC、N-S、PAD 等）或后面介绍的语言工具（PDL）都不易清楚地描述。然而，判定表（Decision Table）却能清晰地表达复杂的条件组合与应做的动作之间的对应关系。

一张判定表由 4 部分组成。

① 左上部：列出所有可能的条件。

② 左下部：列出所有可能出现的动作。

③ 右上部：列出所有可能的条件组合。

④ 右下部：列出每种可能的条件组合对应动作的取值。

其中，每列构成一条规则，即满足不同条件的组合，有不同的动作。

【例 5.6】 描述航空行李托运费的算法。

假设某航空公司规定重量不超过 30kg 的行李可免费托运。当行李的重量超过 30kg 时，对超出部分的计算方法如下。

头等舱国内乘客 4 元/kg，其他舱国内乘客 6 元/kg。

对外国乘客的收费比国内乘客多一倍。

对残疾乘客的收费为正常乘客的一半。

用判定表表示与上述每种条件组合相对应的动作，如图 5.11 所示。

所有条件	国内乘客		T	T	T	T	F	F	F	F
	头等舱		T	F	T	F	T	F	T	F
	残疾乘客		F	F	T	T	F	F	T	T
	行李≤30kg	T	F	F	F	F	F	F	F	F
所有可能动作列表	免费	√								
	(W−30)×2				√					
	(W−30)×3					√				
	(W−30)×4		√						√	
	(W−30)×6			√						√
	(W−30)×8						√			
	(W−30)×12							√		

可能的条件组合矩阵

与每种条件组合所对应的动作表

图 5.11 判定表

由例 5.6 可见，判定表可以清晰地表达复杂条件组合与应做的动作之间的对应关系，并且能够简洁、无二义地描述所有处理规则。但判定表的直观性较差，初次使用的人员需要一个熟悉的过程。再有，当某个条件的可能取值多于 2 个时（假设机票细分为头等舱、二等舱和经济舱），判定表的简洁度将会下降。

5. 判定树

判定树是判定表的一种变形，它比判定表更直观，但信息的重复量比判定表更大。

【例 5.7】 将例 5.6 中的航空行李托运费的算法用判定树表示，结果如图 5.12 所示。

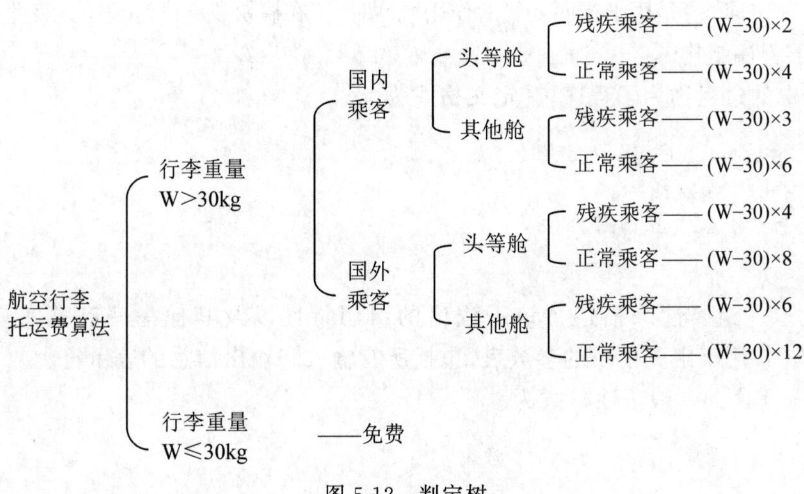

图 5.12 判定树

由此可见，判定表和判定树适应于算法中包含复杂的多重条件组合的情况，它们能够比较清晰地描述过程的细节。但这两种表格工具表示的是静态逻辑，是在某种条件组合情况下可能的结果，不能表达处理的顺序，因此一般不会出现在正式文档中，通常作为一种辅助测试的工具使用。

6. 过程设计语言

过程设计语言(Procedure Design Language，PDL)又称伪码，于 1975 年由 Caine 与 Gordon 首先提出，这是一个笼统的名称，现在有许多不同的过程设计语言在使用 PDL，它是用正文形式表示功能模块的算法设计和加工细节的设计工具。

PDL 拥有开放的语法格式，由严格的外语法(即关键词)和灵活的内语法(即自然语言)组成。在 PDL 中，外语法是确定的，用于描述数据结构和控制结构，用类似于一般的编程语言说明语句和控制结构的关键字(如 If…Then…Else)表示；而内语法是不确定的，用于描述具体操作和条件，通常使用自然语言的词汇，实际上任意英语语句都可以用来描述所需要的具体操作。

PDL 的总体结构与一般程序相同，也包括注释部分、数据说明部分和过程部分，PDL 仅仅是对算法的一种描述，它是不可执行的。

(1) 数据说明部分

数据说明部分用于定义数据的类型和作用域，其一般语法格式为

```
TYPE <变量名>AS <限定词 1><限定词 2>
```

其中，

① <变量名>可以是一个模块内部使用的变量，或是模块之间共用的全局变量。

② <限定词 1>是用于指明变量的数据类型，有 Scale(纯量)、List(链表)、Array(数组)、Char(字符)、Struct(层次结构)等，还允许使用抽象数据类型。PDL 还允许定义用于问题定义的抽象数据类型。

③ <限定词 2>是用于指明变量的作用域，即指明在模块或程序环境中该变量如何使用。

(2) 子程序结构

PDL 中的过程称为子程序，其定义格式为

```
PROCEDURE <子程序名><一组属性>
INTERFACE <参数表>
    分程序块/或一组伪码语句
END
```

其中，<一组属性>描述了该子程序的引用特性以及其他一些有关实现的特性。INTERFACE 用于定义模块的参数表，包括所有输入和输出信息的表示符。

调用子程序的一般语法格式为

```
PERFORM <子程序名称>USING <参数表>
```

或

```
PERFORM<子程序名称>
```

(3) 程序块

PDL 的过程成分由程序块构成，其一般语法格式为

```
BEGIN <块名>
    <一组伪代码语句>
END
```

(4) 基本控制结构

① 顺序结构：在此结构中，执行顺序由语句书写的先后顺序决定。

② 选择结构。

- 采用传统的 IF 结构的语法格式为

```
IF<条件>
    THEN <程序块/伪代码语句组>;
    ELSE <程序块/伪代码语句组>;
ENDIF
```

- 多分支选择结构的语法格式为

```
IF <条件>
    <程序块/伪代码语句组>;
ELSEIF <条件>
    <程序块/伪代码语句组>;
ELSE
```

```
    <程序块/伪代码语句组>;
ENDIF
```

③ 循环结构。

• WHILE 循环结构的语法格式为

```
DO WHILE <条件描述>
    <程序块/伪代码语句组>;
ENDWHILE
```

• UNTIL 循环结构的语法格式为

```
REPEAT UNTIL <条件描述>
    <程序块/伪代码语句组>;
ENDREP
```

• FOR 循环结构的语法格式为

```
FOR <循环变量>=<循环变量取值范围,表达式或序列>
    <程序块/伪代码语句组>;
ENDFOR
```

作为对基本循环结构的补充,PDL 还支持关键字 EXIT 和 NEXT,它们让设计人员可以根据需要指定循环的受限出口,能够有限制地从一个循环中中断循环并退出。EXIT 迫使控制转向 EXIT 所在循环后面的第一条语句,强制终止本层循环,相当于本层循环的断路;NEXT 迫使控制转向 NEXT 所在循环的最后,它并不终止本层循环,而是跳过本次循环体中 NEXT 后面的语句,强行进入下一次循环,相当于本次循环的断路。

(5) 输入/输出

输入/输出的语法格式为

```
READ/WRITE TO <设备><I/O 表>
```

【例 5.8】 用 PDL 描述找出一个数组中最大值的算法。

```
Enter a vector                                --*输入一个数组
Set Maximum to the value of the first element in the vector
                                              --*将数组第一个元素赋给最大值变量
DO for each second one to the last            --*当型循环,比较数组中的各个元素
    IF value of element is greater than the Maximum value THEN
                                            --*发现数组中的某个元素大于最大值变量
    Set Maximum to value of the element       --*将最大值变量的值改写
            ELSE skip                         --*否则不做操作
    EndIF
ENDDO
Print the Maximum value                       --*输出数组元素中的最大值
```

对应的高级语言程序代码为

```
Input array A
Max=A(1)
DO for I=2 to N
    IF Max<A(I)
        Set Max=A(I)
    ENDIF
ENDDO
Print Max
```

综上所述，PDL 虽然不是程序设计语言，但是它与高级程序设计语言非常类似，也采用固定的关键字外语法并支持结构化构件、数据说明机制和模块化；处理部分采用自然语言的内语法描述；可以说明简单和复杂的数据结构；子程序的定义与调用均不受具体接口方式的影响。在实际应用中，只要对 PDL 描述稍加变换，便可以变成源程序代码，因此它是详细设计阶段很受人们欢迎的表达工具。与 N-S 图等图形工具相比，PDL 具有以下优点。

① 同自然语言(英语)很接近，易于理解。

② PDL 描述与程序结构相似，用软件工具自动产生程序代码比较容易。

③ PDL 描述可以作为注释嵌入在源程序内以成为程序的内部文档，有益于提高程序的可读性以及程序和文档的一致性。

④ 用 PDL 写出的程序既可以很抽象，又可以很具体，因此容易实现自顶向下、逐步求精的设计原则。

PDL 的不足之处是：第一 PDL 不如图形描述形象直观，因此人们常常将 PDL 描述与一种图形描述结合起来使用，加以弥补；第二 PDL 对英语使用的准确性要求较高，在非英语国家的应用并不广泛。

5.2.3 详细设计方法的选择

在详细设计中，对一个设计方法选择的原则是：过程描述易于理解、复审和维护，进而过程描述能够自然地转换成代码，并保证代码与详细设计完全一致。为了达到这一原则，要求在选择设计工具时考虑以下几个方面。

① 简洁、易编辑：设计描述易学、易用和易读，支持后续设计和维护以及在维护阶段对设计进行的修改。

② 模块化：支持模块化软件的开发，并提供描述接口的机制，例如能够直接表示子程序和块结构。

③ 强制结构化：详细设计的方法应该能够强制设计者采用结构化构件，有助于采用优秀的设计。

④ 数据表示：详细设计具备表示数据作用范围的能力。

⑤ 机器可读性：设计描述能够直接输入，并能很容易地被计算机辅助设计工具识别。

⑥ 自动生成报告：设计者可以通过分析详细设计的结果改进设计，通过自动处理器

产生有关的分析报告,进而增强设计者在这方面的能力。

⑦ 编码能力:可编码能力是一种设计描述,研究代码自动转换技术可以提高软件效率和减少出错率。

⑧ 逻辑验证:软件测试的最高目标是自动检验设计逻辑的正确性,所以设计描述应易于进行逻辑验证,进而增强可测试性。

5.3 数据设计

设计高效率的程序是基于良好的数据结构与算法的,而不是基于编程小技巧。数据设计是软件工程设计中的主要活动之一,由于数据结构对程序结构和过程复杂性都有影响,因此数据结构是影响软件质量的重要因素。数据设计的合理可以使模块具有较强的独立性、可理解性和可维护性。

5.3.1 数据设计原则

数据设计通常为需求分析阶段所确定的数据对象定义逻辑结构,然后进一步进行算法设计。R. S. Pressman 提出了一组用来定义和设计数据的原则,这些原则应该在设计过程中记住,因为清晰的信息定义是软件开发成功的关键。

① 用于软件的系统化方法也适用于数据,在导出、评审和定义软件的需求和软件系统结构时,必须定义和评审其中所用到的数据流、数据对象及数据结构的表示。应当考虑几种不同的数据组织方案,还应当分析数据设计给软件设计带来的影响。

② 确定所有数据结构和在每种数据结构上施加的操作。设计有效的数据结构,必须考虑到对该数据结构进行的各种操作。如果定义了一个由多个不同类型的数据元素组成的复杂数据结构,则它会涉及软件中若干功能的实现处理。在考虑对这种数据结构进行的操作时,可以为它定义一个抽象数据类型,以便在今后的软件设计中使用它。抽象数据类型的规格说明可以大幅简化软件设计。

③ 建立一个数据字典并用它定义数据和软件的设计。数据字典清晰地说明了各个数据之间的关系和对数据结构内各个数据元素的约束。如果有一个类似于数据字典的数据规格说明,则一些必须涉及数据之间某种具体关系的算法就很容易确定。

④ 低层数据设计的决策应推迟到设计过程的后期进行,可以将逐步细化的方法用于数据设计。在进行需求分析时,确定的总体数据组织应在概要设计阶段进行细化,而在详细设计阶段才确定具体的细节。这种方法首先设计和分析主要的结构特征,具有与自顶向下进行软件设计的方法相类似的优点。

⑤ 数据结构的表示只限于必须直接使用该数据结构内数据的模块才能知道。此原则就是信息隐蔽和与此相关的耦合性原则,并把数据对象的逻辑表示与物理表示分开。

⑥ 建立一个存放有效数据结构及相关操作的库。数据结构及其相关操作可以看作是软件设计的资源。数据结构应当设计成可重用的。建立一个存有各种可重用的数据结构模型的部件库,可以减少数据的规格说明和设计的工作量。

⑦ 软件设计和程序设计语言应当支持抽象数据类型的定义和实现。如果没有直接

定义某种复杂数据结构的手段,则这种结构的设计和实现都会是非常困难的。

5.3.2 数据结构设计

一般说来,数据结构与算法是一类数据的表示及其相关的操作。从数据表示的观点看,例如存储在数组中的一个有序整数表也是一种数据结构。算法是指对数据结构施加的一些操作,例如对一个线性表进行检索、插入、删除等操作。

毋庸置疑,人们编写程序是为了解决问题。只有通过预先分析问题确定必须达到的性能目标,才有希望挑选出正确的数据结构。有相当多的程序员忽视了这一分析过程,而直接选用某一个他们习惯使用但与问题不相称的数据结构,结果设计出一个低效率的程序。如果使用简单的数据设计就能够达到性能目标,则不要选用复杂的数据结构。

选择合适的数据结构会使程序的控制结构简洁,占用的系统资源少,程序运行效率高。下面是确定数据结构时的几点建议。

1. 尽量使用简单的数据结构

每种数据结构都有其时间、空间的开销和收益。当面临一个新的设计问题时,设计者要掌握怎样权衡时空开销和算法有效性的方法。这不仅需要设计者懂得算法分析的原理,还需要其了解所使用的物理介质的特性。通常可以用更大的时间开销换取空间的收益,反之亦然。

简单的数据结构通常伴随着简单的操作,有些人喜欢使用复杂的工具完成一些简单的事情,这在软件开发中是比较忌讳的。

2. 在设计数据结构时要注意数据之间的关系

要平衡数据冗余与数据关联的矛盾。有时为了减少信息的冗余,需要增加更多的关联,使程序处理比较复杂;如果一味地降低数据之间的关联,则可能会造成大量的数据冗余,难以保证数据的一致性。

3. 加强数据设计的可重用性

为了加强数据设计的可重用性,应该针对常用的数据结构和复杂的数据结构设计抽象类型,并且将数据结构与操纵数据结构的操作封装在一起。同时要清晰地描述调用这个抽象数据结构的接口说明。

4. 尽量使用经典的数据结构

程序员应该充分了解一些常用的、经典的数据结构,因为对它们的讨论比较普遍,容易被大多数开发人员理解,同时也能够获得更多的支持,避免不必要的重复设计工作。

5. 根据需求设计数据结构

数据结构为应用服务。我们必须先了解应用的需求,再寻找或设计与实际应用相匹配的数据结构。在确定数据结构时,一般先考虑静态结构,如果不能满足需要,则再考虑动态结构。

6. 复杂数据结构的设计

对于复杂数据结构，应给出图形和文字描述，以便于理解。

5.3.3 数据库设计

数据库设计通常包括以下步骤。

1. 模式设计

模式设计是指确定数据库的物理结构。数据库设计中的第三范式的实体及关系数据模型是模式设计过程的输入，模式设计的主要任务是处理具体的数据库管理系统的结构约束。

在逻辑设计的基础上进行表结构的物理设计。一般地，实体对应于表，实体的属性对应于表的列，实体之间的关系称为表的约束。逻辑设计中的实体大部分可以转换成物理设计中的表，但是它们并不一定是一一对应的。最后对表结构进行规范化处理(第三范式)。

2. 子模式设计

子模式是指用户使用的数据视图。

3. 安全性设计

提高软件系统的安全性应当从管理和设计两方面着手，应该做到以下几点。

① 防止用户直接操作数据库。用户只能通过账号登录应用软件，通过应用软件访问数据库，而没有其他途径可以操作数据库。

② 用户账号＋密码的加密方法。对用户账号的密码进行加密处理，确保在任何地方都不会出现密码的明文。

③ 角色与权限。确定每个角色对数据库表的操作权限，如创建、检索、更新、删除等。每个角色拥有刚好能够完成任务的权限，不多也不少。在应用时再为用户分配角色，每个用户的权限等于其所兼角色的权限之和。

4. 优化

优化的主要目的是改进模式和子模式以优化数据的存取，即分析并优化数据库的时空效率，尽可能地提高处理速度且降低数据占用空间。

① 分析时空效率的瓶颈，找出优化对象(目标)并确定优先级。

② 当优化对象或目标之间存在对抗时，给出折中方案。

③ 给出优化的具体措施，例如优化数据库环境参数、对表格进行反规范化处理等。

5. 数据库管理与维护说明

在设计数据库时，及时给出管理与维护本数据库的方法，有助于将来撰写出正确完备的用户手册。

数据库设计是一项专门的技术，这里不再详细讨论，想进一步了解数据库设计技术的读者可参阅相关资料。

5.4 详细设计规格说明与评审

详细设计说明书又称程序设计说明书，是进行系统编码的依据。编写本文档的目的是使程序员能根据详细设计的内容进行正确的编码。详细设计说明书的读者对象为程序员、系统设计人员、用户以及参加评审的专家。

5.4.1 详细设计规格说明

详细设计说明书是详细设计阶段的文档，是对程序工作过程的描述。详细设计说明书的描述形式有两种，一种是用图形工具（如流程图），另一种是用语言工具（如 PDL）。用图形工具描述的优点是直观，利于单元测试用例设计，缺点是描述性较差，文档写作烦琐，不利于文档的变更和修改；而用语言工具描述正好相反，文档变更修改简单，可以方便地在任何地方增加文字说明，而且翻译成代码更加便捷，缺点是不够直观，不利于进行单元测试用例设计。

详细设计说明书的主要内容是从每个模块的算法和逻辑流程、输入/输出项、与外部接口等方面进行描述。

一个典型的详细设计说明书的框架如下。

1. 引言

① 编写目的。说明编写这份详细设计说明书的目的，指出预期的读者。

② 背景说明。

- 待开发软件系统的名称。
- 本项目的任务提出者、开发者、用户和运行该程序系统的计算中心。

③ 列出本文件中用到的专门术语的定义和外文首字母缩写的全称。

④ 列出有关的参考资料。

- 本项目经核准的计划任务书或合同、上级机关的批文。
- 属于本项目的其他已发表的文件。
- 本文件中引用的文件资料，包括所要用到的软件开发标准。列出这些文件的标题、文件编号、发表日期和出版单位，说明能够取得这些文件的来源。

2. 程序系统的结构

用一系列图表列出本程序系统内的每个程序（包括每个模块和子程序）的名称、标识符和它们之间的层次结构关系。

3. 程序1(标识符)设计说明

逐个给出各个层次中的每个程序的设计考虑。以下给出的提纲是针对一般情况的。对于一个具体的模块,尤其是层次较低的模块或子程序,其很多条目的内容往往与它所隶属的上一层模块的对应条目的内容相同,在这种情况下,只要简单说明这一点即可。

① 程序描述。给出对该程序的简要描述,主要说明安排设计本程序的目的和意义,并说明本程序的特点(如是常驻内存还是非常驻,是否是子程序,是可重用的还是不可重用的,有无覆盖要求,是顺序处理还是并发处理等)。

② 功能。说明该程序应具有的功能,可采用 IPO 图(即输入—处理—输出图)进行描述。

③ 性能。说明对该程序的全部性能要求,包括对精度、灵活性和时间特性的要求。

④ 输入项。给出每个输入项的特性,包括名称、标识、数据的类型和格式、数据值的有效范围、输入的方式、数量和频度、输入媒体、输入数据的来源和安全保密条件等。

⑤ 输出项。给出每个输出项的特性,包括名称、标识、数据的类型和格式,数据值的有效范围,输出的形式、数量和频度,输出媒体,对输出图形及符号的说明、安全保密条件等。

⑥ 算法。详细说明本程序所选用的算法,以及具体的计算公式和计算步骤。

⑦ 流程逻辑。用图表(如流程图、判定表等)辅以必要的说明以表示本程序的逻辑流程。

⑧ 接口。用图的形式说明本程序所隶属的上一层模块及隶属于本程序的下一层模块和子程序,说明参数赋值和调用方式,说明与本程序直接关联的数据结构(数据库、数据文卷)。

⑨ 存储分配。根据需要说明本程序的存储分配。

⑩ 注释设计。说明准备在本程序中安排的注释。

- 加在模块首部的注释。
- 加在各分支点处的注释。
- 对各变量的功能、范围、默认条件等所加的注释。
- 对使用的逻辑所加的注释等。

⑪ 限制条件。说明本程序运行中所受到的限制条件。

⑫ 测试计划。说明对本程序进行单体测试的计划,包括对测试的技术要求、输入数据、预期结果、进度安排、人员职责、设备条件、驱动程序及桩模块等的规定。

⑬ 尚未解决的问题。说明在本程序的设计中尚未解决,而设计者认为在软件完成之前应解决的问题。

4. 程序2(标识符)设计说明

用类似于3的方式说明第2个模块乃至第N个模块的设计考虑。

5.4.2 详细设计规格说明评审

详细设计是编码实现阶段的主要输入，详细设计文档的质量将直接影响软件的质量，所以一定要加强详细设计文档的评审。评审主要是为了确定该设计是否全面完成了合同规定的详细设计任务，审查详细设计的合理性、一致性和完整性，并对能否转入工程实施阶段提出明确的结论。

1. 评审的指导原则

① 详细设计评审一般不邀请用户和其他领域的代表。

② 评审是为了提早发现错误，参加评审的设计人员应该欢迎他人提出批评和建议，但评审的对象是设计文档，不是设计者本身，其他参加者也应为评审创造和谐的气氛。

③ 评审中提出的问题应详细记录，但不一定当场解决。

④ 评审结束前应做出本次评审能否通过的结论。

2. 评审的主要内容

详细设计评审的要点应该放在各个模块的具体设计上，例如模块的设计能否满足其功能与性能的要求，选择的算法与数据结构是否合理、是否符合编码语言的特点，设计描述是否简单、清晰等。

软件组织可以将详细设计评审的要点以查检表的形式固化，这样在详细设计评审时可以依据查检表逐项检查，既提高了评审效率，也能保证评审效果。评审流程需要确定，如果不满足查检表 n%以上的条件，则详细设计文档就不能通过评审，需要重新设计。

3. 评审的方式

评审分为正式与非正式两种方式，详细设计的评审经常采用非正式方式。

非正式评审是由设计组负责人负责，由一名设计人员逐行宣读设计资料，由到会的同行依次序逐项审查。若发现有问题或错误，则做好记录，然后根据多数参加者的意见，决定通过该设计资料或退回原设计人进行纠正。其特点是参加人数少且均为软件人员，带有同行讨论的性质，方便灵活。

正式评审除软件开发人员外，还会邀请用户代表和领导及有关专家参加，通常采用答辩的方式，与会者要提前审阅文档资料，设计人员在对设计方案进行详细说明之后，应回答与会者的问题并记录各种重要的评审意见。

小　　结

详细设计的关键任务是确定怎样具体地实现所要求的目标系统，也就是设计出程序的蓝图。除了应该保证程序的可靠性之外，如何使将来编写出的程序的可读性更好，更容易理解、测试、修改和维护也是详细设计的重要目标。

详细设计的工具有程序流程图、N-S 图、PAD 图、PDL 语言等，选择合适的描述工具并正确地使用它们是非常重要的。

习 题

1. 简述详细设计的原则和基本任务。

2. 结构化程序设计的基本思想是什么？

3. 简单比较本章介绍的几种常用详细设计的工具的优缺点。

4. 假设只有 SEQUENCE 和 IF…THEN…ELSE 两种控制结构，如何利用它们完成 DO…WHILE 操作？假设只有 SEQUENCE 和 DO…WHILE 两种控制结构，如何利用它们完成 IF…THEN…ELSE 操作？

5. 任选一种排序算法(从大到小)，分别用流程图、N-S 图、PAD 图、PDL 语言描述其详细设计过程。

6. 将图 5.13 所示的流程图改写成 N-S 图或 PAD 图表示。

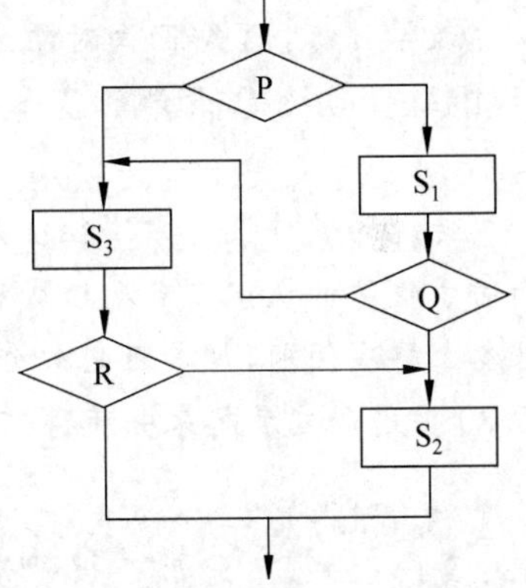

图 5.13 一个非结构化程序流程图

7. 研究下面的伪码程序。

```
loop1: S1
    If p then goto loop2
    S2
    Goto loop1
    Loop2:…
```

要求：

(1) 画出程序流程图。

(2) 程序是结构化的吗？为什么？

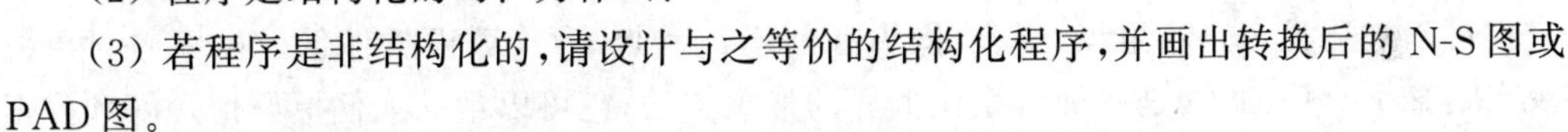

(3) 若程序是非结构化的，请设计与之等价的结构化程序，并画出转换后的 N-S 图或 PAD 图。

8. 从程序员的角度出发说说详细设计的意义。

面向对象技术

教学提示：前几章介绍了一些一般的软件工程分析和设计方法，本章将介绍面向对象的软件工程方法，包括面向对象的分析、设计以及基于面向对象技术的UML设计方法。

教学目标：了解面向对象方法的基本概念和特征，掌握面向对象分析的基本任务、分析过程、面向对象设计的基本准则和基本任务，重点掌握基于面向对象技术的UML技术。

传统的软件设计方法往往是面向过程的，它把算法作为基本构造单元，这些方法使人们对于软件的认识重点从组成程序的语句序列转到了构成软件的模块序列，但不足以从根本上解决问题，科学研究人员仍在不断探索新的技术和新的方法。面向对象技术就是近30年蓬勃发展起来并获得广泛应用的一种具有广阔发展前景的技术。

6.1 面向对象的基本概念

人们生活在对象的世界，这些对象存在于自然、人造实体、商业和人们使用的产品中，它们可以被分类、描述、组织、组合、操纵和创建。因此，为计算机软件创建出面向对象的观点是毫不奇怪的，这是一种模型化世界的抽象方法，它可以帮助人们更好地理解和探索世界。

面向对象方法是由面向对象程序设计发展起来的，面向对象程序设计和问题求解更符合人们求解问题的思维习惯。1986年，Grady Booch首先提出了面向对象设计的概念。目前，面向对象技术的研究已经应用到软件开发生命周期的各个阶段，包括面向对象分析、面向对象设计和面向对象实现。与此同时，面向对象技术在计算机软硬件领域也得到了广泛应用，如面向对象程序方法学、面向对象数据库、面向对象操作系统、面向对象软件开发环境、面向对象智能程序设计和面向对象计算机体系结构等。面向对象技术已成为软件开发的主流方法。

6.1.1 面向对象技术

面向对象(Object Oriented)技术是软件工程领域中的重要技术，这种软件开发思想比较自然地模拟了人类认识客观世界的方式，已成为当前计算机软件工程学中的主流方法，其基本出发点是尽可能按照人类认识世界的方法和思维方式分析与解决问题，是一种以解决问题中所涉及的各种对象为主体的软件开发技术。软件工程学家 Coad 和 Yourdon 给出了一个定义：面向对象(Object Oriented)＝对象(Objects)＋类(Class)＋继承(Inheritance)＋通信(Communication)。如果一个软件系统是使用这 4 个概念设计和实现的，则认为这个软件系统是面向对象的。一个面向对象程序的每个成分都应是对象，计算是通过新的对象的建立和对象之间的消息通信执行的。

6.1.2 对象

对象(Object)是系统中用来描述客观事物的实体，它是构成系统的基本单位，由一组属性和对这组属性进行操作的一组服务组成。属性和服务是构成对象的两个基本要素，属性是用来描述对象静态特征的一组数据项，服务是用来描述对象动态行为的一个操作序列。

在标识对象时必须遵循“信息隐蔽”原则：将对象的属性隐藏在对象的内部，使得人们从对象的外部看不到对象的信息是如何定义的，只能通过该对象界面上的操作使用这些信息。对象的状态通过给对象赋予具体的属性值而得到，它只能通过对该对象的操作改变。

对象有 2 个视图，分别表现在分析设计和实现方面。从分析设计方面来看，对象表示一种概念，它把有关的现实世界的实体模型化。从实现方面来看，对象表示在应用程序中出现的实体的实际数据结构。之所以有 2 个视图，是为了把说明与实现分离，对数据结构和相关操作的实现进行封装。

6.1.3 类和实例

类(Class)是一组具有相同属性和服务的对象的集合，依据抽象和综合的原则忽视对象的非本质特征，找出所有对象的共性，得到的一个抽象描述，其内部包括属性和服务两个主要部分。属于某个类的对象称为该类的实例(Instance)。对象的状态包含在它的实例变量，即实例的属性中。如图 6.1 所示，汽车都具有型号、颜色、牌照等属性，具体到每辆汽车，这些属性都是不尽相同的。类好比一个对象模板，它定义了各个实例所共有的结构，用它可以产生多个对象。类所代表的是一个抽象的概念或事物，在客观世界中实际存在的是类的实例，即对象。

6.1.4 继承

如果某几个类之间具有共性的东西(信息结构和行为)，则将其抽取出来并放在一个一般类中，而将各个类特有的东西放在特殊类中分别描述，则可建立特殊类对一般类的继承(Inheritance)。如图 6.2 所示，轿车、货车、面包车与救护车具有各自的特点，但都继承了一般类“汽车”的共性。各个特殊类可以从一般类中继承共性，这样就避免了重复。

建立继承结构的优点如下。易编程、易理解：代码短，结构清晰。易修改：共同部分只要修改一处即可。易增加新类：只须描述不同部分即可。

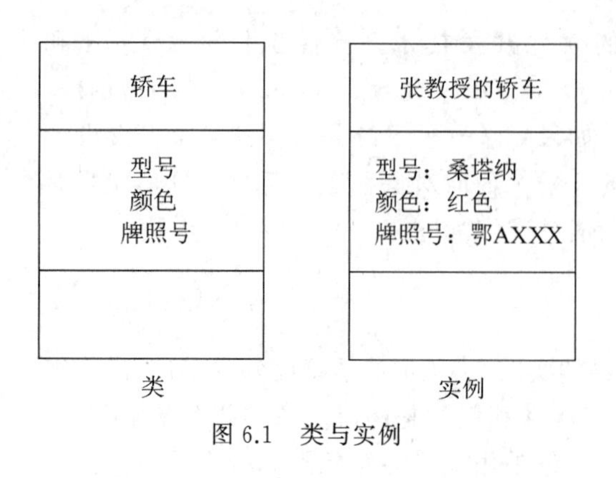

图 6.1　类与实例

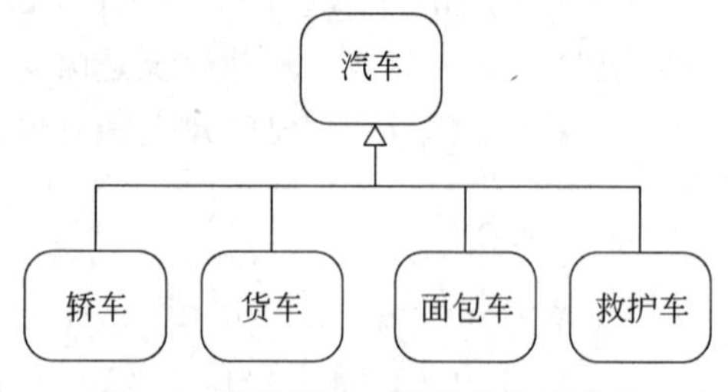

图 6.2　特殊类与一般类的继承关系

6.1.5　多态性

多态性(Polymorphism)是指在父类中定义的属性或服务被子类继承后可以具有不同的数据类型或表现出不同的行为。父类和子类可以共享一个操作,但却有各自不同的实现,当一个对象接收到一个请求时,它会根据其所属的类动态地选用在该类中定义的操作。如图 6.3 所示,父类定义了“绘图”行为,但并不能确定执行时到底画一个什么样的图形,子类继承了父类的“绘图”行为,其功能却不同：一个画圆,一个画多边形,一个画线。多态性是一种比较高级的功能,支持多态性的实现的语言应具有下述功能。

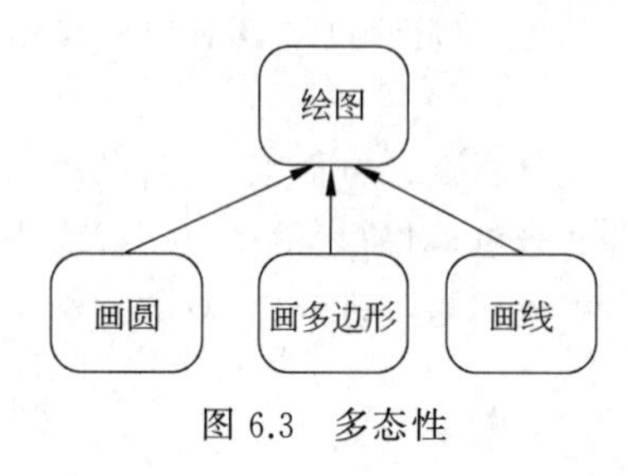

图 6.3　多态性

重载,在特殊类中对继承的属性或服务进行重新定义;动态绑定,在运行时根据对象接收的消息动态地确定连接哪一段服务代码;类属,服务参量的类型可以是参数化的。

6.1.6　消息

消息(Message)是对象发出的服务请求,一般包含提供服务的对象标识、服务标识、输入信息和应答信息等。通常一个对象向另一个对象发送消息,请求执行某项服务,接收消息的对象则响应该消息执行所要求的服务操作,并将操作结果返回给请求服务的对象。

6.1.7　方法

面向对象中的方法(Method)是构成对象的行为,通过调用方法可以返回对象的状态、改变对象的状态或者与其他对象发生相互作用。

下面介绍面向对象的分析和设计方法。

6.2　面向对象分析

面向对象分析(OOA)着重分析问题域和系统责任,确定问题的解决方案,暂时忽略与系统实现有关的细节问题,建立独立于实现的系统分析模型。

面向对象分析是提取系统需求的过程,主要包括理解、表达和验证。由于需要解决的问题一般比较复杂,而且与用户的交流带有随意性和非形式化的特点,理解过程通常不能一次就达到理想的效果,因此还必须进一步验证软件需求规格说明的正确性、完整性和有效性,如果发现了问题,则进行修正。面向对象的分析过程是系统分析员与用户及领域专家反复交流和多次修正的过程,也就是说,理解和验证的过程通常交替进行,反复迭代。通过面向对象分析建立的系统分析模型是以概念为中心的,因此称为概念模型。

6.2.1 面向对象分析的特点

1. 有利于对问题及系统责任的理解

面向对象分析强调从问题域中的实际事物及与系统责任有关的概念出发构造系统模型。系统中对象及对象之间的联系都能够直接描述问题域和系统责任,构成系统的对象和类都与问题域有良好的对应关系,因此十分有利于对问题及系统责任的理解。

2. 有利于各类人员之间的交流

由于面向对象的分析与问题域具有一致的概念和术语,同时尽可能使用符合人类的思维方式认识和描述问题域,因此可以使软件开发人员和应用领域的专家具有相同的思维方式,以理解相同的术语和概念,从而为他们之间的交流创造基本条件。

3. 对需求变化有较强的适应性

一般系统中最容易变化的是功能,其次是与外部系统或设备的接口部分,再次是描述问题域中事物的数据。系统中最稳定的部分是对象。

为了适应需求的不断变化,要求分析方法将系统中最容易变化的因素隔离,并尽可能减少各单元成分之间的接口。

在面向对象分析中,对象是构成系统的最基本元素,而对象的基本特征是封装性,将容易变化的成分(如操作及属性)封装在对象中,这样对象的稳定性会使系统具有宏观上的稳定性。

即使需要增减对象,其余对象也具有相对的稳定性,因此面向对象的分析对需求的变化具有较强的适应性。

4. 支持软件重用

面向对象方法的继承性本身就是一种支持重用的机制,子类的属性及操作不必重新定义,可由父类继承而得。无论在分析、设计还是编码阶段,继承对重用都起着极其重要的作用。

面向对象分析中的类也很适合作为可重用的构件。类具有完整性,它能够描述问题域中的一个事物,包括其数据和行为的特征。类还具有独立性,它是一个独立的封装体。完整性和独立性是实现软件重用的重要条件。

6.2.2 面向对象分析的基本任务与分析过程

面向对象分析是面向对象的软件开发过程中直接接触问题域的阶段，应尽可能全面地运用抽象、封装、继承、分类、聚合、关联、消息通信、粒度控制、行为分析等原则，从而完成高质量、高效率的分析。

1. 抽象

面向对象分析中的类是抽象得到的。例如，系统中的对象是对现实世界中事物的抽象；类是对象的抽象；一般类是对特殊类的进一步抽象；属性是事物静态特征的抽象；服务是事物动态特征的抽象。

2. 分类

分类就是把具有相同属性和服务的对象划分为一类，用类作为这些对象的抽象描述。分类原则实际上是抽象原则运用于对象描述时的一种表现形式。在面向对象分析中，所有对象都是通过类描述的。对属于同一个类的多个对象并不进行重复的描述，而是以类为核心描述它所代表的全部对象。运用分类原则也意味着可以通过不同程度的抽象而形成一般(特殊)结构(又称分类结构)：一般类比特殊类的抽象程度更高。

3. 聚合

聚合的原则是把一个复杂的事物看成若干比较简单的事物的组装体，从而简化对复杂事物的描述。

在面向对象分析中运用聚合原则就是要区分事物的整体和它的组成部分，分别用整体对象和部分对象进行描述，形成一个整体/部分结构，以清晰地表达它们之间的组成关系。例如，飞机的一个部件是发动机，在面向对象分析中可以把飞机作为整体对象，把发动机作为部分对象，通过整体/部分结构表达它们之间的组成关系(飞机带有一个发动机，或者说发动机是飞机的一部分)。

4. 关联

关联又称组装，它是人类思考问题时经常运用的思想方法：通过一个事物联想到另外的事物。能使人发生联想的原因是事物之间确实存在着某些联系。

在面向对象分析中运用关联原则就是在系统模型中明确地表示对象之间的静态联系。例如，一个运输公司的汽车和司机之间存在着这样一种关联：某司机能驾驶某几辆车(或者说某辆车允许某些司机驾驶)。如果这种联系信息是系统责任所需要的，则要求在面向对象分析模型中通过实例连接明确地表示这种联系。

5. 消息通信

这一原则要求对象之间只能通过消息进行通信，而不允许在对象之外直接存取对象内部的属性。通过消息进行通信是由于封装原则而引起的，在面向对象分析中，要求用消息连接表示对象之间的动态联系。

6. 粒度控制

人们在研究一个问题域时既需要微观的思考，也需要宏观的思考。例如，在设计一座大楼时，宏观的问题有大楼的总体布局，微观的问题有房间的管、线安装位置。设计者需要在不同粒度上进行思考和设计，并为施工者提供不同比例的图纸。一般来讲，人在面对一个复杂的问题域时，不可能在同一时刻既能纵观全局，又能洞察秋毫，因此需要控制自己的视野：当考虑全局时，注重其大的组成部分，暂时不详细观察每部分的具体细节；当考虑某部分的细节时，暂时撇开其余部分。这就是粒度控制原则。

在面向对象分析中运用粒度控制原则就是引入主题的概念，把面向对象分析模型中的类按一定规则进行组合，形成一些主题。如果主题数量仍较多，则进一步将其组合为更大的主题。这样会使面向对象分析模型具有大小不同的粒度层次，从而有利于分析员和读者对复杂性的控制。

7. 行为分析

现实世界中，事物的行为是复杂的。在由大量的事物所构成的问题域中，各种行为往往相互依赖、相互交织。控制行为复杂性的原则包括：确定行为的归属和作用范围，认识事物之间行为的依赖关系，认识行为的起因，区分主动行为和被动行为，认识系统的并发行为，认识对象状态对行为的影响。

面向对象分析是一个从现实世界到概念模型的抽象过程，是认识从特殊到一般的提升过程。系统分析员不必了解问题域中繁杂的事物和现象的所有方面，只需要研究与系统目标有关的事物及其本质特征，并且舍弃个体事物的细节差异，抽取其共同的特征以获得有关事物的概念，从而发现对象和类。

8. 确定对象

把握问题域和系统责任是确定对象的根本出发点，两者从不同的角度告诉分析员应该设立哪些对象。前者侧重于客观存在的事物与系统中对象的映射；后者侧重于系统责任范围内的每项职责都应落实到某些对象完成。二者有很大一部分是重合的，但又不完全一致。

面向对象分析方法用对象映射问题域中的事务，这并不意味着对系统分析员见到的任何东西都应在系统中设立相应的对象。要正确地运用抽象原则，即紧紧围绕系统责任这个目标进行抽象。正确地运用抽象原则首先要舍弃那些与系统责任无关的事物，只注意与系统责任有关的事物。其次，对于与系统责任有关的事物，也不是把它们的所有特征都在相应的对象中表达出来，而要舍弃那些与系统责任无关的特征。判断事物是否与系统责任有关的关键问题，一是该事物是否为系统提供了一些有用的信息，或者它是否需要系统为其保存和管理某些信息；二是该事物是否向系统提供了某些服务，或者它是否需要系统描述它的某些服务。

发现各种可能有用的候选对象的主要策略是从问题域、系统边界和系统责任三个方面考虑各种能启发自己发现对象的因素，找出可能有用的候选对象。

(1) 考虑问题域

问题域是指被开发系统的应用领域，即拟建立系统进行处理的业务范围。在面向对象分析过程中，应启发分析员分析应用领域的业务范围、业务规则和业务处理过程，确定系统的责任、范围、边界、需求。在分析中，需要着重对系统与外部的用户和其他系统的交互进行分析，确定交互的内容、步骤和顺序。

(2) 考虑系统边界

考虑系统边界，启发分析员发现一些与系统边界以外的活动者进行交互，并处理系统对外接口的对象。

(3) 考虑系统责任

系统责任即所开发系统应该具备的职能。例如银行的业务处理系统，其问题域即“银行”，包括银行的组织机构、人事管理、日常业务等，而系统责任则包括银行的日常业务(如金融业务、个人储蓄、国债发行、投资管理等)，用户权限管理、信息的定期备份等。面向对象分析过程中应对照系统责任所要求的每项功能查看是否可以通过现有的对象完成这些功能。如果发现某些功能在现有的任何对象中都不能提供，则可启发分析员发现问题域中某些遗漏的对象。

(4) 审查和筛选

在找到许多候选对象之后，要对它们逐个进行审查，查看它们是不是面向对象分析模型真正需要的，从而筛选掉一些对象。首先要丢弃那些无用的对象，然后要想办法精简、合并一些对象，并区分哪些对象应该推迟到面向对象设计阶段时再考虑。

(5) 识别主动对象

在基本明确系统中的对象后，找出其中的主动对象，可从以下几个方面考虑。

从问题域和系统责任考虑：哪些对象将在系统中呈现一种主动行为，即哪些对象具有某种不需要其他对象请求就能主动表现的行为。凡是在系统中呈现主动行为的对象都应是主动对象。

从系统执行情况考虑：设想系统是怎样执行的。如果系统的一切对象服务都是顺序执行的，那么首先执行的服务在哪个对象，则这个对象就应是系统中唯一的主动对象。如果系统是并发执行的，那么每条并发执行的控制线程起点在哪个对象，则这些起点的对象就应是主动对象。

从系统边界考虑：系统边界以外的活动者与系统中哪些对象直接进行交互，处理这些交互的对象服务如果需要与其他系统活动并发执行，那么这些对象就很可能是主动对象。认识主动对象和认识对象的主动服务是一致的。

9. 确定属性

面向对象程序设计以对象为基本单位组织系统中的数据和操作，形成对问题域中事物的直接映射。面向对象方法用对象表示问题域中的事物，事物的静态特征和动态特征分别用对象中的一组属性和服务表达。

一个对象就是由这样一些属性和服务构成的，对象的属性和服务描述了对象的内部细节。在面向对象分析过程中，只有给出对象的属性和服务，才算对这个对象有了确切的认识和定义。属性和服务也是对象分类的根本依据，一个类的所有对象应该具有相同的属性和服务。按照面向对象方法的封装原则，一个对象的属性和服务是紧密结合的，对象的属性只能由这个对象的服务存取。对象的服务可分为内部服务和外部服务，内部服务只供对象内部的其他服务使用，不对外提供；外部服务对外提供一个消息接口，通过这个接口可以接收对象外部的消息并为之提供服务。但是在实现中，不同的面向对象编程语言对封装原则的体现只有在属性与服务的结合这一点上是共同的，信息隐蔽的程度则各有差异。

服务需要进一步区别的是被动服务和主动服务。被动服务是只有接收到消息才执行的服务，它在编程实现中是一个被动的程序成分，例如函数、过程、例程等。主动服务是不需要接收消息就能主动执行的服务，它在程序实现中是一个主动的程序成分，例如用于定义进程或线程的程序单位。被动对象的服务都是被动服务，主动对象应该有至少一个主动服务。在定义服务的过程中，对于主动对象，应指出它的主动服务。

定义属性的步骤一般如下。

① 识别属性。首先要明白某个类的对象应该描述什么东西。从单个对象的角度来说，需要咨询以下问题。

- 一般情况下怎样描述该对象。
- 在本问题域中怎样描述该对象。
- 在本系统的主要上下文中怎样描述该对象。
- 该对象需要了解什么。
- 该对象需要记住什么状态信息。
- 该对象能处于什么状态。

同时，回忆以前对相同和类似问题域实行面向对象分析的结果，查看哪些属性可以重新使用。

② 定位属性。定位属性考虑的是对于一般/特殊结构中的某个属性所在的位置。如果将某个属性放到结构的最上端的类，则该属性适合于其所有特殊类；如果某个属性适合于某层的所有特殊类，应将其向上移动到相应的一般类；如果发现某个属性有时有值，而有时又没有值，则应研究该一般/特殊结构，查看是否存在另一个一般/特殊结构。

③ 实例连接。属性可以描述对象状态，而实例连接则加强了这种描述能力。一个实例连接就是一个问题域映射模型，该模型反映了某个对象对其他对象的需求，表达了对象之间的静态关系。

④ 应注意的问题。

- 对于问题域中的某个实体，如果其不仅取值有意义，而且它本身的独立存在也有相当的重要性，则应将该实体作为一个对象，而不宜作为另一个对象的属性。
- 为了保持需求模型的简洁性，对象的导出属性往往可以略去。例如，“年龄”可以通过“出生日期”和系统当前时间导出，因此不应将“年龄”作为“人”的基本属性。
- 在面向对象分析阶段，如果某属性描述对象的外部不可见状态，则应将其从系统模型中删除。

10. 定义服务

分析员通过分析对象的行为可以发现和定义对象的每个服务，但对象的行为规则往往与对象所处的状态有关。

(1) 对象状态

目前，关于面向对象技术中的“对象状态”这个术语的定义有以下两种。

① 对象或者类的所有属性的当前值。

② 对象或者类的整体行为(如响应消息)的某些规则所能适应的(对象或类的)状况、情况、条件、形式或生存周期阶段。

按上述第一种定义，对象的每个属性的不同取值所构成的组合都可看作对象的一种新的状态。这样，对象的状态数量是巨大的，甚至是无穷的。系统开发人员认识和辨别对象这么多状态既无可能也没有必要。按第二种定义，虽然在大部分情况下对象的不同状态是通过不同的属性值体现的，但是认识和区别对象的状态只着眼于它对对象行为规则的不同影响，即仅当对象的行为规则有所不同时，才称对象处于不同状态。所以按这种定义，需要认识和辨别的状态数目并不是很多，可以勾画出一个状态转换图，以帮助分析对象的行为。

下面通过一个例子说明应如何认识对象的状态。

假设在一栋高楼中有 3 部电梯。电梯有停止、运行的状态以及各个停靠层。如果将电梯定义为一个对象，那么可能有很多个状态，其中很多状态对于系统来说用处不大。通过分析后可以归纳为 4 种状态：空闲、停止、超载和运行，如表 6.1 所示。

表 6.1　电梯的状态、服务对照表

服　务	空　闲	停　止	超　载	运　行
召唤	可执行	可执行	可执行	可执行
到达	不可执行	不可执行	不可执行	可执行

把每个等价集作为一种对象状态，对象的每种状态可以通过对象的属性值表达。

(2) 状态转换图

由于对象在不同状态下呈现不同的行为方式，所以要想正确地认识对象的行为并定义它的服务，就要分析对象的状态。应对行为规则比较复杂的对象做以下工作。

① 找出对象的各种状态。

② 分析不同状态下对象的行为规则有何不同。如果发现在开始所认识的几种状态下对象的行为规则并无差别，则应将其合并为一种状态。

③ 分析从一种状态可以转换到哪几种其他状态，对象的什么行为(服务)可以引起这种转换。

通过上述分析工作可以得到一个对象的状态转换图，它是一个以对象状态为结点，以状态之间的直接转换关系为有向边的有向图，其画法采用 3 种图形符号：椭圆表示对象的一种状态，椭圆内部填写状态名；单线箭头表示从箭头出发的状态可以转换到箭头指向的状态。箭头旁边写明哪种服务能引起这种转换。如果有附加条件或者需要报错，则在服务名之后的圆括号或尖括号内注明；双箭头指出该对象被创建后所处的第一个状态。栈对象的状态转换如图 6.4 所示。

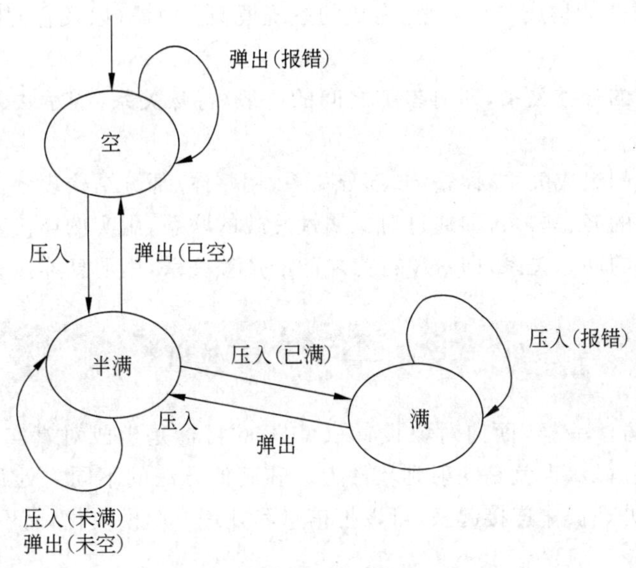

图 6.4 栈的状态转换图

状态转换图是对整个对象的状态/行为关系的图示，它附属于该对象的类描述模板。由于状态转换图只是描述了单个对象的状态转换及其与服务的关系，并未提供超越对象范围的系统级信息，所以没有把它提高到系统模型的级别，而是作为类描述模板中的一项内容，并且不强调对每个类都一定要画出一个状态转换图，对于有些情况很简单的对象类，其状态转换图可以省略。分析对象的状态并画出状态转换图的目的是更准确地认识对象的行为，从而定义对象的服务。

(3) 对服务进行分类

面向对象分析要想明确定义对象的服务，就必须区分对象行为的不同类别。面向对象系统分析中，与对象有关的某些行为实际上不是对象自身的行为，而是系统把对象看作一个整体进行处理时施加于对象的行为。面向对象实现的系统一般都为此类系统行为提供了统一支持，所以不需要在每个对象中显式地定义相应的服务，例如对象的创建、释放。

① 对象的基本服务。根据面向对象封装原则，对象外部的行为不能对对象内部的属性做任何读写操作，只能由对象内部的行为(服务)向外提供相应的服务。于是，每个对象中都要设立许多读取或设置属性的值的服务。此类服务并不是客观事务固有行为的映射，而是由于封装原则引起的。

② 对象的特殊服务。面向对象分析的重点是发现和描述这类服务，此类服务描述了对象所映射事物的固有行为，其算法是进行某些计算或监控操作。此类服务是在面向对象分析中应该努力发现并加以定义的。

(4) 对象之间的通信

前面主要讨论了系统中的每类对象以及它们的内部特征。通过认识系统中的对象可以对它们进行分类,进而分析和定义它们的内部特征,以得到构成系统的各个基本单位——对象类。现在将从各个单独的对象转移到对象以外,分析和认识各类对象之间的关系,以建立面向对象分析基本模型(类图)的关系层。只有定义和描述了对象类之间的关系,各个对象类才能构成一个完整、有机的系统模型。对象(以及它们的类)与外部的关系有以下几种。

① 对象之间的分类关系,即对象类之间的一般/特殊关系(继承关系),用一般/特殊结构表示。

② 对象之间的组成关系,即整体/部分关系,用整体/部分结构表示。

③ 对象之间的静态联系,即通过对象属性反映的联系,用实例连接表示。

④ 对象之间的动态关系,即对象行为之间的依赖关系,用消息连接表示。

6.3 面向对象设计

像其他设计方法一样,面向对象设计(OOD)的目标是生成对真实世界的问题域表示,并将其映射到解域,也就是映射到软件上。和其他方法的不同之处在于,面向对象设计将数据对象和处理操作连接起来,可以把信息和处理一起模块化,而不是仅仅把处理模块化。

6.3.1 面向对象设计的概念

面向对象的方法不强调分析与设计之间严格的阶段划分,软件生命期的各阶段交叠回溯,整个生命期的概念一致,表示方法也一致,因此从分析到设计无须转换表示方式。当然,分析和设计也有不同的分工与侧重。与OOA的模型相比,OOD模型的抽象层次较低,因为它包含与具体实现有关的细节,但是建模的原则和方法是相同的,它设计出的结果是产生一组相关的类,每个类都是一个独立的模块,既包含完整的数据结构(属性),又包含完整的控制结构(服务)。

6.3.2 面向对象设计的准则

软件设计的基本原理在进行面向对象设计时仍然成立,但是增加了一些与面向对象方法密切相关的新特点,从而具体化为下列面向对象设计的准则。

1. 模块化

面向对象的开发方法支持把系统分解成模块的设计原则,因为对象从某种意义上说就是模块,而且是一种把数据和操作紧密结合在一起的模块。

2. 抽象

抽象是指强调实体的本质、内在的属性,而忽略了一些无关紧要的属性。在系统开发中,分析阶段使用抽象仅涉及应用域的概念,在理解问题域之前不考虑设计与实现。而在面向对象的设计阶段,抽象概念不仅用于子系统,而且在对象设计中,由于对象具有极强的抽象表达能力，因此类实现了对象的数据和行为的抽象。

3. 信息隐藏

信息隐藏在面向对象的方法中是指封装性，封装性是保证软件部件具有优良模块性的基础。封装性是指将对象的属性及操作(服务)结合为一个整体，尽可能屏蔽对象的内部细节，软件部件外部对内部的访问只能通过接口实现。

类是封装良好的部件，类的定义将其说明(用户可见的外部接口)与实现(用户内部实现)分开，而对其内部的实现则按照具体定义的作用域提供保护。对象作为封装的基本单位比类的封装更加具体、更加细致。

4. 弱耦合

按照抽象与封装性，弱耦合是指子系统之间的联系应尽量少。子系统应具有良好的接口，子系统通过接口与系统的其他部分联系。

5. 强内聚

内聚衡量的是一个模块内各个元素彼此结合的紧密程度，也可以理解为一个构件内的各个元素对完成一个定义明确的目标所做出的贡献程度，面向对象设计中有以下 3 种内聚。

① 服务内聚。即一个服务应该完成且只能完成一个功能。

② 类内聚。即一个类只应该有一个用途，它的属性和方法都是完成该类对象的任务所必需的。

③ 一般/特殊内聚。即设计出的从一般到特殊(或反之)的结构要符合多数人的概念，应该是从相应的领域中抽取的知识。

6. 可扩充性

可扩充性是指面向对象易扩充的设计。继承机制以两种方式支持扩充设计。第一，继承关系有助于重用已有定义，使开发新定义更加容易。随着继承结构逐渐变深，新类定义继承的规格说明和实现的量也就逐渐增大，这通常意味着当继承结构增长时，开发一个新类的工作量反而逐渐减小；第二，在面向对象的语言中，类型系统的多态性也支持可扩充的设计。图 6.5 展示了一个简单的继承层次。

7. 可集成性

面向对象的设计过程会产生便于将单个构件集成为完整设计的设计。

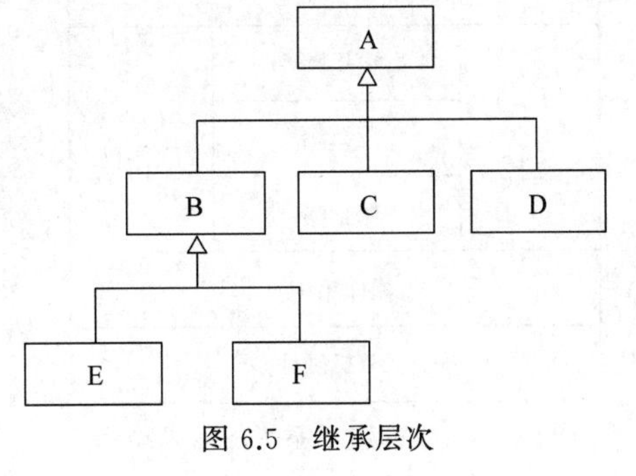

图 6.5 继承层次

8. 支持重用

软件重用是提高软件开发生产率和目标系

统质量的重要途径。重用基本上从设计阶段开始，它有两方面含义：一是尽量使用已有的类(包括开发环境提供的类库及以往开发类似系统时创建的类)；二是如果确实需要创建新类，则在设计这些新类的协议时，应该考虑将来的可重复使用性。

6.3.3 面向对象设计的任务

面向对象设计是面向对象方法在软件设计阶段应用与扩展的结果，可以将面向对象分析中所创建的分析模型转换为设计模型，解决如何做的问题。面向对象设计的主要目标是提高生产效率、质量和可维护性。

面向对象分析主要考虑系统做什么，而不关心系统如何实现的问题。在面向对象设计中，为了实现系统，需要以面向对象分析给出的模型为基础，重新定义或补充一些新的类，或在原有类中补充或修改一些属性及操作。因此，面向对象设计的目标是产生一个满足用户需求且可实现的设计模型。

面向对象设计还可以细分为系统设计和对象设计。系统设计确定实现系统的策略和目标系统的高层结构。对象设计确定解空间中的类、关联、接口形式及实现服务的算法。系统设计与对象设计之间的界限比分析与设计之间的界限更加模糊。

1. 系统设计

系统设计的任务包括：将分析模型中紧密相关的类划分为若干子系统(也称主题)，子系统应该具有良好的接口，子系统中的类相互协作。标识问题本身的并发性，将各子系统分配给处理器，建立子系统之间的通信。

进行系统设计的关键是子系统的划分，子系统由它们的责任及所提供的服务标识，在面向对象设计中这种服务是完成特定功能的一组操作。

将划分的子系统组织成完整的系统时，有水平层次组织和垂直块组织两种方式，层次结构又分为封闭式和开放式。所谓封闭式是指每层子系统仅使用其直接下层的服务，这就降低了各层之间的相互依赖，提高了易理解性和可修改性。开放式则允许各层子系统使用其下属任一层子系统提供的服务。块状组织是把软件系统垂直地划分为若干相对独立、弱耦合的子系统，一个子系统(块)提供一种类型的服务。图 6.6 描述了一个典型应用系统的组织结构，该系统采用层次与块状的混合结构。

<table>
<tr><td colspan="3">应用软件包</td></tr>
<tr><td rowspan="3">人机
对话
控制</td><td>窗口图</td><td rowspan="3">仿真
软件包</td></tr>
<tr><td>屏幕图</td></tr>
<tr><td>像素图</td></tr>
<tr><td colspan="3">操作系统</td></tr>
<tr><td colspan="3">计算机硬件</td></tr>
</table>

图 6.6 典型的应用系统的组织结构

2. 对象设计

在面向对象的系统中，模块、数据结构及接口等都集中体现在对象和对象层次结构中，系统开发的全过程都与对象层次结构直接相关，是面向对象系统的基础和核心。面向对象的设计通过对象的认定和对象层次结构的组织确定解空间中应存在的对象和对象层次结构，并确定外部接口和主要的数据结构。

对象设计可以为每个类的属性和操作进行详

细设计，包括属性和操作的数据结构、实现算法以及类之间的关联。另外，在分析阶段，应将一些与具体实现条件密切相关的对象，如与图形用户界面(GUI)、数据管理、硬件及操作系统有关的对象推迟到设计阶段考虑。

在进行对象设计的同时也要进行消息设计，即设计连接类及其协作者之间的消息规约。

3. **设计优化**

对设计进行优化，主要涉及提高效率的技术和建立良好的继承结构的方法。提高效率的技术包括增加冗余关联以提高访问效率、调整查询次序、优化算法等技术。建立良好的继承关系是优化设计的重要内容，可以通过对继承关系的调整实现。

6.4 面向对象设计方法

近十几年来，研究人员和开发人员概括了不同的需求，从不同的角度入手，提出了许多面向对象设计方法，下面介绍几种主要的方法。

6.4.1 Booch 方法

Booch 于 1991 年推出了 Booch 方法，1994 年又发表了第 2 版。Booch 方法的开发模型包括静态模型和动态模型，静态模型分为逻辑模型和物理模型，描述了系统的构成和结构，动态模型包括状态图和时序图。

该方法对每步都做了详细的描述，描述手段丰富、灵活，不仅建立了开发方法，还提出了设计人员的技术要求及不同开发阶段的人力资源配置。Booch 方法的基本模型包括类图与对象图，主张在分析和设计中既使用类图，也使用对象图。

1. **类图**

类图表示系统中的类与类之间的相互关系。如图 6.7 所示，类用虚线绘制的多边形表示。类之间的关系有关联、继承、包含和使用等。

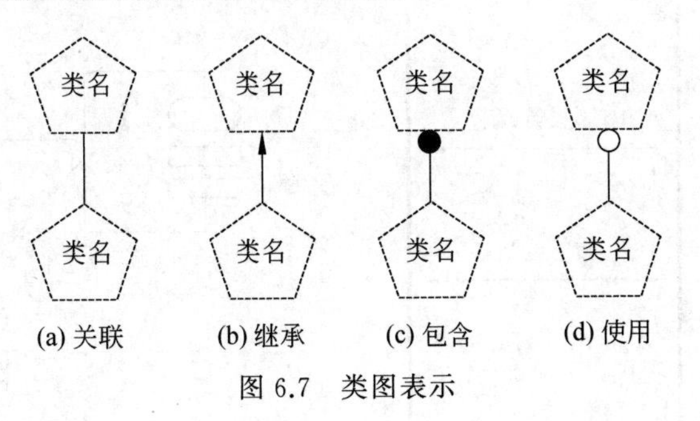

图 6.7 类图表示

2. 对象图

类定义为系统设计的一部分,不管系统怎样执行它都存在,而对象则在程序执行期间动态地创建或消除。对象图由对象和消息组成,如图 6.8 所示,对象由实线绘制的多边形表示。

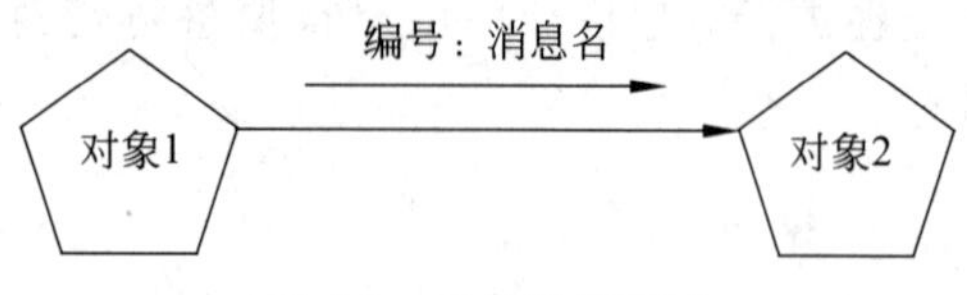

图 6.8 对象图的表示

3. 状态图

Booch 方法中的状态图用于描述某个类的状态空间,以及状态的改变和引起状态改变的事件,描述了系统中类的动态行为。图 6.9 所示为状态图的表示,圆角框表示状态,框内标注状态名;实心圆表示开始状态;状态之间的有向连线表示引起状态改变的事件,连线上标注事件名。

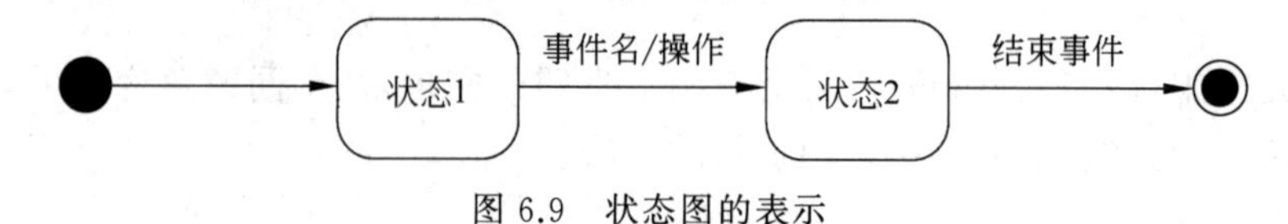

图 6.9 状态图的表示

4. 时序图

时序图用来描述对象之间交互的时间特性,时序图如图 6.10 所示,参与交互的对象放在顶上一行,对象下的竖线称为对象的生命线,从上到下表示时间的延伸,生命线之间带有箭头的连线表示消息的传送,并在连线上标注消息名。

5. 模块图

模块图表示程序构件(模块)及其构件之间的依赖关系。远程教学系统的模块图如图 6.11 所示。

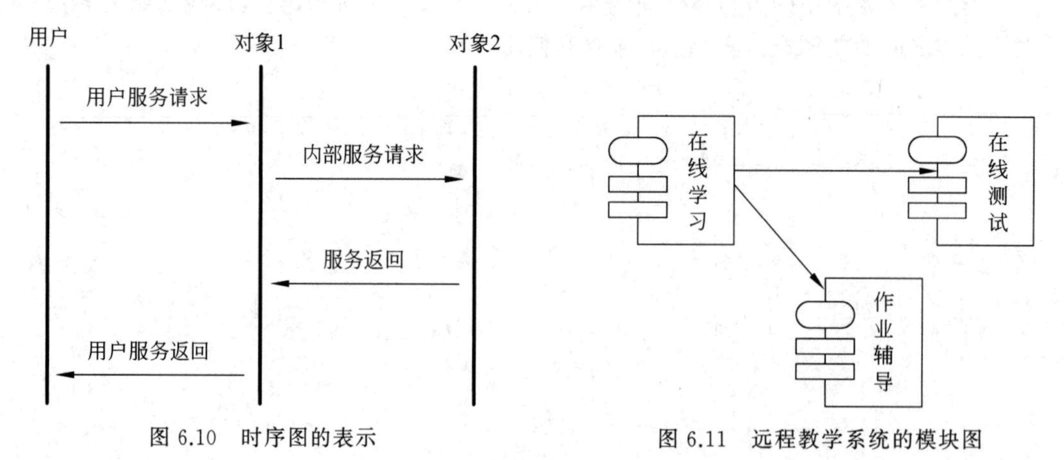

图 6.10 时序图的表示

图 6.11 远程教学系统的模块图

6. 进程图

进程图描述系统的物理模型，在多处理器系统中，进程图描述了可同时执行的进程在各处理器上的执行情况。在单处理器系统中，进程图表示同时处于活动状态的对象。基于计算机系统的软件是由一个或多个根据一系列定义好的联结关系与其他设备交互作用的处理器执行的。面向对象的设计和实现并不改变这一事实，因此，图 6.12 所示的过程图被用来说明和定义系统硬件结构的处理器（带阴影的盒子）、设备（白盒子）和连接关系（直线）在一个给定处理器上的执行过程。

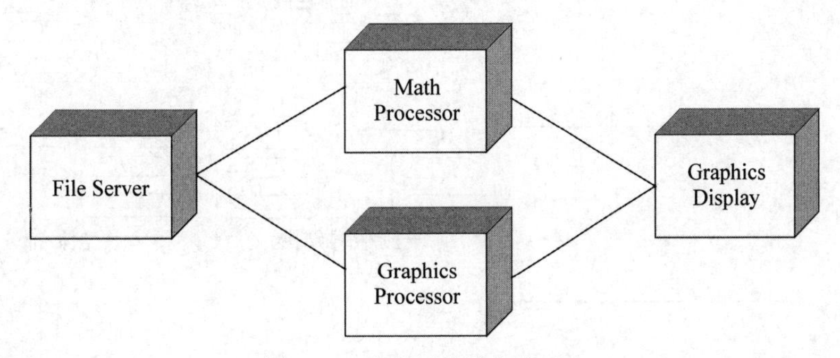

图 6.12　进程图的基本表示法

6.4.2 Coda/Yourdon 方法

Coda/Yourdon 方法由 P. Coda 和 E. Yourdon 于 1990 年提出，该方法主要由面向对象分析和面向对象设计构成，特别强调 OOA 和 OOD 采用完全一致的概念和表示法，使分析和设计之间不需要表示法的转换。该方法的特点是：表示简练、易学，对于对象、结构、服务的认定较系统、完整，可操作性强。

1. 面向对象的分析

在 Coda/Yourdon 方法中，面向对象分析的任务是建立问题域的分析模型。分析过程和构造 OOA 概念模型的顺序由 5 个层次组成，这 5 个层次是：类与对象层、属性层、服务层、结构层和主题层，它们分别表示分析的不同侧面。

图 6.13 所示为分析过程的每个层次中涉及的主要概念和相应的图形表示。面向对象分析主要有以下活动。

(1) 类和对象的认定

面向对象分析的核心是确定系统的类及对象，它们是构成软件系统的基本元素。常用的认定方式有：简单的认定方法和复杂系统对象的认定。

(2) 结构的认定

结构的认定指描述类及对象之间的结构关系，用来反映问题空间中的复杂事物和复杂关系，有两种结构：分类结构针对事物类别之间的组织关系；组装结构对应于事物的整体与部分之间的关系。

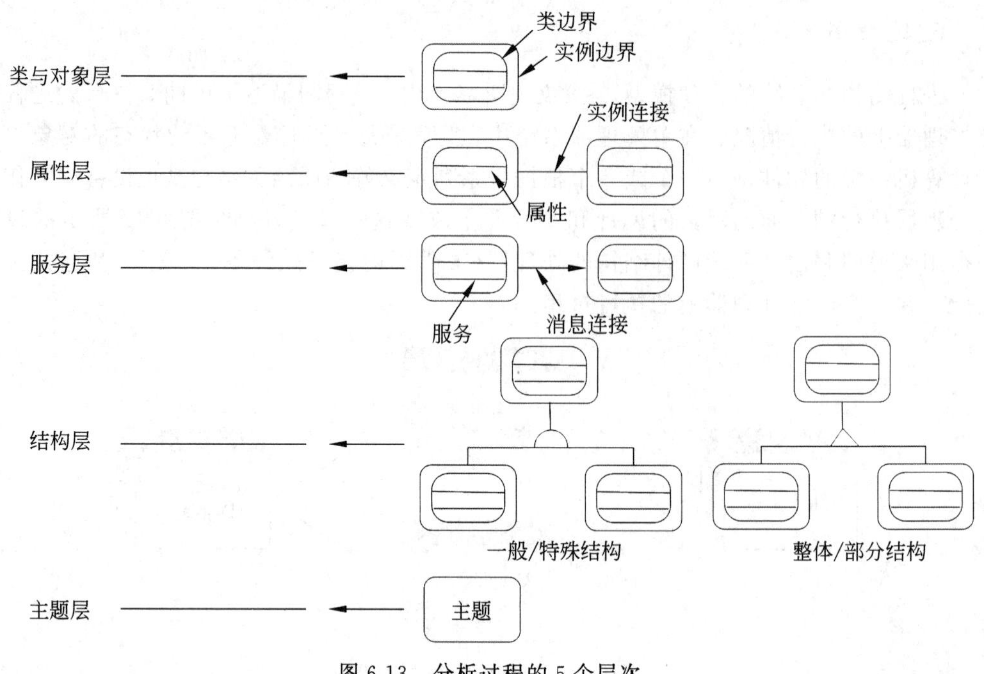

图 6.13　分析过程的 5 个层次

(3) 认定主题

主题是一种帮助理解复杂模型的抽象机制，它将关系较密切的类及对象组织在一起，主题起到控制作用。整个系统由若干主题构成，便于用户从不同粒度理解系统。

(4) 定义属性

属性是类的性质，可以定义类和对象的属性和实例连接，它是某种数据或者状态信息。

(5) 定义服务

定义类和对象的服务和消息连接，服务是在对象接收到一条消息后所要进行的加工，它是对象表现的具体行为。而消息关联用于表示对象之间的通信，说明了服务的要求。通信的基本方式是消息传递。

2. 面向对象设计

面向对象设计通过对象的认定和对象层次结构的组织确定解空间中应存在的对象及其层次结构，并确定外部接口和主要的数据结构。面向对象设计的主要目标是提高生产效率、质量与可维护性。面向对象方法的主要目标是保持问题域组织框架的完整性。

面向对象设计的设计模型是在面向对象的分析模型的 5 个层次上由 4 个部件构成的：问题域部件、人机交互部件、任务管理部件和数据管理部件。面向对象设计的主要内容包括以下 4 类活动。

(1) 设计问题域部件

面向对象设计在很大程度上受到具体实现环境的约束。通过分析得到的精确模型为设计问题域部件奠定了良好的基础。通常进行问题域部件设计只须从实现的角度对通过分析所建立的问题域模型做一些修改和补充,例如对类、对象、结构、属性及服务进行增加、修改或完善。设计问题域部件时可采用以下方法。

利用重用设计加入现有类。现有类是指面向对象的程序设计语言所提供的类库中的类,将其中所需要的类加入问题域部件,并指出现有类中不需要的属性及操作。

引入一个"根"类,将专门的问题域类组合在一起;或引入一个附加的抽象类,以便为大量的具体类定义一个相似的服务集合,建立一个协议。

调整继承的支持层次。如果分析模型中包括多重继承,而使用的程序设计语言中没有多重继承机制,则可使用化为单一层次的方法将多重继承化为单重继承。

(2) 设计人机交互部件

人机交互部件表示用户与系统的交互命令及系统反馈的信息。在分析的基础上进一步分析用户,确定交互的细节,包括指定窗口、设计窗口及设计报表形式等。人机交互部件在一定程度上依赖于所使用的图形用户接口,接口不同,人机交互部件的类型也不同。

具体的方法是:先进行用户分类,可按照技能分为初级、中级和高级,也可按照组织级别分为总经理、部门经理和一般职员等,还可按照其他形式分类。按照用户分类对用户的信息(特征、年龄、文化程度、技能水平、主要任务等)做进一步描述,进而对人机交互的命令和命令层次进行设计。

人机交互部件的设计要遵循一致性,包括术语、步骤和动作的一致性。应尽量减少用户操作的步骤,及时提供反馈信息,使人机交互界面易学、使用方便、富有吸引力。

(3) 设计任务管理部件

设计任务管理部件即确定各种类型的任务,并把任务分配到硬件或软件上执行。为了划分任务,首先要分析并发性。分析建立的动态模型是分析并发性的主要依据,通常把多个任务的并发执行称为多任务。

常见的任务有事件驱动型任务、时钟驱动型任务、优先任务、关键任务和协调任务等。

(4) 设计数据管理部件

数据管理部件是系统存储、管理对象的基本设施,它建立在数据存储管理系统上,并且独立于各种数据管理模式。设计数据管理部件既需要设计数据格式,又需要设计相应的服务。设计数据格式的方法与所使用的数据存储管理模式密切相关,通常有文件系统和数据库管理系统两类数据存储模式。

6.4.3 对象模型技术方法简介

1. 对象模型技术方法

对象模型技术(Object Model Technology,OMT)方法是由 Rumbaugh 和 4 位合作人于 1991 年推出的面向对象的方法学,作为一种软件工程方法学,它支持整个软件生存周期,覆盖了问题构成、分析、设计和实现等阶段。

OMT 方法把分析时收集的信息构造在 3 类模型中,即对象模型、动态模型和功能模型。图 6.14 所示为这 3 个模型的建立次序。从功能模型回到对象模型的箭头表明,这个模型化的过程是一个迭代的过程。每次迭代都将对这 3 个模型做进一步的检验、细化和充实。

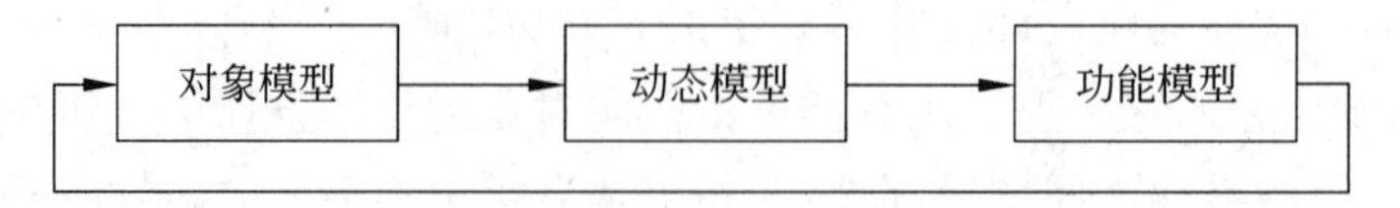

图 6.14 对象模型、功能模型和动态模型的建立次序

对象模型是 3 个模型中最关键的模型，它的作用是描述系统的静态结构，包括构成系统的类和对象、它们的属性和操作以及它们之间的关系。事实上，这个模型可以看作扩充的实体关系模型(E-R)。

动态模型侧重于系统在执行过程中的行为，要想将一个系统了解得比较清楚，首先应考查它的静态结构，即在某一时刻它的对象和这些对象之间相互关系的结构；然后应考查在任何时刻对对象及其关系的改变。系统的这些涉及时序和改变的状况用动态模型描述。动态模型着重于系统的控制逻辑，包括两个图：一是状态图，二是事件追踪图。

功能模型着重于系统内部数据的传送和处理。功能模型定义“做什么”，动态模型定义“何时做”，对象模型定义“对谁做”。功能模型表明，通过计算，从输入数据能得到什么样的输出数据，不考虑参加计算的数据按什么时序执行。功能模型由多个数据流图组成，它们指明从外部输入，通过操作和内部存储，直到外部输出的整个数据流情况。功能模型还包括对象模型内部数据之间的限制。数据流图不指出控制或对象的结构信息，它们包含在动态模型和对象模型中。

2. OOSE 方法

OOSE 方法是 1992 年 Jacobson 在其出版的专著《面向对象软件工程》中提出的。

OOSE 方法采用 5 类模型建立目标系统，这 5 类模型如下。

① 需求模型(Requirements Model，RM)。获取用户的需求并识别对象，主要的描述手段有：使用例图、问题域对象模型及用户界面。

② 分析模型(Analysis Model，AM)。定义系统的基本结构，可以将需求模型中的对象分别识别到分析模型中的实体对象、界面对象和控制对象三类对象中。每类对象都有自己的任务、目标并模拟系统的某个方面。

实体对象模拟在系统中需要长期保存并加以处理的信息，实体对象由使用事件确定，通常与现实生活中的一些概念吻合。界面对象的任务是提供用户与系统之间的双向通信，在使用事件中所指定的所有功能都直接依赖于系统环境，它们都放在界面对象中。而控制对象的典型作用是将另外一些对象组合形成一个事件。

③ 设计模型(Design Model，DM)。分析模型只注重系统的逻辑构造，而设计模型需要考虑具体的运行环境，将在分析模型中的对象定义为模块。

④ 实现模型(Implementation Model，IM)。即用面向对象的语言实现。

⑤ 测试模型(Testing Model，TM)。测试的重要依据是需求模型和分析模型，底层是对类(对象)的测试。TM 实际上是一个测试报告。

OOSE 的开发活动主要分为 3 类：分析、构造和测试，如图 6.15 所示。其中，分析过程分为需求分析（Requirements Analysis）和健壮分析（Robustness Analysis）两个子过程，分析活动分别产生需求模型和分析模型。构造活动包括设计（design）和实现（implementation）两个子过程，分别产生设计模型和实现模型。测试过程包括单元测试（unit testing）、集成测试（integration testing）和系统测试（system testing）3 个过程，共同产生测试模型。

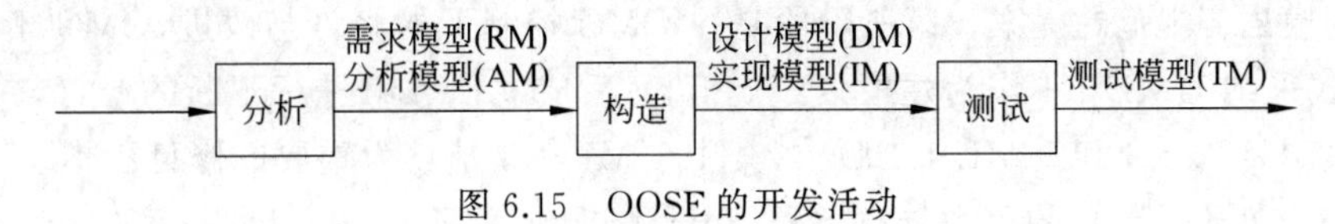

图 6.15 OOSE 的开发活动

6.5 UML 开发方法

统一建模语言（Unified Modeling Language，UML）是一种为软件密集型系统绘制可视化的标准蓝图或以图表的方式对所开发的产品进行可视化描述的工具，是软件分析和设计中的标准工业语言。UML 适用于各种软件开发方法、软件生命周期的各个阶段、各种应用领域及各种开发工具，是一种总结了以往建模技术的经验并吸收了当今优秀成果的标准建模方法。UML 是一种建模语言，仅仅是软件开发的一部分，它是独立于过程的。尽管 UML 可以用于许多开发过程，但是它最适合用于一个健壮的、以用例驱动、以体系结构为中心、迭代及增量的过程中。

6.5.1 UML 的发展与特点

UML 是由世界著名的面向对象技术专家 Grady Booch、Jim Rumbaugh 和 Ivar Jacobson 发起，在著名的 Booch 方法、OMT 方法和 OOSE 方法的基础上集众家之长，几经修改而完成的。设计者为 UML 设定的目标如下。

运用面向对象概念构造系统模型（不仅是针对软件）；建立从概念模型直至可执行体之间明显的对应关系；着眼于那些有重大影响的问题；创建一种对人和机器都适用的建模语言。

在原理上，任何方法都应由建模语言和建模过程两部分构成。其中，建模语言提供用于表示设计的符号（通常是图形符号）；建模过程则描述进行设计所需要遵循的步骤。UML 统一了面向对象建模的基本概念、术语及其图形符号，建立了便于交流的通用语言。

面向对象建模语言出现于 20 世纪 70 年代中期。1989—1994 年，其数量从不到 10 种增加到了 50 多种。语言的创造者努力推崇自己的产品，并在实践中不断完善。20 世纪 90 年代，一批新方法出现了，其中最引人注目的是 Booch 1993、OOSE 和 OMT 等。

面对众多建模语言，用户由于没有能力区别不同语言之间的差别，因此很难找到一种比较适合其应用特点的语言，这在很大程度上影响了用户之间的交流。因此，极有必要在比较不同的建模语言优缺点及总结面向对象技术应用实践的基础上组织、联合设计小组，根据应用需求取其精华、弃其糟粕、求同存异，统一建模语言。

UML 的发展经历了以下几个阶段。

第一阶段是专家的联合行动，由 3 位 OO(面向对象)方法学家将他们各自的方法结合在一起，形成 UML 0.9。第二阶段是公司的联合行动。由十几家公司组成的“UML 伙伴组织”将各自的意见加入 UML，形成了 UML 1.0 和 UML 1.1，并以此作为向 OMG 申请成为建模语言规范的提案。第三阶段是在 OMG 控制下的修订与改进，OMG 于 1997 年 11 月正式采纳 UML 1.1 作为建模语言规范，然后成立任务组进行不断的修订，并产生了 UML 1.2、UML 1.3 和 UML 1.4 版本，其中 UML 1.3 是较为重要的修订版本。

目前正处于 UML 的重大修订阶段，目标是推出 UML 2.0，以此作为向 ISO 提交的标准提案。UML 具有以下特点。

① 面向对象。UML 支持面向对象技术的主要概念，提供了一批基本的模型元素的表示图形和方法，能简洁明了地表达面向对象的各种概念。

② 可视化，表示能力强。通过 UML 的模型图能清晰地表示系统的逻辑模型和实现模型，可用于各种复杂系统的建模。

③ 独立于过程。UML 是系统建模语言，独立于开发过程。

④ 独立于程序设计语言。用 UML 建立的软件系统模型可以用 Java、VC ++ 、Smalltalk 等任何一种面向对象的程序设计实现。

⑤ 易于掌握和使用。UML 图形结构清晰，建模简洁明了，容易掌握和使用。

使用 UML 进行系统分析和设计可以加速开发进程，提高代码质量，支持动态的业务需求。UML 适用于各种规模的系统开发，能促进软件重用，方便地集成已有的系统，并能有效地处理开发中的各种风险。

6.5.2 UML 的表示法

UML 采用的是一种图形表示法，是一种可视化的图形建模语言。UML 定义了建模语言的文法。例如，类图中定义了类、关联、多重性等概念在模型中是如何表示的。在传统上，人们只是对这些概念进行了非形式化的定义，特别是在不同的方法中，许多概念、术语和表示符号十分相似，但不尽相同或相像，人们期待更严格的定义。UML 运用元模型对语言中的基本概念、术语和表示法给出了统一且比较严格的定义和说明，从而给出了这些概念的准确含义。

UML 有下列 9 种图。

1. 用例图

用例图(Use Case Diagram)展示了各类外部执行者与系统所提供的用例之间的连接。用例图主要包括执行者、用例、系统边界和连接。执行者(Actor)通常称为用户或者角色，在 UML 中通常以一个稻草人图符表示。执行者不一定是一个人，执行者表示的是和系统进行交互的所有外部系统，包括人、其他软件系统和设备等。执行者是用例图的一个重要组成部分，它往往是发现新的用例的基础，通常也是分析员和用户交流的起点。

用例(Use Case)是用户与计算机之间的一次典型交互作用,描述的是系统提供给用户的一个完整的功能。在 UML 中,用例被定义为系统执行的一系列动作。在 UML 中,用椭圆表示用例。

图 6.16 所示为应用生命周期用例图。可以看出,所有用例都放置在系统边界内,表明它属于一个系统。执行者则放在系统边界的外面,表明执行者并不属于系统,但是它负责直接(或间接地)驱动与之关联的用例的执行。在用例图中,执行者和用例、用例和用例之间的联系称为连接。连接主要有 3 种:包括关联、使用(Use)和扩展(Extend)。

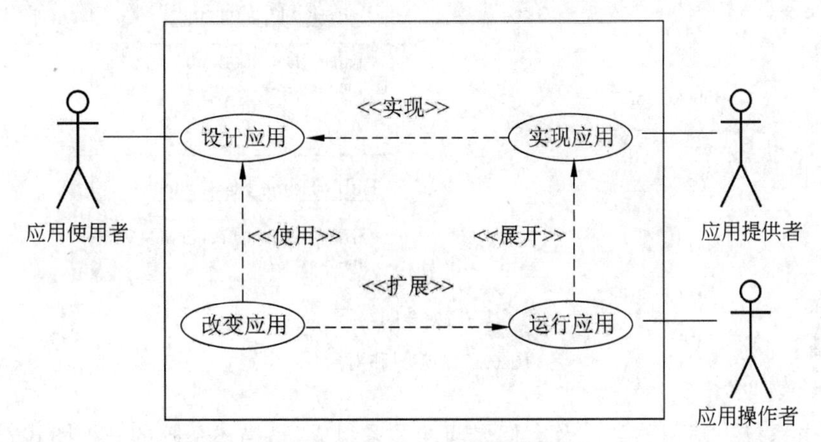

图 6.16 应用生命周期用例图

① 关联是执行者与用例之间的联系。执行者触发了用例之后,与用例进行信息交换,用例在完成相应功能后向执行者返回结果。关联用执行者与用例之间的连线表示。

② 使用是用例与用例之间的关系。当几个用例存在相同的动作时,为避免重复,把相同的动作构造成另一个用例,那么该用例与这几个用例之间就构成了使用关系。使用关系的图符表示用虚线表示,并在连线上标注"＜＜使用＞＞"。

③ 扩展也是用例与用例之间的一种关系。对于一个用例 A,有另外一个用例 B,用例 B 在用例 A 的基础上增加了一些新的特性,如动作、规则等。那么 A 与 B 之间的关系就是扩展关系,即 B 扩展 A。扩展关系的图符表示和使用关系的图符表示相同,只是要在连线上标注"＜＜扩展＞＞"。

2. 类图

类图(Class Diagram)展示了系统中类的静态结构,即类与类之间的相互联系。类是所有面向对象的开发方法中最重要的基本概念,它是面向对象的开发方法的基础,可以说 UML 的基本任务就是识别系统所必需的类、分析类之间的联系,并以此为基础建立系统的其他模型。

类是面向对象模型的最基本的模型元素,图 6.17(a)所示是对类描述的图式,分为长式和短式。长式由类名、属性及操作三部分组成;类及类型名均用英文大写字母开头,属性及操作名用英文小写字母开头。属性的常见类型有 Char、Boolean、Double、Float、

Integer、Object、Short、String 等。

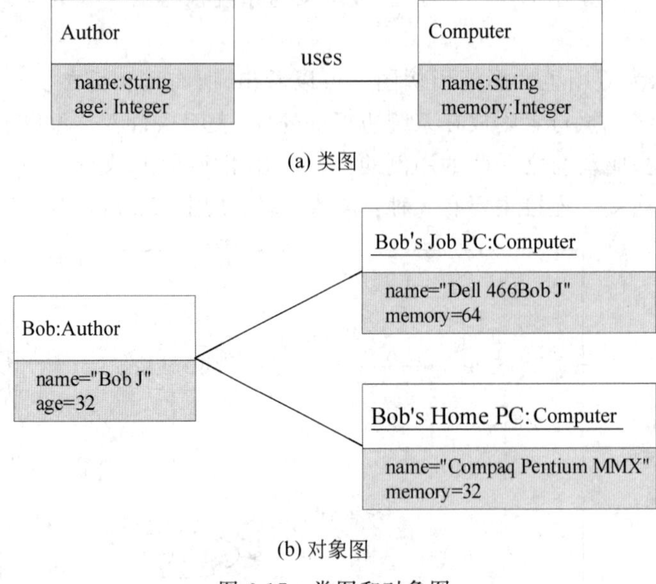

图 6.17　类图和对象图

类图由系统中使用的类以及它们之间的关系组成，是描述系统的一种图式，类图是构建其他图的基础，是面向对象方法的核心。类之间有多种联系方式，如关联、依赖、泛化或包等，一个系统可以有多张类图，一个类也可以出现在多张类图中。

3. 对象图

与类密切相关的另一个概念是对象，对象是类的实例(Instance)，对象描述的图式如图 6.17(b)所示，对象的图式也分为长式和短式。对象图(Object Diagram)用来描述系统中对象及对象之间的联系。

对象图是类图的变体，两者之间的差别在于对象图表示的是类图的一个实例，它及时、具体地反映了系统执行到某处时的工作状况。

对象图中使用的图示符号与类图几乎完全相同，只不过对象图中的对象名加了下画线，而且对象名后面可接以冒号和类名。对象图也可用在协作图中作为其中的一个组成部分，用来反映一组对象之间的动态协作关系。

4. 状态图

状态图(State Diagram)通常是对类描述的补充，它描述了一个实体基于事件反应的动态行为，显示了该实体是如何根据当前所处的状态对不同的时间做出反应的。对象的状态包括初态、中间态和终态，表示方法如图 6.18 所示。创建一个 UML 状态图通常是为了研究类、角色、子系统或组件的复杂行为，或者是为了给一个实时系统建模等。

一个对象的属性值的不同组合反映了对象的不同状态。例如一台洗衣机可以处在浸泡、洗涤、漂洗、脱水或者关机状态，其 UML 的状态图如图 6.19 所示，它能描述上面提及的状态以及说明洗衣机可以从一个状态转移到另一个状态。

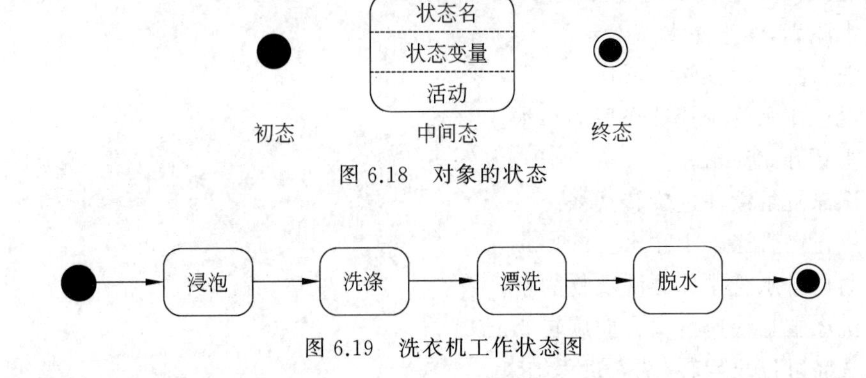

图 6.18 对象的状态

图 6.19 洗衣机工作状态图

状态图中定义的状态类型如下。

① 初态——状态图的起始点,一个状态图只能有一个初态。

② 终态——状态图的终点,终态可以有多个。

③ 中间状态——包括 3 个区域:名字域、状态变量与活动域。

④ 复合状态——可以进一步细化的状态称为复合状态。状态的改变称为迁移,状态图用两个状态之间带箭头的连线表示。状态的转移通常是由事件触发的,应该在转移上标出触发转移的事件表达式。有的状态转移的触发是由内部的事件触发的,这时可以不标明事件。

5. 时序图

时序图(Sequence Diagram)展示了几个对象之间的动态协作关系,主要用来显示对象之间发送消息的顺序,同时显示了对象之间的交互,即系统执行的某一特定时间点所发生的事。

时序图存在两个轴:水平轴表示不同的对象,垂直轴表示时间。时序图中的对象用矩形框表示,并标有对象名和类名。垂直虚线是对象的生命线,用于表示在某段时间内对象是存在的。

对象之间的通信通过对象的生命线之间的消息表示,消息的箭头类型指明消息的类型,分为简单消息(simple)、同步消息(synchronous)和异步消息(asynchronous)。

说明信息用于说明消息的发送时间、动作的执行情况、定义两个消息之间的时间限制、定义一些约束信息等。消息可以是信号、操作调用或其他,消息可以有序号,还可以有条件。简单消息表示消息类型不确定或与类型无关,或是一个同步消息的返回消息。同步消息表示发送对象必须等待接收对象完成消息处理后才能继续执行。异步消息表示发送对象在消息发送后不必等待消息处理可立即继续执行。消息延迟用倾斜箭头表示。消息串包括消息和控制信号,控制信息位于信息串的前部。当收到消息时,接收对象立即开始执行活动,即对象被激活了,通过在对象生命线上显示一个细长矩形框表示激活。

仍以洗衣机为例进行说明,洗衣机的构件包括一个注水的进水管、一个装衣物的洗涤缸和一个排水管。当“洗衣机”这个用例被执行时,将会依次按如下顺序进行。

① 通过进水管向洗涤缸注水。

② 洗涤缸保持 5min 静止状态。

③ 水注满,停止注水。

④ 洗涤缸往返旋转 15min。

⑤ 通过排水管排掉洗涤后的污水。

⑥ 重新开始注水。

⑦ 洗涤缸继续往返旋转洗涤。

⑧ 停止向洗涤缸中注水。

⑨ 通过排水管排掉漂洗衣物的水。

⑩ 洗涤缸加快速度单方向旋转 5min。

⑪ 洗涤缸停止旋转,洗衣过程结束。

图 6.20 说明了进水管、洗涤缸和排水管随事件变化所经历的交互过程。进程是从上到下的,对象之间发送的消息有注入新水、保持静止、停止注水、往返旋转、排掉洗涤后的污水和排掉漂洗过的水等。

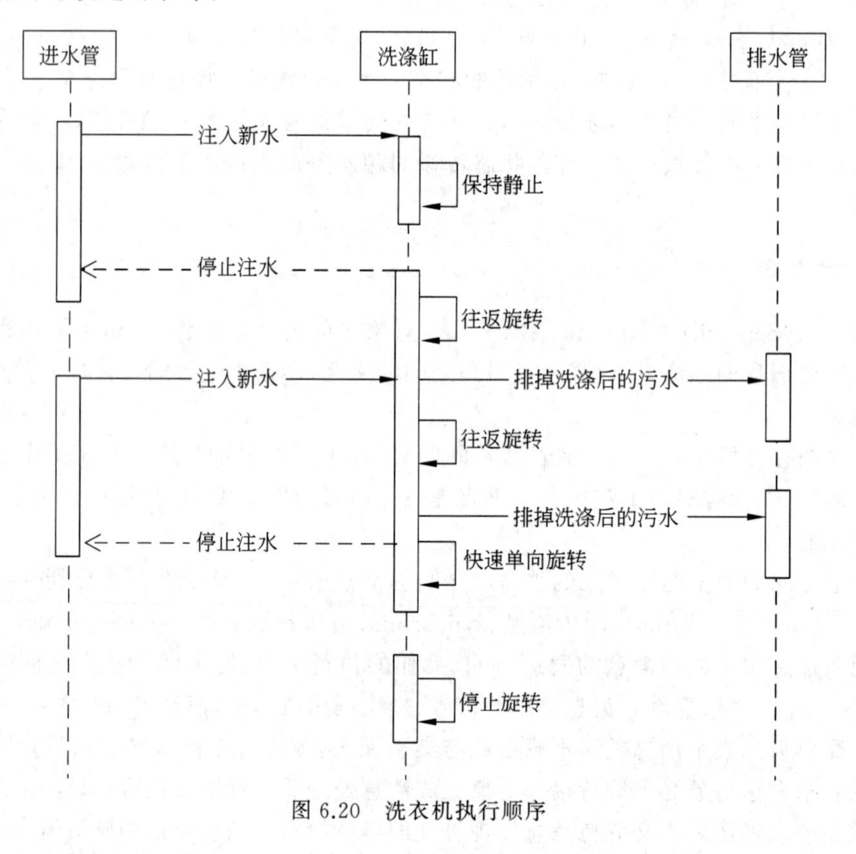

图 6.20　洗衣机执行顺序

6. 协作图

与时序图一样,协作图(Collaboration Diagram)也能展示对象之间的动态协作关系,它除了说明消息的交互外，还显示对象及对象之间的关系。通常可以在时序图或协作图中选择一个表示协作关系，如果强调时间和顺序，则使用时序图；如果强调对象之间的关系，则选择协作图。图 6.21 是一个打印文件的协作图，图中有 3 个对象：Computer、PrinterServer 和 Printer。由操作者向对象 Computer 发出打印文件的消息，当打印机空闲时，对象 Computer 向 PrinterServer 对象发送 1：打印消息；PrinterServer 再向对象 Printer 发送消息 1.1。

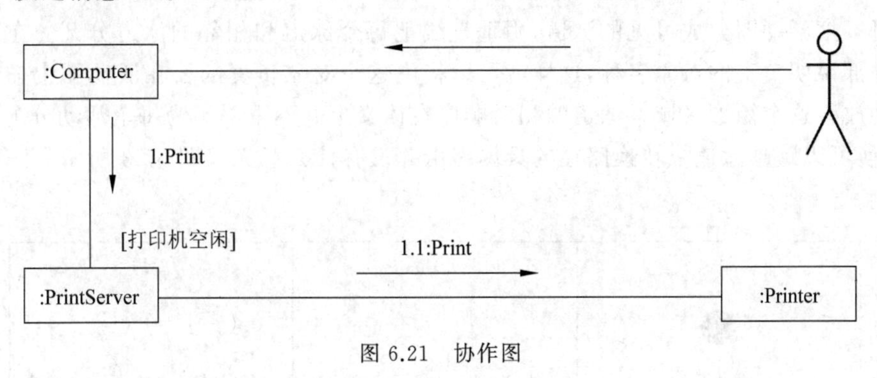

图 6.21　协作图

7. 活动图

活动图(Activity Diagram)是由状态图变化而来的，它们各自用于不同的目的。状态图着重描述对象的状态变化以及触发状态变化的事件，顺序图和协作图则描述对象之间的动态交互行为。但是，当从系统任务的观点看系统时，发现它是由一系列的有序活动组成的，用例图虽然也是从活动的角度描述系统任务，但是却无法描述系统任务中的并发活动，因此引入活动图，如图 6.22 所示。

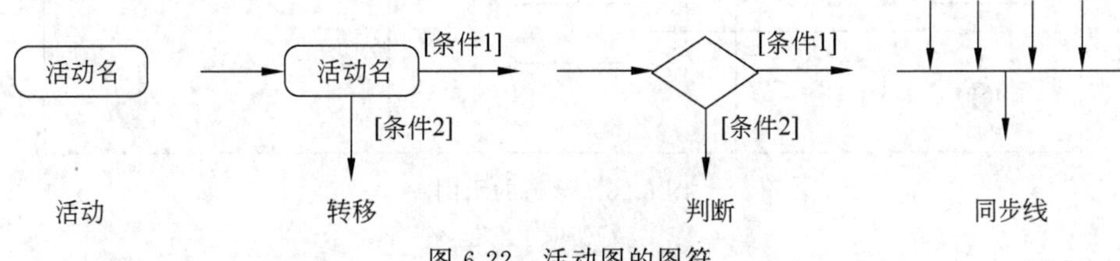

图 6.22　活动图的图符

活动图描述系统中各种活动的执行顺序，刻画一个方法中所要进行的各项活动的执行流程。活动图的应用非常广泛，它既可以用来描述操作(类的方法)的行为，也可以描述用例和对象内部的工作过程，并可以用于表示并行过程。活动图显示动作及其结果，着重描述操作实现中完成的工作以及用例或对象内部的活动。在状态图中，状态的变迁通常需要事件的触发，而活动图中的一个活动结束后将立即进入下一个活动。

活动图中的元素主要如下。

① 活动。构成活动图的核心元素是活动，它是具有内部动作的状态，至少有一个隐含事件，该隐含事件会触发活动转移到另一个活动。活动用圆角框表示，圆角框内标注活动名。活动图有一个起点，有一个或者多个终点，判断和同步都是一种特殊的活动，前者

用于表示流程的判断，后者用于表示活动之间的同步。

② 转移。活动图中的转移是活动之间的关系，由隐含事件引起活动的转移，该转移可以连接活动图中的各个活动，包括特殊活动(如起点、终点、判断及同步线等)。转移用带箭头的直线表示。

③ 泳道。泳道把一个类中的各个活动责任组织成一个包，常对应于商业模型的组织单位。泳道可以将活动图的逻辑描述与顺序图、合作图的描述结合起来。

可以把活动图分成可见的泳道，用垂直线把每个泳道和相邻的泳道分开。在每条泳道的顶部说明负责的对象名称，这样就可以将由这个对象负责的要在活动图中描述的各种活动放入这个矩形区域。泳道的相对顺序在语义上并不重要。为每个活动分配一个泳道，转换可以跨越泳道。转换路径的具体路由并没有什么意义。图 6.23 所示是一个泳道的示例。

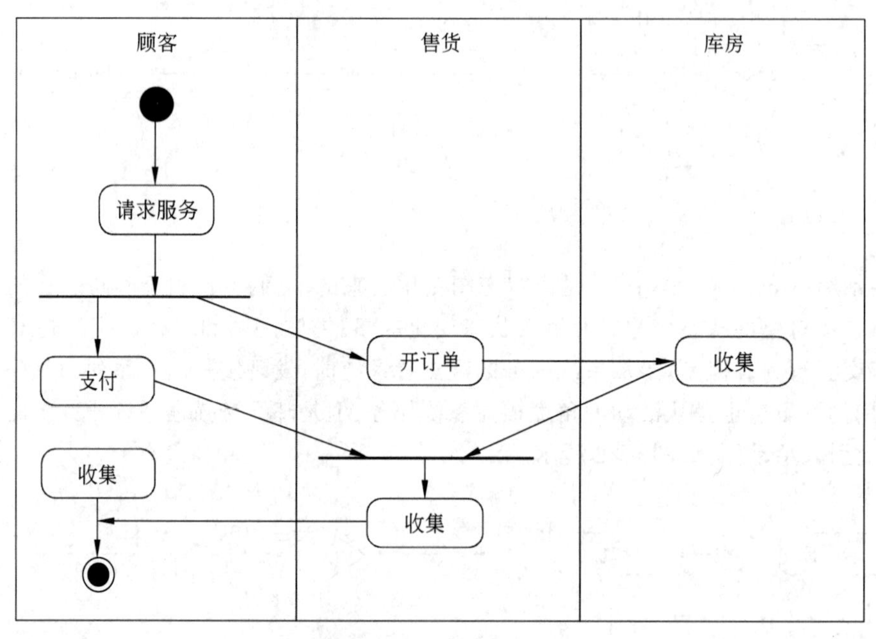

图 6.23 泳道的示例

④ 对象流。在活动图中，可以用对象符号表示对象输入动作或从动作输出的对象。从动作状态到输出对象画一个虚线箭头，从输入对象到动作状态画一个虚线箭头。同一个对象可能是一个动作的输出，也可能是一个或者多个后续动作的输入。对象流如图 6.24(a)所示，“测量值”对象由测量活动创建。

⑤ 控制图符。在活动图中可以表示信号的发送与接收，分别用信号接收图符与信号发送图符表示。信号接收与信号发送可以与对象相连，它们之间用虚线箭头连接，用于表示信号的发送者和信号的接收者。箭头的方向是指信号的传送方向，控制图符及示例如图 6.24(b)和图 6.24(c)所示。

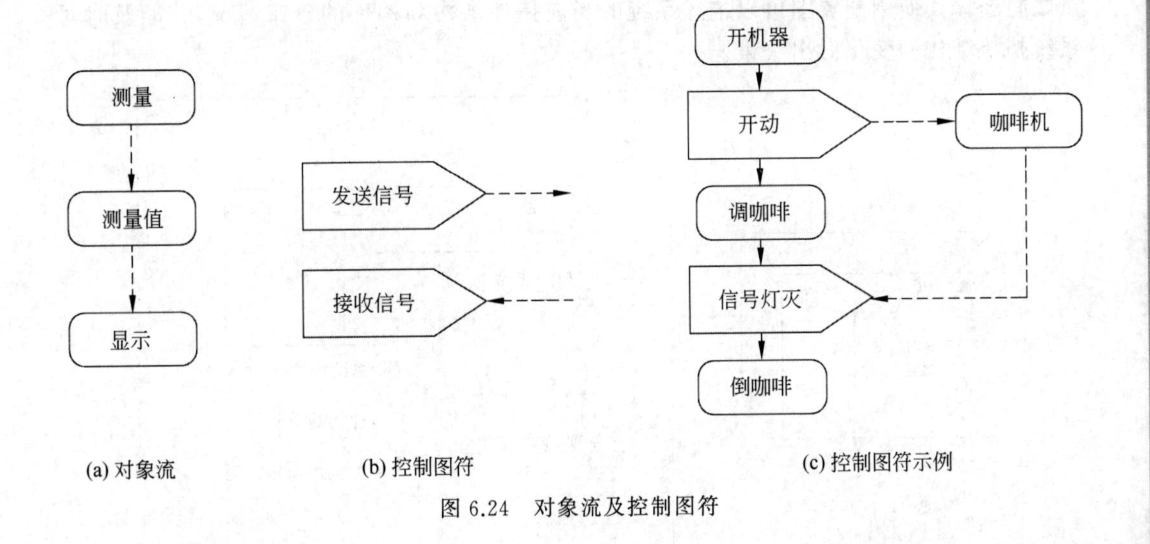

图 6.24 对象流及控制图符

8. 构件图

构件图(Component Diagram)又称组件图,可以显示代码本身的逻辑结构,它描述系统中存在的软构件以及它们之间的依赖关系。构件图的元素有构件、依赖关系和界面。

构件(Component)是系统的物理可替换单位,代表系统的一个物理组件及其联系,表达的是系统代码本身的结构。简单构件的描述如图 6.25 所示,构件图符是一个矩形框。构件可以看作包与类对应的物理代码模块,逻辑上与包、类对应,实际上是一个文件,构件的名称和类的名称的命名规则很相似,分为简单构件与扩充构件。

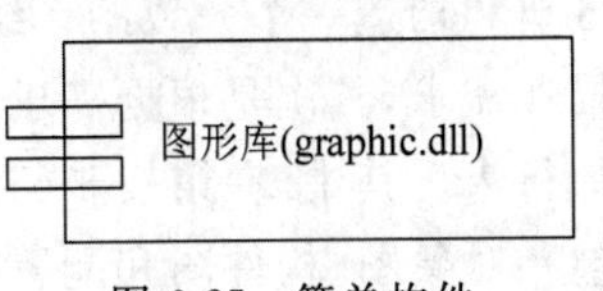

图 6.25 简单构件

9. 配置图

配置图(Deployment Diagram)显示运行时处理的结点和结点上活动的构件的部署。配置图中通常包括结点、依赖和关联关系,并且配置图中也可以含有构件,每个构件都必须存在于某个结点上。结点是存在于运行系统中且代表一点计算资源的物理元素,通常具有一定的内存和处理能力,它是各种计算资源的通用名称。图 6.26 为保险系统的配置图。

配置图主要用来描述系统的各个物理组成部分的分布、提交和安装。如果正在开发的系统运行在单个主机中,并且只与这台主机上的标准设备交互,则在这种情况下就不需要使用配置图了。在系统物理组成方面建立配置图通常有以下 3 种使用方式。

① 对嵌入式系统建模。一个嵌入式系统除了软件问题以外,还必须考虑硬件设备,它是软件密集型设备的硬件集合。

② 对全分布式系统建模。全分布式系统是分布式系统的一种,通常由多级处理器构成,并且在系统中一般存在多种版本的软件构件,其中一些版本的软件构件甚至可以在结

点之间迁移。使用配置图可以描述系统的当前拓扑结构和构件的分布情况，并能及时对系统拓扑结构的变化做出决策。

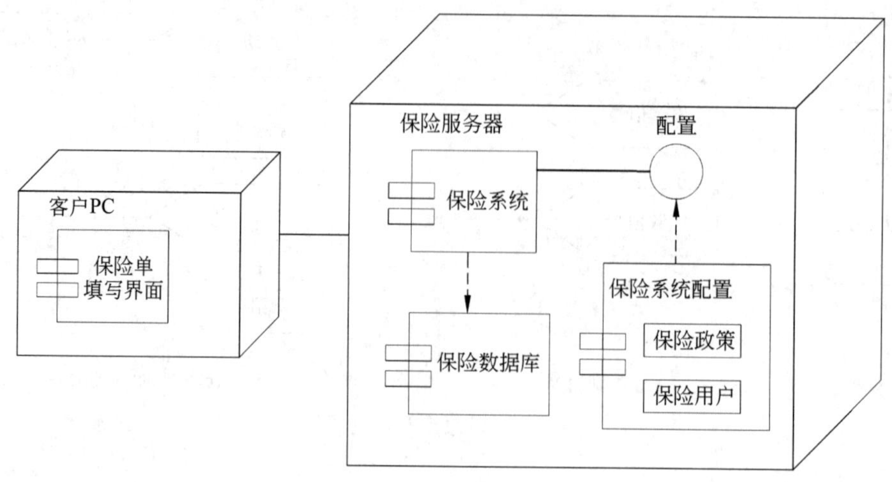

图 6.26　保险系统的配置图

③ 对客户机/服务器系统(C/S)建模。C/S 系统是分布式系统的一个特例，它是一种常用的体系结构，使用配置图可以对 C/S 系统的拓扑结构建模。

这些图为系统的分析和开发提供了多种图形表示，通常对它们的有机结合就有可能分析和构造一个一致的系统。从应用的角度看，当采用面向对象技术设计系统时，首先是描述需求，其次是根据需求建立系统的静态模型，以构造系统的结构，第三步是描述系统的行为。其中，在第一步与第二步中所建立的模型都是静态的，包括用例图、类图(包含包)、对象图、构件图和配置图这 5 个图形，是 UML 的静态建模机制。第三步中所建立的模型或者可以执行，或者表示执行时的时序状态或交互关系，包括状态图、活动图、时序图和协作图这 4 个图形，是 UML 的动态建模机制。因此，UML 的主要内容也可以根据此归纳为静态建模机制和动态建模机制两大类。

6.5.3　UML 的开发方法

UML 适用于任何开发过程。UML 本身是独立于过程的，可以选用任何适合项目类型的过程。但无论采用何种过程，都可以用 UML 记录最终的分析和设计结果。

图 6.27 所示的简图是开发过程的一个高层视图，这是一个迭代增量式的开发过程。采用这种方法并不是在项目结束时一次性地提交软件，而是分块逐次开发和提交。构造阶段由多次开发组成，每次开发都包含编码、测试和集成，所得产品应满足项目需求的某一子集，或提交给早期用户，或纯粹是内部提交。每次迭代都包含软件生命周期的所有阶段，即分析、设计、实现和测试阶段。

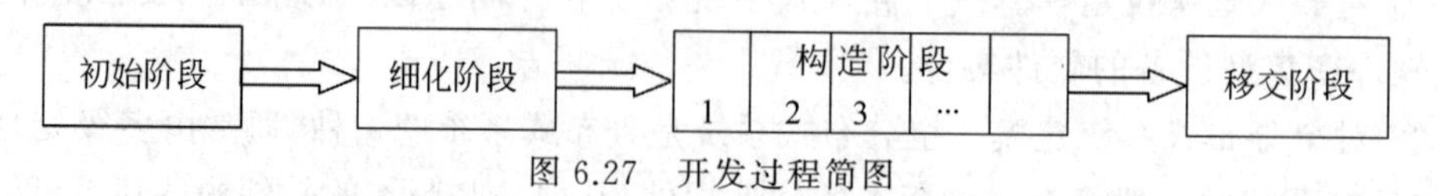

图 6.27　开发过程简图

首先要选择一些功能，然后完成这些功能，随后选择其他功能，如此循环往复。显然，这个计划需要时间。前两个阶段是初始阶段和细化阶段。在初始阶段需要考虑项目的效益，并确定项目的适用范围，这一阶段需要与项目出资方进行讨论。在细化阶段需要收集更为详细的需求，进行高层分析和设计，并为构造阶段制定计划。

构造阶段是一个典型的迭代过程。在每个阶段，尤其在一个大的阶段中都存在迭代。

下面分别简介各个阶段的主要任务和目标。

1. 初始阶段

在这一阶段需要考虑项目的商业属性，即粗略估计项目的费用和可能得到的效益。此外，还需要了解项目的范围，必要时还需要做一些初步分析，以便确定项目的规模。

2. 细化阶段

在正式确认启动这个项目之后，就进入软件开发过程的细化阶段。在细化阶段需要对问题有更详细的理解，包括实际要做什么、如何做、将采用什么技术等。

3. 构造阶段

构造阶段通过一系列迭代过程建造系统。每次迭代开发都是一个小项目，需要对所要求的用例进行分析、设计、编码、测试和集成。完成一次迭代后，应向用户演示并完成系统测试，以表明所要求的用例已正确实现。

4. 移交阶段

迭代开发的关键是规范化地进行整个开发过程，以保证开发组能够正常交付已完成的代码。但是，有些事则不宜做得过早，如代码优化。

优化代码会降低系统的可读性和可扩展能力。最终的系统应当足够快，以满足用户的要求，但需要把握好时机。如果做得过早，则会给开发带来麻烦。所以，优化是一件应当留待开发后期再做的事情。在移交阶段，不能再开发新的功能(除了个别小功能或非常基本的功能)，而只是集中精力进行纠错工作。形成产品的测试版本和最终版本之间的这段时间是典型的移交阶段。

6.6 面向对象实例分析与设计

本节通过一个实例说明使用 UML 进行面向对象分析和设计的过程，讨论的实例为图书馆管理信息系统。

根据图书馆的工作特点，首先给出一份需求说明书，主要内容包括以下几点。

① 读者从图书馆借阅书或杂志，无论是书还是杂志，读者都必须在系统中注册。

② 图书馆对图书的管理，包括购买新的图书或杂志，对于流行的书一般要多买几本，撤掉旧的图书或杂志，对于无法再用的旧书或过期的杂志，则从图书馆中删除。

③ 通过图书馆管理信息系统可以方便地更新、添加和删除系统中的书目、借书者、借

书和预订的有关信息。

④ 借书者可以预订目前借不到的书或杂志，一旦预订的书被返还给图书馆或图书馆新购的图书到达，就立即通知预订者。

⑤ 图书馆管理员负责与借书者打交道，并对一系列与借阅有关的事项进行管理。

⑥ 系统能够在所有流行的系统平台下运行（UNIX、Windows、OS/2 等），另外还要具备友好的图形用户界面（GUI）。

⑦ 系统应该具有很好的可扩展性。

6.6.1 建立用例

在这个阶段，通过用例捕获用户的需求。图书馆中的行为者包括图书管理员和图书借阅者，其中图书管理员是系统的用户，系统的日常工作及维护都是图书管理员的工作。而借书者是用户，一般情况下是指具有借书权限的个人，偶尔可能是图书管理员或者其他图书馆的工作人员，但不论是哪一类用户，借书者的功能都是由图书管理员完成的，借书者本身不能直接对系统进行操作。

根据行为者及图书管理系统的功能要求确定系统中的用例，主要包括以下内容。

① 增加标题。

② 修改或删除标题。

③ 增加书目。

④ 删除书目。

⑤ 增加借书者。

⑥ 修改或删除借书者。

⑦ 借出图书。

⑧ 归还图书。

⑨ 预订图书。

⑩ 通知预订者。

⑪ 删除预订。对于上述每个用例以文本方式进行扫描，描述的内容主要涉及用例的功能、与行为者的交互、用例的启动和结束条件等，为了保证描述内容的准确、全面，最好是在图书管理员的协助下进行。

1. 对“借出书目”进行描述

具体内容如下。

(1) 如果借书者没有预订

a.标识标题；b.标识该标题下的可用书目；c.标识借书者；d.借出标识过的图书；e.增加一条新的借书记录。

(2) 如果借书者已经预订

a.标识标题；b.标识该标题下的可用书目；c.标识借书者；d.借出标识过的图书；e.增加一条新的借书记录；f.删除预订信息。

2. 对“增加借书者”进行描述

a.查找该借书者是否已注册，如果已注册，则不予处理；b.输入借书者资料；c.添加一条借书者记录。

3. 对“增加书目”进行描述

a.查找是否有该书目的标题，如果没有，则先添加一个标题；b.输入有关书目信息；c.将该书目与标题对应；d.添加一条书目记录。

上面只列出了3个用例的文本描述，其他不再一一列出，由读者自行完成，图6.28是图书管理信息系统的用例图。

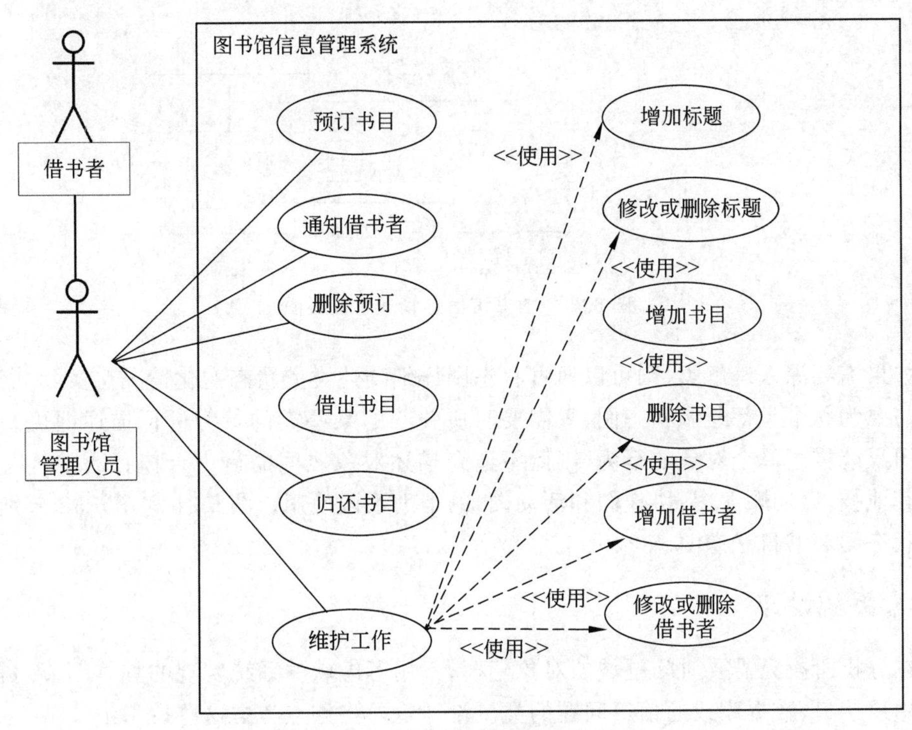

图6.28 图书馆管理信息系统

6.6.2 系统分析

面向对象系统分析阶段主要关心问题域中的主要概念，如抽象、类和对象等内容，并且需要识别这些类、对象以及它们相互之间的关系，使用UML的类图描述静态关系。如果要体现用例、类之间的协作关系，则需要采用UML的动态模型进行描述。

图书馆信息管理系统中的类主要有借书者、标题、书目和预订，下面通过类图将它们之间的关系表示出来，如图6.29所示，在这个类图中并没有详细定义每个类的属性和操作，详细内容将在设计阶段给出。

首先用顺序图描述对象的动态交互关系，着重体现对象之间消息传递的时间顺序。

如图 6.30 所示，每条竖线代表不同的对象，垂直轴向下表示时间的递增，虚线框内表示预订过程。

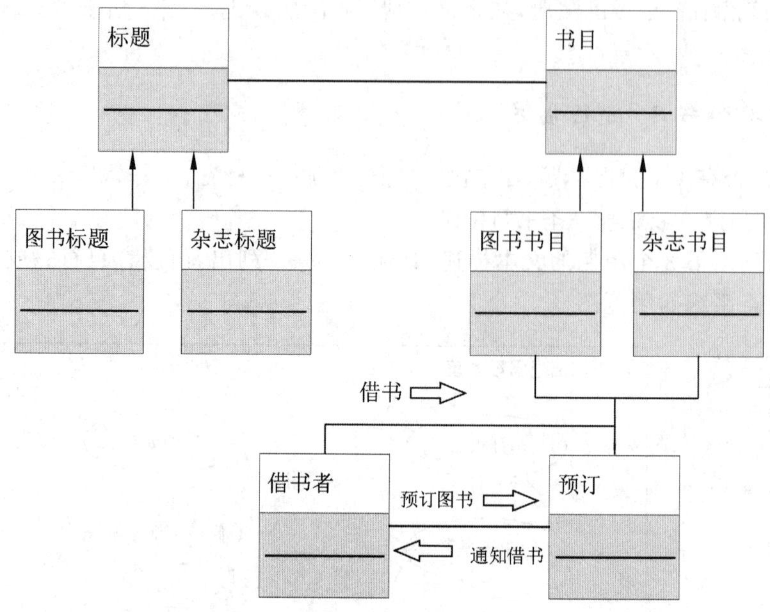

图 6.29　图书馆信息管理系统类图

如果需要深入理解类，则可以通过状态图详细描述类的状态变化情况。实际工作中，并不需要为每个类都绘制状态图，只需要对所关心的某些类的行为进行描述即可。由于状态图只能描述单个对象的行为，因此不适合描述对象之间的行为合作。通常状态图只作为其他技术（如顺序图、协作图和活动图）的辅助手段使用。图 6.31 和图 6.32 分别为借书者状态图和书目状态图。

6.6.3　系统设计

在分析阶段只需要对问题域的对象建模，不用考虑软件系统实现的具体细节问题，如处理用户接口、数据库或通信等问题的类。设计阶段将重点考虑这些技术细节。

1. 系统体系结构设计

系统的结构是软件设计的基础，一个设计良好的系统结构可以提高系统的可扩充性和可修改性。UML 中使用包图描述系统某个功能或技术领域的处理，并体现它们之间的依赖关系。一个包实际上是一组特定功能类的集合，它将许多类集合成一个更高层次的单位，形成一个高内聚、低耦合的类的集合。

该系统使用的包主要有以下几种。

① 用户接口包：通过用户接口类提供用户访问系统数据和添加新数据等操作。

② 操作对象包：包含分析阶段涉及的类，如书目、标题、借书者等。设计阶段需要详细设计这些类，包括完整地定义属性和操作，以支持对数据库的存取。

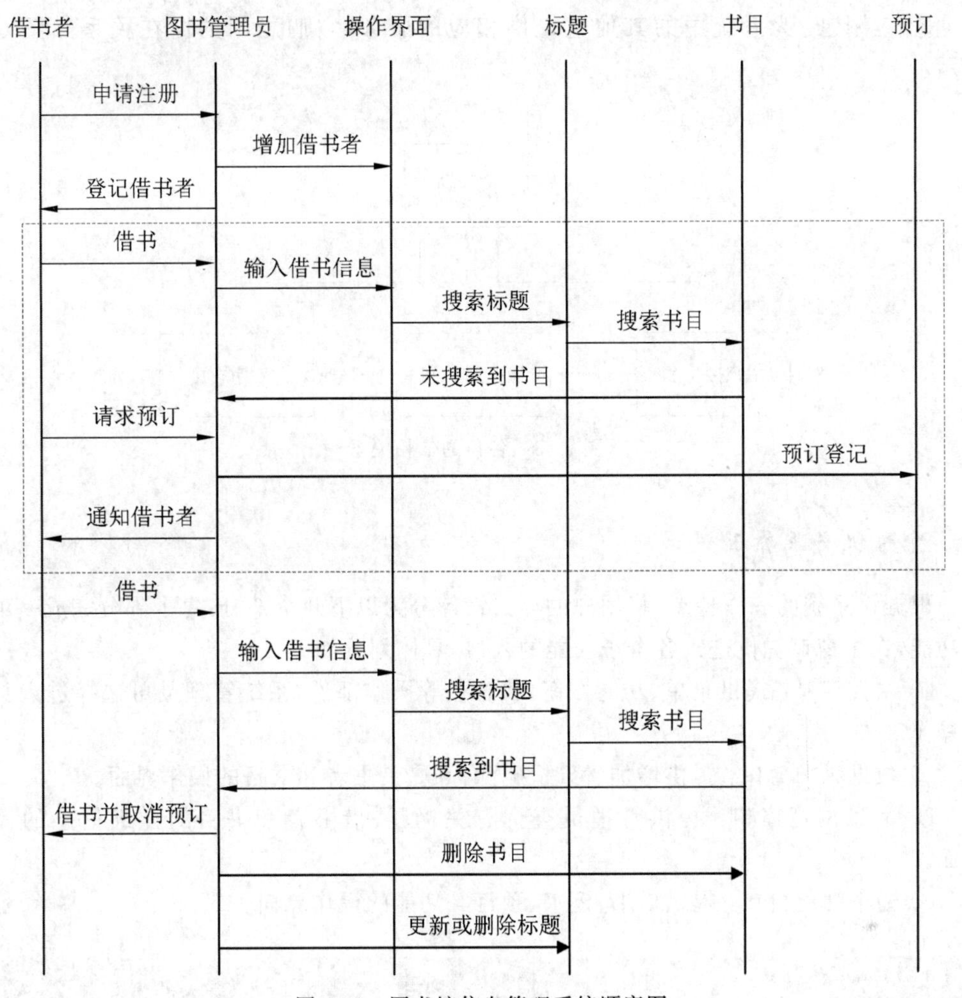

图 6.30　图书馆信息管理系统顺序图

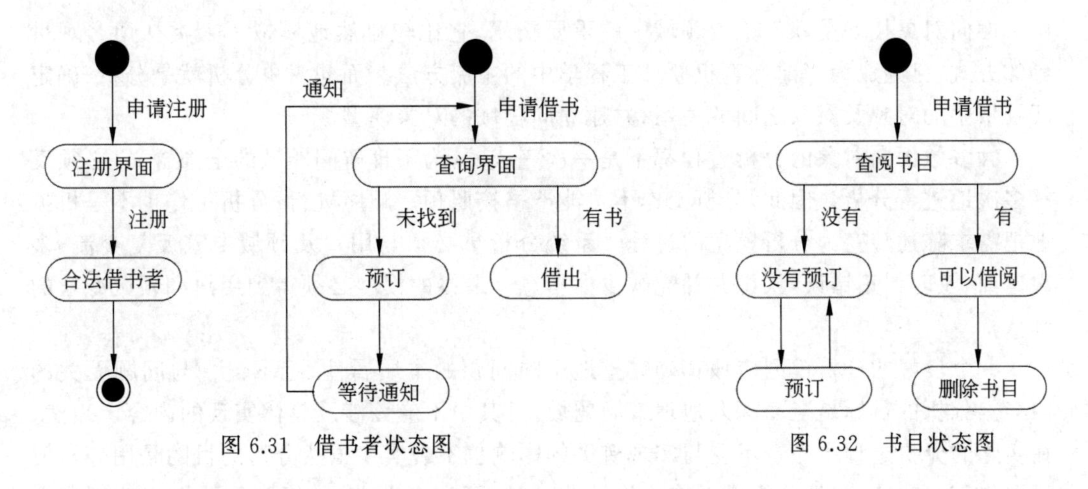

图 6.31　借书者状态图

图 6.32　书目状态图

③ 数据库包：为操作对象包中的类提供永久存储数据的服务。

④ 应用包：为系统中的其他包提供相应的服务，它们之间的内在关系如图 6.33 所示。

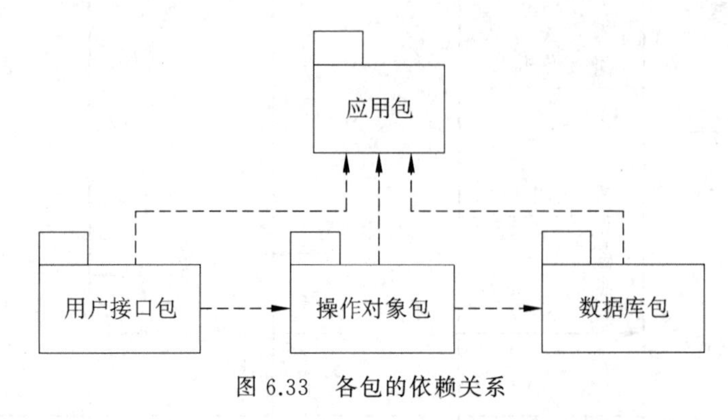

图 6.33　各包的依赖关系

2. 人机交互界面设计

根据该系统的工作特点，将用户的界面设计分为以下几个部分，每个部分完成一项独立功能，在主窗口提供进入各个子功能的入口，具体划分如下。

① 主控窗口：提供菜单、功能按钮、状态栏等操作部件，系统管理员可选择进入具体的操作。

② 数据维护窗口：提供增加、修改、删除标题、借书者和书目的操作界面。

③ 信息浏览窗口：提供管理员查询有关标题、借书者和书目的详细信息的操作界面。

④ 借书功能窗口：提供借书、还书、预订等功能的操作界面。

小　　结

面向对象技术是软件工程领域中的重要技术，它比较自然地模拟了人类认识客观世界的方式，已经成为当前计算机软件工程学中的主流方法。面向对象分析就是分析、确定问题域中的对象及对象之间的关系，并建立问题域的对象模型。

大多数面向对象的分析过程都不是一次完成的，为了理解问题域的全部含义，必须反复多次地进行分析。因此，分析工作不可能严格按照预定顺序进行；分析工作也不是机械地把需求陈述转变为分析模型的过程。系统分析员必须与用户及领域专家反复交流、多次磋商，及时纠正错误，认识并补充缺少的信息。最终的模型必须得到用户和领域专家的确认。

一个良好的分析模型应该正确完整地反映问题的本质属性，且不包含与问题无关的内容。分析的目标是全面深入地理解问题域，且其中不应该涉及具体实现的内容。当然，在实际的分析过程中完全不受与实现有关的影响也不现实。虽然分析的目的是用分析模型取代需求陈述，并把分析模型作为设计的基础，可事实上，在分析与设计之间并不存在绝对的界线。

面向对象设计就是用面向对象的观点将面向对象分析中创建的分析模型转换为设计模型的过程。分析与设计本质上是一个多次反复迭代的过程，而面向对象分析与面向对象设计的界限尤其模糊。

优秀设计是使得目标系统在其整个生命周期中总开销最小的设计，为获得优秀的设计结果，应遵循一些基本准则。本章结合面向对象方法学固有的特点讲述了面向对象设计准则，并介绍了一些典型的面向对象设计方法。

习 题

1. 什么是面向对象方法学？试阐述这种方法学的主要优缺点。

2. 消息、方法、继承、封装、结构与连接的定义。

3. 什么是面向对象？面向对象方法的特点是什么？为什么要用面向对象方法开发软件？

4. 什么是“类”？“类”与传统的数据类型有什么关系和区别？

5. 基于重用的面向对象开发过程分为哪几个阶段？每个阶段需要做哪些事情？

6. 在类的设计中需要遵循的方针是什么？3个主要的设计准则：抽象、信息隐蔽和模块化如何才能做到？

7. 面向对象设计应遵循哪些准则？简述每条准则的内容，并说明这些准则的必要性。

8. UML的定义是什么？它的组成部分有哪些？

第7章 程序设计语言和编码

教学提示：本章介绍程序设计语言和编码的有关知识，主要包括程序设计语言、程序设计基础、程序复杂性度量和编程安全。

教学目标：了解程序设计语言的分类、特性和程序设计语言的选择标准，掌握结构化程序设计的基本技术、设计风格、输入/输出设计和程序效率的衡量方法，掌握程序复杂性的度量法，掌握编程安全的相关知识。

编码阶段的任务是将详细设计翻译成计算机可以"理解"且最终可运行的代码，也就是用某种程序设计语言编写程序。作为软件生命周期的一个阶段，编码是对详细设计的进一步具体化。相对于软件生命周期的软件设计阶段，编码阶段对软件质量的影响较小。但是在编码时所选择的编程语言、编程准则和编程风格却直接影响了代码的质量，同时也影响着程序的可靠性、可读性、可测试性和可维护性。

7.1 程序设计语言

编码之前的一项重要工作就是选择一种适当的程序设计语言。一个适用于相应软件开发的程序设计语言对提高软件的质量有一定的促进作用。

7.1.1 程序设计语言的分类

程序设计语言经历了从机器语言、汇编语言到高级语言的3个发展阶段，到目前为止，已经有千余种程序设计语言问世，但是只有很少一部分得到了比较广泛的应用。程序设计语言可分为面向机器的程序设计语言和高级语言两大类。

1. 面向机器的程序设计语言

面向机器的程序设计语言包括机器语言和汇编语言。机器语言是以二进制代码表示的指令集合，这些代码可以直接被计算机识别和执行。

使用机器语言编写的程序占用内存少，执行效率高。但是，由于用机器语言编写的程序指令都是由一串"0"和"1"的二进制数字组成的，因此给机器语言程序的编写和阅读都带来了很大的不便，查错与修改也很困难。由于机器语言程序是直接根据机器的指令系统编写的，所以用机器语言编写的程序的可移植性较差。

汇编语言又称符号语言，它用符号表示计算机所能识别的机器指令，比用二进制符号表示的机器语言更直观，便于阅读和查错。用汇编语言编写的程序不能直接被计算机执行，需要经过汇编程序把它翻译成机器语言程序。汇编语言指令基本上和机器语言指令一一对应。某些汇编语言中可以使用宏指令，一条宏指令与一个特定的机器指令序列相对应，这种汇编语言也称宏汇编语言。机器语言和汇编语言都是面向机器的语言，其指令和计算机硬件操作相对应，用它们编写的程序的主要优点是易于与系统接口、占用内存少、执行效率高，但是从软件工程学观点来看，面向机器的语言编写程序的生产率低、容易出错、可读性差、不易修改与维护。所以，除非特殊情况，一般不使用汇编语言进行编程。

2. 高级语言

高级语言起始于 20 世纪 50 年代，高级语言的出现大幅提高了软件生产率。高级语言使用的概念和符号与人们通常使用的概念和符号比较接近，它不依赖于实现这种语言的计算机，具有较强的通用性，和机器语言、汇编语言相比，高级语言比较容易掌握和理解。用高级语言编写的程序不能直接被计算机识别和执行，必须将用高级语言编写的程序翻译成计算机能识别的二进制机器指令，然后计算机才能执行。翻译方式有“编译”和“解释”两种。

高级语言可以从应用特点、语言内在特点和对客观系统的描述等不同角度进行分类。按照高级语言的应用特点可以把高级语言分为基础语言、结构化语言和专用语言。基础语言是通用语言，其特点是出现早、应用广泛，拥有大量的软件库，已被大多人所熟悉和接受，属于这类语言的有 FORTRAN、COBOL、ALGOL 和 BASIC 等。这些语言创始于 20 世纪 50 年代或 60 年代，部分语言的性能已经老化，但随着版本的更新与性能的改进，它们至今仍被使用。FORTRAN 语言是使用最早的高级语言，广泛应用在工程与科学计算领域，其缺点是数据类型不丰富，不支持复杂的数据结构。COBOL 语言创建于 20 世纪 50 年代，是商业数据处理中应用最广泛的高级语言，它能有效地支持与商业数据处理有关的各种操作，其优点是有丰富的数据类型，程序适应性强，可移植性强；其缺点是计算能力弱、编译速度慢、程序不够紧凑等。BASIC 语言是一种交互式语言，用于一般的数值计算与事务处理，其优点是简单易学，具有交互功能，因此成为许多程序设计初学者的入门语言，对计算机的普及起到了巨大作用。ALGOL 语言是一种描述计算过程的算法语言，它对 Pascal 语言的诞生产生了巨大影响，被认为是结构化语言的先驱，其缺点是缺少标准的输入/输出等。

结构化语言也是通用语言，这类语言的特点是直接提供了结构化的控制结构，具有很强的过程能力和数据结构能力。由 ALGOL 语言派生出来的结构化语言（如 Pascal 语言、C 语言以及 Ada 语言等）被应用在非常广泛的领域中。Pascal 语言是第一个系统地体现结构化程序设计思想的高级语言，它的优点主要是模块清晰、控制结构完备、数据结构和数据类型丰富，且表达能力强、可移植性好，因此在科学计算、数据处理及系统软件开发中应用广泛。C 语言最初是作为 UNIX 操作系统的主要语言而开发的，现在已独立于 UNIX 成为通用的程序设计语言，适用于多种微机与小型计算机系统，它具有结构化语言的公共特征，表达简洁，控制结构、数据结构完备，运算符和数据类型丰富，而且可移植性强，编译质量高。Ada 语言是迄今为止最完善的面向过程的现代语言，适用于嵌入式计算机系统，它支持并发处理与过程之间的通信，支持异常处理，并且支持由汇编语言实现的低级操作。Ada 语言是一个充分体现软件工程思想的语言，它既是编码语言，又可作为设计表达工具。

专用语言是为某种特殊应用而设计的语言。一般说来，这类语言的应用范围比较狭窄，可移植性和可维护性都不如结构化语言。例如，APL 是为数组和向量运算设计的语言，APL 语言简洁且具有强大的功能，但它几乎不提供结构化的控制结构和数据类型；LISP 和 Prolog 两种语言适合于人工智能领域的应用；BLISS 是为开发编译程序和操作系统而设计的语言；Forth 是为开发微处理机软件而设计的语言，具有高效率、低存储等特点。

按照高级语言的内在特点可以把高级语言分为系统实现语言、静态高级语言、块结构高级语言和动态高级语言。

系统实现语言是从汇编语言衍生而来的，其目的是克服设计汇编程序时的困难。这类语言允许程序员直接使用机器的低级操作，并提供了控制语句和变量类型检验等功能，例如 C 语言就是著名的系统实现语言。静态高级语言为程序员提供了控制语句和变量说明的机制，但程序员不能直接控制由编译程序生成的机器操作。这类语言采用了静态分配存储的方法，这种存储分配方法为编译程序的设计和实现提供了极大的方便，同时也使这类语言的程序员受到了较多的限制。因为这类语言是第一批出现的高级语言，所以使用非常广泛，COBOL 和 FORTRAN 是这类语言中最著名的例子。块结构高级语言提供了有限形式的动态存储分配，由块结构存储管理系统支持程序的运行，当进入一个程序块时，存储管理系统就分配存储，退出程序块时则释放存储，ALGOL 和 Pascal 就属于这类语言。动态高级语言能够动态地完成所有存储管理，这类语言一般是为特殊应用而设计的，不属于通用语言。

从高级语言对客观系统描述的角度可以把高级语言分为面向过程语言和面向对象语言。

面向过程语言是指以“数据结构＋算法”为程序设计范式构成的程序设计语言。前面介绍的程序设计语言大多为面向过程语言。面向对象语言是指以“对象＋消息”为程序设计范式构成的程序设计语言，目前比较流行的面向对象语言有 Visual Basic、C++、Delphi、Java 等。Visual Basic 简称 VB，它具有非常友好的图形用户界面，采用面向对象和事件驱动的新机制，把过程化编程和结构化编程集合在一起。VB 的界面设计是面向对象的，而应用程序的过程部分是面向事件的。C++ 语言保留了 C 语言的结构化特征，同时融合了面向对象的能力，具有数据抽象、继承、多态性等机制，是一个灵活、高效、可移植的面向对象语言。Delphi 语言具有可视化开发环境，提供了面向对象的编程方法，内置了数据库引擎以及优化的代码编译器，可以设计具有 Windows 系统风格的应用程序。Java 语言是一个面向对象的、不依赖于特定平台的程序设计语言，适用于 Internet 应用软件的开发。

7.1.2 程序设计语言的特性

程序设计语言是人和计算机通信的工具。程序设计语言的各种特性必然会影响人的思维和解决问题的方式，也会影响人和计算机之间通信的方式和质量。为了保证程序编码的质量，程序员必须了解、掌握并正确运用程序设计语言的特性，这就要求程序设计语言既要符合程序员的心理，又要支持软件工程的原理。

1. 影响程序员心理的语言特性

程序设计语言中的特定约束条件会对程序员的心理产生巨大的影响，进而影响程序员描述和处理问题。因此，编程时必须考虑程序设计语言的下列特性。

① 一致性。语言的一致性是指语言采用的标记法协调一致的程度。如果对同一个符号赋予多种用途，则会引起许多难以察觉的错误。例如，BASIC 语言中的"＝"既可以作为赋值号，又可以作为比较运算符，这种"一符多义"的使用方法极易导致错误。

② 二义性。二义性是指同一种描述可以让人产生不同的理解。语言的二义性会导致程序员对程序的理解产生错误。如果在语言中存在二义性，则产生的源代码可读性差，编程时也容易出错。例如，在 BASIC 语言中，当允许对默认数据类型说明的变量作为非标准使用就容易引起混淆。

③ 紧致性。语言的紧致性是指程序员用某种语言编写程序时必须记忆的与编码有关的信息量。描述紧致性的指标包括语言的结构化程度、关键字和缩写的种类、操作符的数目、预定义函数的个数等。紧致性较高的程序设计语言允许用较少的编码完成大量的运算和操作，但可能导致程序难读、难懂，还可能使语言的一致性变差。

④ 局部性。若语言具有结构化和模块化机制，则该语言的局部性较强。

⑤ 线性。阅读和理解程序时，人们总习惯采用线性的逻辑思维方式，当程序中存在大量逻辑上线性处理的序列时，理解力增强；而当程序中存在大量逻辑上非线性（如分支和循环）处理的序列时，则会增加理解上的难度。如果语言具有结构化机制，就可以增强语言的线性。

2. 支持软件工程原理的语言特性

从软件工程学观点来看，程序设计语言应具有如下特性。

① 比较容易将详细设计翻译为代码程序。如果语言支持结构化机制、复杂的数据结构、特殊 I/O 处理、按位操作和面向对象的方法，则便于将设计翻译为代码。

② 编译程序具有较高的效率。虽然现在已经不再过分强调代码效率，但是对于那些对目标代码效率要求较高的软件，仍需要编译器具有生成高效率代码的能力。

③ 生成的源代码应具有可移植性。遵守 ISO 和 ANSI 标准，使语言标准化，可以改善程序代码的可移植性，延长软件生存期以及扩大其使用范围。在设计方案发生变化时，有利于降低修改的费用。

④ 具有配套的 CASE 开发工具。利用 CASE 工具可以提高源代码的开发效率和代码质量。许多语言都有与它相应的程序设计集成环境，包括浏览器、编译器、源程序格式

化程序、宏处理程序、各种用途的标准子程序库、交叉编译器和支持逆向工程的工具等。具有配套的CASE开发工具的软件开发环境，支持从设计到源代码的翻译等各项工作，这是使软件开发获得成功的关键。

⑤ 具有可维护性。在软件开发过程中，必然存在维护的问题。维护时需要首先读懂源程序代码，并根据设计的变化修改代码及文档。显然，可读性较高的源程序和规范化的文档有利于提高软件的可维护性。

3. 程序设计语言的自身特性

不同的程序设计语言都有自封闭的语法系统，程序员必须掌握语言的基本特点，并熟悉这些特点对软件质量的影响，从而在为一个开发项目选择语言或为一个设计选择实现方案时做出合理的技术抉择。过程化程序设计语言的特点主要从以下几个方面反映出来。

① 说明。对于程序中使用的对象名字，多数程序设计语言要求必须遵守“先定义、后使用”的原则，使编译程序在编译时就能够检查程序中出现的名字的使用方式的合法性，从而便于发现和改正由于名字拼写而导致的错误。

② 数据类型。数据类型是指一组数据对象和作用在数据对象上的一组操作。数据对象的使用方式是通过类型说明确定的，当数据对象的使用方式与定义类型的规定方式不一致时，编译程序能够发现错误并给出错误信息，从而帮助程序员改正程序中的这类错误。

③ 子程序。每个子程序都有自己的数据结构和控制结构。使用子程序时涉及3个方面：子程序说明、子程序体和调用方式。定义子程序后，便可在其作用域内进行调用，语言中的递归机制还允许子程序直接或间接地调用自己。

④ 控制结构。大多数程序设计语言都支持顺序、分支和循环这3种基本结构。面向对象程序设计语言的特性描述包括类、对象和实例的定义、继承、消息传递和动态链接等。

7.1.3 程序设计语言的选择

使用何种程序设计语言是开发软件时必须做出的重要选择，选择程序设计语言时，首先应从技术角度、工程角度、心理学角度评价和比较各种语言的适用程度。合适的程序设计语言可以减少编码时的困难和程序的测试量，并可以得出容易阅读和容易维护的程序。例如，如果选用的高级语言较好地支持模块化机制、可读性好的控制结构和数据结构，具有良好的独立编译机制，那么所得到的程序就容易测试和维护，降低了软件开发和维护的成本。其次要考虑实用方面的各种限制，例如项目的要求是什么、这些要求的相对重要程度如何等，然后根据这些限制衡量能采用的语言。

以下是选择程序设计语言时通常考虑的因素。

① 项目的应用范围：选择语言时应首先考虑项目的应用范围，不同的程序设计语言适用于不同的应用领域。例如，COBOL语言适用于商业领域，FORTRAN语言特别适用于工程和科学计算领域，C语言和Ada语言适用于系统和实时应用领域，LISP语言和Prolog语言适用于人工智能领域。

② 工程规模。如果现有的语言不完全适用于所开发的工程,则可以考虑设计一种供这个工程项目专用的程序设计语言。

③ 用户的要求。如果开发的系统由用户负责或参与维护,则要选择用户熟悉的程序设计语言。

④ 软件执行的环境。要根据软件的要求选择适用于软、硬件环境的程序设计语言。

⑤ 算法和数据结构的复杂性。根据详细设计的结果选择易于实现算法和数据结构的程序设计语言。

⑥ 可以使用的编译器。系统的运行环境中所提供的编译器往往限制了可以选用的语言的范围。

⑦ 软件可移植性。如果软件将在不同类型的计算机上运行,或者预期的使用寿命很长,则要选择一种标准化程度高、程序可移植性好的语言。

⑧ 支持的 CASE 工具。选择带有软件开发工具的语言,使得目标系统的实现和验证都能比较容易。

⑨ 软件开发人员的知识水平和心理因素等。应根据程序员所掌握的语言和编程习惯选择一种已经为程序员所熟悉的程序设计语言。

事实上,在选择程序设计语言时,需要程序员根据上述要求做出某些合理的折中。

7.2 程序设计基础

程序设计是编码阶段的具体实施过程,也就是按照详细设计的结果用具体的程序设计语言形成程序的过程。

7.2.1 结构化程序设计

一个好的程序应具有较好的可读性和较强的健壮性,用过程化程序设计语言编写程序时,应遵循结构化程序设计的基本原则。

1. 结构化程序设计的原则

① 用顺序、选择、循环这 3 种基本结构编写程序。

② 每个基本结构只有一个入口和一个出口。

③ 每个程序块只有一个入口和一个出口。

④ 任意复杂的结构仅通过 3 种基本结构的组合或嵌套就能实现。

⑤ 尽量不使用 GOTO 语句,一般仅在下列情形中允许使用 GOTO 语句。

- 用 GOTO 和 IF 构成循环执行的程序段。
- 在不影响程序可读性且能够提高程序执行效率的情况下。大多数高级语言都提供了 GOTO 语句,该语句既有利也有弊。一方面,当程序大量使用了 GOTO 语句后,会使程序的逻辑结构变得复杂且混乱,不易阅读,给程序的测试和维护造成困难,还会增加出错的概率,降低程序的可靠性,因此要限制 GOTO 语句的使用。另一方面,当完全不用 GOTO 语句进行程序编码时,有时比用 GOTO 语句编出的程序的可读性更差。例如在循环结构中，当需要循环在某种复合条件成立的情况下结束循环时，如果采用单入口、单出口的循环结构，则需要在循环的条件上增加一个逻辑表达式进行控制，当循环的层数增加时，则需要引入多个逻辑表达式，这样做显然增加了阅读程序的难度，这时不妨使用 GOTO 语句，以提高程序的可读性。

2. 程序设计自顶向下、逐步细化

所谓自顶向下、逐步细化是指将一个大任务先分解成若干子任务，每个子任务是一个独立的模块，如果子任务还是太复杂，则需要进一步分解。N. Wirth 对这个论点曾做过如下说明：对于一个复杂的问题，不要急于用计算机指令、数字和逻辑符号表示它，而应当先用较自然、抽象的语句表示，从而得到抽象的程序；抽象程序对抽象的数据类型进行某些特定的运算，并用一些合适的记号(可以是自然语言)表示，下一步对抽象程序再做分解，进入下一个抽象的层次；这样的细化过程一直进行下去，直到程序能被计算机接受。

事实上，在概要设计阶段已经采用了自顶向下、逐步细化的方法，把一个复杂问题的解法分解和细化成一个由许多功能模块组成的层次结构的软件系统。在详细设计和编码阶段，还应当采取自顶向下、逐步细化的方法把一个模块的功能逐步分解，细化为一系列具体的步骤，进而翻译成一系列用某种程序设计语言编写的程序。

自顶向下、逐步细化方法的优点如下。

① 符合软件工程的心理学特征和人们解决复杂问题的普遍规律，可以提高软件开发的成功率和生产率。

② 用先全局后局部、先整体后细节、先抽象后具体的逐步求精的过程开发出来的程序可以具有清晰的层次结构，因此程序容易阅读和理解。

③ 程序自顶向下、逐步细化，分解成一个树状结构，在同一层的结点上的细化工作相互独立，有利于编码、测试和集成。

④ 使程序清晰和模块化，在修改和重新设计一个软件时，可重用的代码量大。

⑤ 每步工作仅在上层结点的基础上进行扩展，便于检查。

⑥ 有利于设计的分工和组织工作。

3. 数据结构的合理化

数据结构的合理化是指数据结构访问的规范化和标准化。例如，对数组的随机访问可以产生访问上的混乱，而在程序中用栈和队列的访问方式代替对数组的随机访问，可以形成合理、规范的访问顺序，将克服随机访问带来的麻烦。

7.2.2 程序设计风格

阅读程序是软件开发和维护过程中的一个重要组成部分，特别是在软件测试和维护阶段，程序编写员和参加测试、维护的人员都要阅读程序。当程序员根据设计的要求选择了适当的程序设计语言之后，程序设计的风格对程序的可读性、可测试性和可维护性将产生很大的影响，这就要求在编写程序时应该使程序具有较好的风格，在程序编码阶段改善

和提高软件的质量。下面对程序设计风格所涉及的 4 个方面(即源程序的文档、数据说明的方法、语句结构、输入/输出)进行简介。

1. 源程序的文档

源程序的文档包括标识符的命名、程序的注释和程序的视觉组织等。

① 标示符的命名。标识符包括模块名、变量名、常量名、标号名、子程序名以及类型名等。命名时应坚持“见名知义”的原则,使这些名字能够正确反映它所代表的实体,有助于对程序功能的理解。例如,用 Total 表示总量,用 Average 表示平均值,用 Times 表示次数等。标识符的名字不宜过长,否则会增加工作量,给程序的阅读者和输入者造成心理负担,产生烦躁情绪,导致对程序理解上的困难。必要时可以使用缩写名字,缩写规则要一致,最好加上必要的注释。同一个程序中,一个标识符应具有唯一的用途。

② 程序的注释。程序中的注释是提高程序易读性的有效措施,合理的注释能够帮助读者理解程序,为软件的测试和维护提供明确的指导。根据注释内容,可以将注释分为序言性注释和功能性注释。序言性注释一般位于程序模块的开头部分,对程序模块进行整体说明,其内容通常包括有关该模块功能的说明,主要算法的说明,调用形式和参数的说明,变量及其用途、约束条件的说明,模块的设计人、设计或修改日期的有关说明等。功能性注释位于源程序体内,一般描述其后程序段的功能,注意不要和程序的正文混淆。

③ 程序的视觉组织。书写程序时应灵活地使用空格、空行和缩进方式,使程序的逻辑结构更加清晰,层次更加分明。

2. 数据说明的方法

编写程序时,还需要注意数据说明的风格。为了使程序中的数据说明更易于理解和维护,必须注意以下几点。

① 数据说明应有比较规范的次序。例如,Pascal 语言的数据说明次序是:标号说明→常量说明→类型说明→变量说明→过程、函数说明。尽管大多数程序设计语言对类型的说明没有给出顺序,但也不妨假定一个顺序:整型量说明→实型量说明→字符量说明→逻辑量说明。

② 当用一个类型说明多个变量时,应当对这些变量按字母的顺序排列。

③ 复杂的数据结构应加上注释,简要说明这个数据结构的构造过程和使用方法。

3. 语句结构

在编码的过程中,构造语句时应简单、直接,不能牺牲易读性以提高效率。

① 首先要保证语句正确,然后才要求语句效率。

② 程序代码要简洁,直接说明程序员的用意。那些构思巧妙、晦涩难懂的程序会给阅读带来困难,使人们不易理解代码的意图。

③ 编写程序要做到清晰第一,效率第二。编程过程中对程序的某些代码进行优化,有时可以提高效率,但可能会因此牺牲算法的清晰性,给程序的测试和维护带来不必要的困难。

④ 采用合理的缩进格式,在一行内写一条语句。特别是对循环结构和分支结构,如

果一行中包含多个语句,则会使程序的可读性变差。而采用一句一行的缩进格式,则会使程序的逻辑结构变得更加明确。

⑤ 尽可能使用库函数。

⑥ 用具有独立功能的子程序代替重复的功能代码段。

⑦ 用括号表示表达式的运算次序。

⑧ 采用 3 种基本的控制结构编写程序。

⑨ 用逻辑表达式代替分支嵌套。

⑩ 减少使用“否定”条件的条件语句。

⑪ 避免使用复杂的条件测试。

⑫ 不要使 GOTO 语句相互交叉。

⑬ 避免使用空的 ELSE 语句和 IF…THEN IF…THEN…语句。

⑭ 减少循环嵌套和条件嵌套的层数。

⑮ 采用合理的数据结构。

⑯ 模块功能应单一化,模块之间的耦合应清晰可见。

⑰ 不要修补错误较多或算法不太合理的程序,最好重新编写。

⑱ 确保每个模块的独立性。

⑲ 采用自顶向下、逐步细化的方法编写和测试程序。

⑳ 不要单独进行浮点数的相等比较。由于浮点表示的数据不太准确,因此通常是用 $|x_0-x_1|<\varepsilon$ 形式进行相等比较,其中 ε 是一个很小的小数,ε 的大小取决于具体应用中的精度要求。

㉑ 确保所有变量在使用前都进行了初始化。

4. 输入/输出

输入和输出的方式及格式应尽可能地方便用户的使用。系统能否为用户接受,有时就取决于输入和输出的风格。因此在软件需求分析阶段和设计阶段,就应基本确定输入和输出的风格。此外,在设计和程序编码时还要考虑下列原则。

① 检验所有输入数据,确保每个数据的有效性。

② 输入的步骤和操作应尽可能简单合理。

③ 当输入数据较多时,使用结束标志表示输入结束。

④ 当以交互输入方式输入数据时,屏幕上应显示输入的提示信息,并指明可使用选择项的种类和取值范围。

⑤ 最好给输出结果加上注解,必要时可以以报表格式输出。影响输入/输出风格的因素还有很多,这里不再赘述。

7.2.3 程序效率

程序效率是衡量程序质量的一个重要指标,通常要从程序执行的时间开销和占用的存储空间两方面衡量,一个良好的程序应该具有较高的执行速度和较少的空间开销,讨论程序效率时应遵循下面 3 条准则。

① 在需求分析阶段应给出程序效率要达到的目标要求，编码时要实现这个目标。

② 程序的效率与算法相关，好的算法可以提高效率。

③ 程序的效率与程序的简单性、可读性和正确性有密切关系，不能牺牲程序的简单性和可读性以提高程序效率。

1. 代码效率

详细设计阶段确定的算法在很大程度上决定了代码的效率。在把详细设计结果转换为代码时要遵循以下指导原则。

① 尽量简化程序中的表达式。

② 将不必重复执行的部分移出循环。

③ 尽量避免使用多维数组和复杂表格。

④ 尽量避免使用指针。

⑤ 尽量使用执行速度快的算术运算。

⑥ 尽量避免混合使用不同的数据类型。

⑦ 尽量使用整数算术表达式和布尔表达式。选用具有优化功能的编译程序和能够提高目标代码运行效率的算法，可以自动生成高效率的目标代码。

2. 存储效率

主存储器的容量在很大程度上能够制约程序的效率。在大中型计算机系统中，对内存采取基于操作系统的分页功能的虚拟存储管理，这可以给软件提供了巨大的逻辑地址空间。编程时采用结构化程序设计原则，将程序按功能合理分块，使之与每页的容量相匹配，可以提高存储效率。

微型计算机系统的存储器容量较小，要选择可以生成较短目标代码且存储压缩性能优良的编译程序。

3. 影响输入/输出的因素

用户和计算机之间的通信是通过输入/输出完成的，如果操作员能够十分方便、简单地录入输入数据，或者能够十分直观、清晰地了解输出信息，则可以说面向人的输入/输出是高效的。而硬件之间的通信比较复杂，从程序编码的角度来说，人们提出了一些提高输入/输出效率的指导原则。

① 利用缓冲技术完成输入/输出操作，以减少信息交换频率。

② 用简单直接的存取方法访问辅助存储。

③ 辅助存储的输入/输出应当成块传送。

7.3 程序复杂性度量

程序复杂性主要是指模块内的程序复杂性。复杂性较高的程序往往隐藏着较多的错误，同时也会延长软件的开发周期，增加开发成本。

7.3.1 代码行度量法

代码行度量法基于以下两个前提。

① 程序复杂性随着程序规模的增加而不均衡地增长。

② 控制程序规模采用的是分而治之的方法,即将一个大程序分解成若干简单的可理解的程序段。

该方法以源代码行数作为程序复杂性的度量。研究结果表明:对于少于 100 条语句的程序,源代码行数与出错率呈线性关系。当程序的代码行数多于 100 条语句且程序规模不断增大时,出错率则以非线性方式增长。因此,代码行度量法比较简单,度量结果的可靠性较差。

7.3.2 McCabe 度量法

McCabe 于 1976 提出了基于程序拓扑结构的程序复杂性度量法,称为 McCabe 度量法。McCabe 定义的程序复杂性度量值是指一个程序模块的程序图中的环路个数,所以该度量值又称环路复杂度。所谓程序图实际上就是一个有向图,就是把程序流程图中的每个处理符号都看作一个结点,将原来联结不同处理符号之间的流程线看作连接不同结点的有向弧。显然,程序中的每个结点都可以由程序的入口结点到达,每个结点都可以到达程序的出口结点。

计算有向图 G 的环路复杂度的公式为

$$V(G)=m-n+2$$

式中,$V(G)$是有向图 G 中的环路数,m 是有向图 G 中的有向弧数,n 是有向图 G 中的结点数。可以证明,$V(G)$等于程序图中有界封闭区域和无界封闭区域的总数。如图 7.1 所示的程序流程图,其中结点数 $n=10$,有向弧数 $m=11$,则有

$$V(G)=m-n+2=11-10+2=3$$

也就是说,图 7.1 所示的程序段的 McCabe 环路复杂度的度量值为 3。抽象出图 7.1 后发现,程序图中有向弧所封闭的区域个数也是 3。

利用 McCabe 环路复杂度进行度量时,应注意以下几点。

① 环路复杂度与程序中的分支数目或循环数目呈正比。分支数目或循环数目越多,则环路复杂度越大。

② 环路复杂度具有累加性。例如,一个模块的复杂度为 5,另一个模块的复杂度为 4,则两个模块的复杂度为 9。

③ 当 McCabe 复杂度大于 10 时,程序的出错率较大。所以对于复杂度超过 10 的程序,应将其分成几个小程序,以减少程序中的错误。

7.3.3 Halstead 软件科学法

Halstead 软件科学法从统计学角度研究软件的复杂性问题,主要采用以下基本的度量值衡量程序的复杂度。

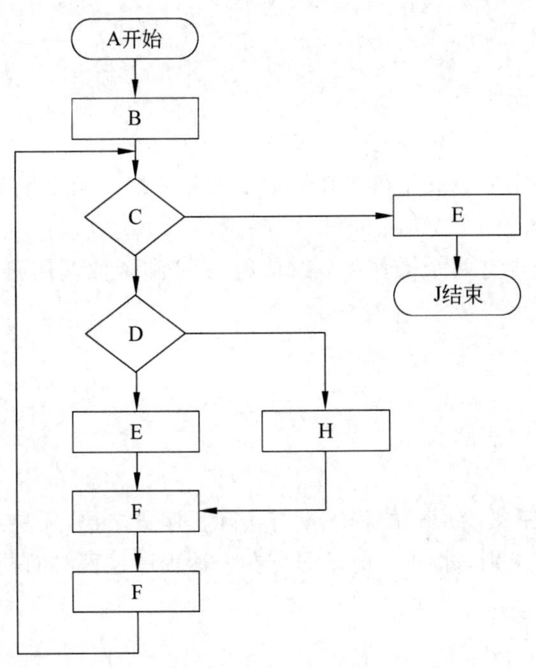

图 7.1 程序流程图

1. 预测的 Halstead 长度

预测的 Halstead 长度 H 可以表示为

$$H=n_1 \cdot \log_2 n_1+n_2 \cdot \log_2 n_2$$

式中，n_1表示程序中不同种类操作符(包括保留字)的个数，n_2表示程序中不同种类操作数的个数。操作符包括算术运算符、关系运算符、逻辑运算符、赋值符、分界符(“,”或“;”或“:”)、括号运算符、数组操作符、子程序调用符、循环操作符等。成对的操作符(如BEGIN…END、FOR…TO、REPEAT…UNTIL、WHILE…DO、IF…THEN…ELSE、(…))当作一个操作符。操作数包括变量名和常数。

2. 实际的 Halstead 长度

实际的 Halstead 长度 N 可以表示为

$$N=N_1+N_2$$

式中，N_1为程序中实际出现的操作符总个数，N_2为程序中实际出现的操作数总个数。

3. 程序的词汇表

Halstead 定义程序的词汇表 n 可以表示为

$$n=n_1+n_2$$

也就是说，词汇表是不同的操作符种类数和不同的操作数种类数的总和。

4. 程序量

程序量 V 可以表示为

$$V=(N_1+N_2)\cdot\log_2(n_1+n_2)$$

程序量 V 表示的实际意义是程序在词汇上的复杂性。程序量 V 的最小值为

$$V^*=(2+n_2^*)\cdot\log_2(2+n_2^*)$$

式中,2 表示程序中至少有两个操作符:赋值符":="和函数调用符"$f()$",n_2^* 表示输入/输出变量的个数。

5. 程序量比率

程序量比率 L 可以表示为

$$L=V^*/V$$

L 表明了一个程序的最紧凑形式的程序量与实际程序量之比,反映了程序的效率。有时,用 L 表达语言的抽象级别,即用 L 衡量语言在表达程序过程时的抽象程度。

6. 程序员工作量

程序员工作量 E 可以表示为

$$E=V/L$$

7. 程序的潜在错误

Halstead 度量法可以用来预测程序中的错误,预测公式为

$$B=V/3000$$

式中,B 表示该程序的错误数。

Halstead 度量法能够从多方面度量程序的复杂性,是目前较好的度量方法。但它仍存在以下一些缺点。

① 没有考虑非执行语句。在统计 n_1、n_2、N_1、N_2 时,应把非执行语句中出现的操作数和操作符统计在内。

② 在计算操作符时没有考虑因数据类型而引起的差异。我们知道,在允许混合运算的语言中,每种操作符必须与它的操作数相关联,例如,两个整数相加和两个实数相加应被看作是不同的加法运算符。

③ 没有注意调用的深度。Halstead 公式应对调用子程序的不同深度区别对待。在计算嵌套调用的操作符和操作数时,应乘以一个调用深度因子,这样可以增大嵌套调用时的错误预测率。

④ 不同的操作数和操作符具有不同的错误发生率,Halstead 没有区别看待。例如,对简单 IF 语句与 WHILE 语句就没有区别。实际上,WHILE 语句复杂得多,错误发生率也会相应高一些。

⑤ 忽视了嵌套结构(嵌套的循环语句、嵌套 IF 语句、括号结构等)。操作符的嵌套序列要比具有相同数量操作符的非嵌套序列复杂得多,解决的办法是对嵌套结果乘以一个

嵌套因子。

7.4 编程安全

一般来说,提高软件质量和可靠性的方法可以分为避错和容错两种。所谓避错就是避开错误,即在开发过程中不让错误潜入软件之中。所谓容错,即对某些无法避开的错误使其影响减至最低程度。在避错方法中,经常采用的是保护性编程技术。在容错方法中,经常采用的是冗余技术。

7.4.1 保护性编程

软件总是存在错误的,所以必须进行软件内部的错误检查,这种方法就是保护性编程。保护性编程可分为主动和被动两种。

1. 主动式保护性编程

主动式保护性编程是指周期性地对整个程序或数据库进行检索或在空闲时检索程序异常情况,也就是说既可在处理输入信息期间进行异常检索,也可在系统空闲时间或等待下一个输入时进行异常检索。主动式保护性编程的检查项目主要如下。

① 内存检查。如果在存储器的某些区域存放了确定类型和范围的数据,则可以经常检查这些数据。

② 标志检查。如果采用系统标志指示系统的状态,则可以对它们做独立检查。

③ 反向检查。将数据从一种代码或系统翻译为另一种代码或系统,可以利用反向变换检查原始值的翻译是否正确。

④ 状态检查。在多数情况下,复杂系统有多个操作状态,它们可以采用某些特定的存储值表示。如果能够独立验证这些状态,则可以进行检查。

⑤ 连接检查。使用链表结构时,可以对其连接情况进行检查。

⑥ 时间检查。假如已知某个计算所需的最大时间,则可以利用定时器监视这个计算过程。

⑦ 其他检查。经常仔细地考虑所使用的数据结构、操作序列以及程序的功能,往往能启发我们提出其他主动式保护技术。

2. 被动式保护性编程

被动式保护性编程是指必须等到某个输入完成后才能进行检查,也就是只有在达到检查点时才能对程序的某些部分进行检查。以下是被动式保护性编程所要进行的检查项目。

① 来自外部设备的输入数据,包括范围、属性是否正确。

② 由其他程序提供的数据是否正确。

③ 数据库中的数据,包括数组、文件、结构、记录是否正确。

④ 操作员的输入,包括输入的性质、顺序是否正确。

⑤ 栈的深度是否正确。

⑥ 数组界限是否正确。

⑦ 表达式中是否出现零分母情况。

⑧ 所期望的程序版本是否正在运行(包括最后系统重新组合的日期)。

⑨ 其他程序或外部设备的输出数据是否正确。

7.4.2 冗余编程

冗余是改善系统可靠性的一种重要技术。在硬件系统中,采用冗余技术是指提供额外的元件或系统,使其与主系统并行工作。这时会有两种情况:一种是让连接的所有元件都并行工作,当有一个元件出现故障时,它就退出系统,然后由冗余元件自动接续它的工作,维持系统的运转,这种情况称为并行冗余,也称热备用或主动冗余;另一种情况是在系统最初运行时由原始元件工作,当该元件发生故障时,由检测线路(有时由人工完成)把备用元件接上(或把开关拨向备用元件),使系统继续运转,这种情况称为备用冗余,也称冷备用或被动冗余。

如果两台计算机上的程序是一样的,则软件上的任何错误都会在两台计算机上导致同样的故障。采用冗余技术是指要想解决一个问题,就必须设计出两个不同的程序,包括采用不同的算法和设计,而且编程人员也应该不同。

采用冗余技术并不会使开发费用成倍增长,研究结果表明:将一个待开发的软件制作成两个不同副本的开发费用是开发一个软件的 1.5 倍左右,这是因为软件的描述、设计和大部分测试以及文档编制的费用会被两个副本分担。冗余技术带来的副作用是存储空间的增加和运行时间的延长,因此可以采用海量存储器和覆盖技术,并仅在关键部分采用冗余技术,这样可以使附加费用降到最低。

小结

作为软件生命周期的一个阶段,编码是对详细设计的进一步具体化。编码阶段的任务是将详细设计翻译成计算机可以“理解”并最终可运行的代码。相对于软件生命周期的软件设计阶段,编码阶段对软件质量的影响较小。

程序设计语言可分为面向机器的程序设计语言和高级语言两大类。机器语言和汇编语言都是面向机器的语言,用它们编写的程序的主要优点是易于与系统接口、占用内存少、执行效率高,但是编写程序的生产率低、容易出错、可读性差、不易修改与维护。高级语言使用的概念和符号与人们通常使用的概念和符号比较接近,它不依赖于实现这种语言的计算机,具有较强的通用性。用高级语言编写的程序不能直接被计算机识别和执行,必须将高级语言编写的程序翻译成计算机能识别的二进制机器指令,然后计算机才能执行。翻译方式有编译和解释两种方式。

按照高级语言的应用特点,可以把高级语言分为基础语言、结构化语言和专用语言。

按照高级语言的内在特点,可以把高级语言分为系统实现语言、静态高级语言、块结构高级语言和动态高级语言。

按照高级语言对客观系统描述的角度，可以把高级语言分为面向过程语言和面向对象语言。

程序设计语言的各种特性必然会影响人的思维和解决问题的方式，也会影响人和计算机之间通信的方式和质量，因此要求程序设计语言既要符合程序员的心理，又要支持软件工程的原理。

不同的程序设计语言都有自封闭的语法系统，过程化程序设计语言的特性从说明、数据类型、子程序、控制结构等方面描述，面向对象程序设计语言的特性描述包括类、对象和实例的定义、继承、消息传递和动态链接等。

选择程序设计语言时，应从技术角度、工程角度、心理学角度评价和比较各种语言的适用程度。合适的程序设计语言可以减少编码时的困难和程序的测试量，并可以得出容易阅读和维护的程序。选择程序设计语言时，程序员往往要做出某些合理的折中。

一个良好的程序应具有较好的可读性和较强的健壮性。在编码阶段，应当采取自顶向下、逐步细化的方法把一个模块的功能逐步分解，细化为一系列具体的步骤，进而翻译成一系列用某种程序设计语言编写的程序。

在编写程序时，应使程序具有较好的风格，以在程序编码阶段改善和提高软件的质量。源程序的文档包括标识符的命名、注释和程序的视觉组织等。编写程序时，还需要注意数据说明的风格。构造语句时应简单、直接，不能牺牲易读性以提高效率。输入和输出的方式和格式应尽可能方便用户的使用。

程序效率是衡量程序质量的一个重要指标，通常要从程序执行的时间开销和占用的存储空间两方面衡量，一个良好的程序应具有较高的执行速度和较少的空间开销。选用具有优化功能的编译程序和能够提高目标代码运行效率的算法可以自动生成高效率的目标代码。主存储器的容量在很大程度上会制约程序的效率。

程序复杂性主要是指模块内的程序复杂性。复杂性较高的程序往往隐藏着较多的错误，同时也会延长软件的开发周期，增加开发成本。代码行度量法以源代码的行数作为程序复杂性的度量。McCabe 度量法是基于程序拓扑结构的程序复杂性度量法。Halstead 软件科学法从统计学角度研究软件复杂性问题。Halstead 度量法能够从多方面度量程序的复杂性，是目前较好的度量方法。

习 题

1. 简述程序设计语言的分类。

2. 程序设计语言有哪些共同特性？

3. 选择程序设计语言时应考虑哪些因素？

4. 举例说明各种程序设计语言的特点及使用范围。

5. 为了提高程序的设计风格，在源程序编码时，在输入和输出设计上应考虑哪些原则？

6. 简述自顶向下、逐步细化的方式。

7. 结构化程序设计有哪些主要原则？

8. 什么是程序复杂性？

9. 结构化程序设计有时被人们错误地称为“无 GOTO 语句”的程序设计，请说明为什么会出现这样的说法，并对这个问题进行讨论。

10. 根据经验总结编程时应遵循的风格，并说明为什么遵循这样的风格就能增加代码的可读性和可理解性。

11. 根据公式 $V(G)=m-n+2$，计算图 7.2 所示的环路复杂度。

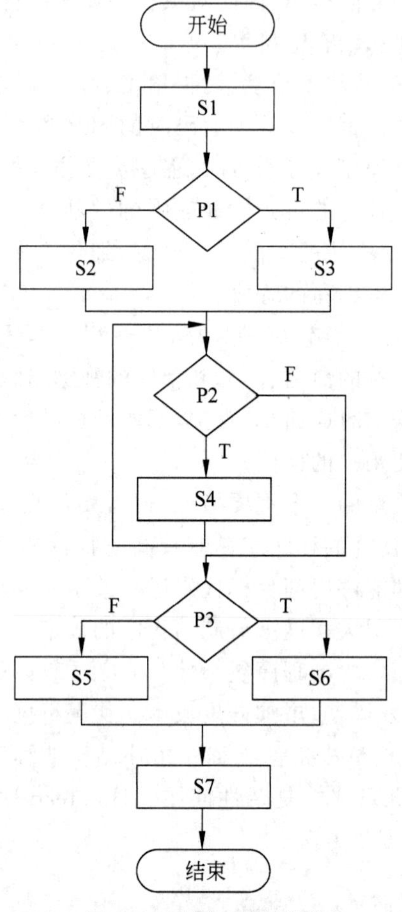

图 7.2　习题 11 示例图

软件测试

教学提示：本章介绍软件测试方法和相关技术的有关知识，主要包括软件测试的基本概念、软件测试的基本方法、软件测试的策略、排错技术、面向对象的测试、软件测试计划与测试分析报告。

教学目标：了解软件测试的目的和重要性及软件测试的基本步骤，掌握软件测试的基本方法、软件测试的基本策略和一些排错技术，了解面向对象的测试方法和软件测试计划与测试分析报告的完成。

软件质量保证是贯穿软件开发全过程的活动，其中最关键的步骤是软件测试，在开发大型软件系统的过程中，面对大量的复杂问题，人的主观认识不可能完全符合客观现实的要求，各类工作人员之间的配合也不可能完美无缺，因此在软件生命周期的每个阶段都不可避免地会产生错误。如果在软件投入运行之前未能发现并纠正软件中的大部分错误，则造成的后果有时是很严重的，软件测试就是对软件规格说明、软件设计和编码的最后审核，目的是在软件投入生产活动之前尽可能多地发现其中的错误。

大量的事实和统计表明，软件测试的工作量往往占软件开发总工作量的40%左右，在极端情况下可能会达到其他部分成本总和的3～5倍，所以软件测试工作显得格外重要。

软件测试的目的是发现并改正软件中的错误，最终开发出高质量且完全符合用户需求的软件，所以通过测试发现错误之后还必须诊断并改正错误，这就是排错的目的。

8.1 软件测试的基本概念

从表面上看，软件测试与软件工程中其他活动的目的相反。软件工程的其他阶段都是建设性的，软件开发人员逐步设计出具体的软件系统，编写代码以完成工程要求。但是软件测试人员却在努力地设计测试方案以发现系统中的错误，证明系统的不正确性和不可用性。当然，发现错误是为了改正错误。测试阶段发现的错误越多，修改后的软件质量就越高，后期维护的投入就越少。

8.1.1 软件测试的目的和重要性

1. 软件测试的概念

G. Myers 给出了关于软件测试的一些规则，也可以把它看作是软件测试的定义。

① 测试是发现程序中的错误的过程。

② 良好的测试方案是极可能发现迄今为止尚未发现的错误的测试方案。

③ 成功的测试是发现了迄今为止尚未发现的错误的测试。

从上述规则可以看出，测试的定义是“发现程序中的错误的过程”，这和一部分人的“测试是为了表明程序是正确的”观点恰恰相反。

2. 软件测试的目标和重要性

由于立场的不同，存在的测试目标也不同。一种是从软件开发者的角度出发，他们希望测试能够表明软件产品的正确性和可用性，所以他们会选择那些导致程序失效概率较小的测试用例，显然，这样的测试对于提高软件质量没有任何帮助；另一种就是从用户的角度出发，他们希望通过测试暴露软件中隐藏的错误和缺陷，以考虑产品是否可以接受，他们会挑选比较苛刻的数据，或一些可能会导致系统运行错误的测试用例，软件测试就是要求站在用户的角度尽量发现错误，所以说软件测试是为了发现程序中的错误。软件测试的过程也是程序运行的过程。程序运行需要数据，为了测试系统所精心挑选的能尽量暴露错误的数据称为测试用例。

应该认识到测试绝不能证明程序的正确性，即使经过了最严格的测试，仍然有可能还有未被发现的错误潜藏在程序中。测试只能检查出程序中的错误，不能证明程序中没有错误。

进行软件测试是非常重要的，因为在系统设计中，由于工作人员之间缺乏有效沟通、软件复杂度高、编程错误、需求不断变更等因素的存在，会导致各种各样的错误产生，所以软件测试也是必需的，其主要原因有以下几点。

① 一个糟糕的测试程序可能导致测试任务的失败，更严重的是可能影响操作的性能和可靠性，并且可能导致在维护阶段花费巨大的成本。

② 一个良好的测试程序是项目的主要成本，复杂的项目需要在软件测试和验证上花费超过项目一半以上的成本。为了使测试有效，在计划和组织测试上必须体现花费适当的时间。

③ 一个良好的测试程序可以极大地帮助设计人员定义需求和设计，这有助于项目在一开始就步入正轨，并且对整个项目的成功都有重要影响。

④ 一个良好的测试可以迫使设计人员在工作时必须面对和处理问题，并且会使重新工作或修改缺陷的成本变得很低。

⑤ 一个良好的测试不能弥补一个糟糕的项目，但是有助于发现许多问题并使得设计人员尽早知道处在问题当中。由此可知，软件测试对于完成一个项目有很重要的影响，针对某个具体项目而言，一个良好的测试过程是非常有意义的。应该清楚：软件测试并非只担当“挑错”的角色，其重要性不亚于软件的开发环节。

8.1.2 软件测试的特点和原则

软件测试本身要求用最少的时间和人力找出软件中潜在的各种错误和缺陷，如果成功地实施了测试，就能够发现软件中的错误。由于测试本身就是运行程序，所以各种各样的数据都可能碰到,但是把每组可能的数据和不可能的数据都进行一次测试是不现实的,所以要求用最少的用例测试项目,以发现其中尽可能多的错误。根据软件测试的特点和测试目的,软件测试应遵循以下原则。

① 应当把"尽早和不断进行软件测试"作为软件开发者的信条。这主要是由于原始问题的复杂性、软件的抽象性和复杂性以及软件开发每个阶段的多样性以及各工作人员之间的配合关系等因素,因此会造成开发过程的每个环节都可能产生错误。所以测试计划可以在需求模型完成后就开始,详细的测试用例可以在设计模型被确定后开始。测试是一个持续进行的过程,而不是一个阶段,现代软件测试已经发展成为全过程的验证和确认活动,它贯穿于整个开发生命周期的始末,只有这样才能保证最终产品具有更高的质量。

② 为了使测试更有效,应由第三方构造测试。测试工作是产品交付用户试用前的最后一道关卡,所以测试工作要求有严谨的作风、客观的态度和冷静的情绪,而程序员作为程序的开发者可能会不愿意承认自己所犯的错误,或者程序员本身会犯一些低级错误,如错误理解、错误代码书写等,这样程序员本人就很难检查出程序的问题。如果由其他程序员执行这个过程,则可能会更客观和有效。当然,程序的排错最好还是由程序员本人执行。

③ 测试用例应包括测试输入数据和对应的预期输出结果两部分。在测试工作真正开始之前,应根据测试的要求选择合适的测试用例,它主要用来发现程序中的错误,所以需要输入数据和预期的输出结果以检查程序的最后运行结果,只有这样才有检验的标准,才能比较准确地检查程序。

④ 测试用例的设计应既包括合理的输入条件,也包括不合理的输入条件。在测试程序时,人们更多地倾向于考虑合理的输入和预期的输出,从而达到检验程序能否处理有效数据的功能,经常忽略了不合理的输入,如临界值和会引起问题变异的输入条件等,而用户在使用时可能不会考虑规则,会输入一些不合理的数据,而这些数据可能会导致整个产品的失效,所以非法数据的处理功能也应该在测试时检验,而这样的检验效果可能会更好。

⑤ 注意测试中的群集现象。测试过程中,不要认为找到了一些错误就认为问题解决了,实际上还有更多的错误没有被发现,软件测试中有一个 Pareto 原则:测试中发现的错误中的 80%很可能起源于程序模块中的 20%。根据这个规律,应当对错误比较集中的程序段进行重点测试,从而提高测试的效率。

⑥ 测试必须有计划、有控制,并且提供资源和时间,然后要严格执行计划。测试并不是一个随机的活动,测试必须有计划,并且安排足够的时间和资源,测试活动应受到控制,要严格执行计划,不可随意解释,测试计划应包括软件的功能、测试内容、进度安排、资源和时间要求、工具、测试用例和评价标准等。

⑦ 穷尽测试是不可能的。测试是为了发现错误,这样的要求可能会让人们穷尽每个用例以发现软件的错误。实际上,一个大小适度的程序要想穷尽测试也不太现实。不同的软件有着不同的质量要求,测试是为了使软件的缺陷数量降到可接受的范围,而且测试的资源和时间都有限,所以需要找出合适的测试用例代替穷尽测试。

⑧ 在整个测试过程中,应对每步、每部分的测试结果做全面检查和记录,而且要保存测试计划、测试的中间结果、测试用例、出错统计和最终分析报告。如果忽略了这些,那么就有可能找不到错误的症结,并且使错误有放大的趋势,因此应力求解决每个环节,才能更好地保证软件的质量。

8.1.3 软件测试的基本步骤

软件的开发过程和测试步骤是相对应的,软件的开发过程是分步和分块进行的,测试步骤也应该分步进行,每个步骤在逻辑上都是前一个步骤的继续。若是测试一个小程序,则可以将其作为一个整体进行测试,否则最好不要把整个系统作为一个整体进行测试。大型软件系统一般由多个子系统组成,每个子系统又可分为多个模块。软件测试过程一般按以下步骤进行。

1. 单元测试

单元测试又称模块测试,可以认为是最早开始的测试。单元测试是对软件的每个模块进行的测试,一般要求一个模块独立完成一定的功能,而且各个模块之间的相互联系较少,单元测试中往往发现的是编码错误、详细设计错误等问题,测试的目的是保证每个模块能作为一个独立的单元正确运行。

2. 组装测试

组装测试又称集成测试或子系统测试。组装测试是在单元测试的基础上,将所有模块按照概要设计的要求组装成子系统进行测试。组装测试的主要目的是检查模块之间的接口及接口之间的数据传递关系问题,以及单元组合后是否能够实现预期的功能等。

3. 确认测试

确认测试又称合格性测试,确认测试应检查软件能否按合同要求进行工作,即是否满足软件需求说明书的确认标准。把软件系统作为单一的实体进行,通过一系列功能测试进行确认,并且由用户进行“验收测试”,以确定是否满足用户需求。

4. 系统测试

系统测试是将通过确认测试的软件作为计算机整体系统的一个重要组成部分,与计算机的硬件、外设、支持软件、数据和人员等其他系统元素结合在一起,在实际环境下进行组装测试和确认测试。系统测试的目的是充分运行系统,验证系统,同系统的需求定义做比较,发现软件与系统定义不符合或矛盾的地方。

这些是软件测试过程的一般步骤,软件测试的基本策略的详细内容将在 8.3 节讲解。

8.1.4 静态分析与动态测试

软件测试的方法和技术多种多样。对于软件测试技术,可以从不同的角度加以分类。从测试是否针对系统的内部结构和具体实现算法的角度看,可以划分为白盒测试和黑盒测试，白盒测试和黑盒测试的具体内容将在8.2节讲解；从是否需要执行被测试软件的角度，可分为静态分析和动态测试。本节介绍静态分析和动态测试的有关内容。

1. *静态分析*

程序的静态分析不要求在计算机上实际执行所测试的程序，而是以一些人工的模拟技术和类似动态测试所使用的方法对程序进行分析和测试，它的对象是源程序，它会扫描源程序的正文，并且纠正软件系统在描述、表示和规格上的错误，是任何一步测试执行的前提。

静态分析包括代码检查、静态结构分析等，它可以由人工进行，充分发挥人的逻辑思维优势，也可以借助软件工具自动进行。

① 代码检查。代码检查包括代码走查、桌前检查、代码审查等，主要检查代码和设计的一致性、代码对标准的遵循、代码逻辑表达的正确性、代码结构的合理性等方面；可以发现违背程序编写标准的问题，程序中不安全、不明确的部分，违背程序编程风格的问题，包括变量检查、命名和类型审查、程序逻辑审查、程序语法检查和程序结构检查等内容。

② 静态结构分析。静态结构分析主要以图形的方式表现程序的内部结构，例如函数调用关系图、函数内部控制流图。其中，函数调用关系图以直观的图形方式描述一个应用程序中各个函数的调用和被调用关系。

2. *动态测试*

程序的动态测试是指选择适当的测试用例实际运行被测程序，检查运行结果与预期结果的差异，并分析运行效率和健壮性等性能。典型的方法是测试程序中各语句的执行次数，以便统计各种覆盖情况。

动态测试包括功能确认与接口测试、覆盖率分析、性能分析等。

① 功能确认与接口测试。这部分测试包括各个单元功能的正确执行及单元间的接口，包括单元接口、局部数据结构、重要的执行路径、错误处理的路径和影响上述边界条件等内容。

② 覆盖率分析。覆盖率分析主要对代码的执行路径覆盖范围进行评估，语句覆盖、判定覆盖、条件覆盖、判定-条件覆盖、组合条件覆盖、路径覆盖都从不同要求出发，为设计测试用例提供依据。

③ 性能分析。代码运行缓慢是开发过程中的一个重要问题。一个应用程序运行速度较慢，程序员不容易找到究竟是哪里出现了问题。如果不能解决应用程序的性能问题，则将降低应用程序的质量，于是查找和修改性能瓶颈成为调整所有代码性能的关键。

8.2 软件测试的基本方法

对软件进行测试的方法有很多种，从测试是否针对系统的内部结构和具体实现算法的角度来看，可以划分为白盒测试和黑盒测试。已知产品的内部工作过程，能够通过测试内部动作确定产品是否正常而进行的测试称为白盒测试；已知产品应该具有的功能，能够检查每个功能是否正常而进行的测试称为黑盒测试。

无论是白盒测试还是黑盒测试,只要能测试系统工作的每种可能,都可以得到完全正确的程序,但穷尽测试是不现实的。如果用白盒测试法,则即使很小的程序也不能做到穷尽测试。例如:测试程序中的循环嵌套,为了使每条路径都通过一次,即便循环次数不是很大,但也可能要花上几个月、几年甚至更长的时间,这是时间和资源所不允许的;如果用黑盒测试法,为了进行穷尽测试,则必须对所有输入数据的各种可能值的排列组合都进行测试,这又是时间和资源所不允许的。所以无论是上述哪种测试方法,都只能采用精心设计的案例发现尽可能多的错误,而不是进行穷尽测试,因此不可能发现程序中的所有错误,即通过测试并不能证明程序是正确的。

8.2.1 白盒测试

白盒测试又称玻璃盒测试或结构化测试等,它是一种测试用例设计方法,也就是测试者完全了解程序的结构和处理过程,按照程序内部的逻辑测试检验程序中的每条通路是否都能按预定的要求正确工作。测试者能够产生的测试案例应具有以下功能。

① 保证每个模块中的所有独立路径至少被使用一次。

② 所有逻辑值均须测试真和假。

③ 在上下边界以及可操作范围内运行所有循环。

④ 检查内部数据结构以确保其有效。

尽管应更注重于保证程序需求的实现,但是也要花费足够的时间和精力测试逻辑错误,原因就在于软件自身的缺陷。

逻辑错误和不正确假设与一条程序路径被运行的可能性呈反比。当设计和实现主流之外的功能、条件或控制时,错误往往开始出现。日常处理能被很好地了解,而“特殊情况”的处理则较难以发现。

人们经常相信某逻辑路径不可能被执行,而事实上,它可能在正常的基础上被执行。程序的逻辑流有时是违反直觉的,这意味着关于控制流和数据流的一些无意识的假设可能导致设计错误,只有路径测试才能发现这些错误。

笔误是随机的。当一个程序被翻译为程序设计语言源代码时,有可能产生某些打字错误,很多这样的错误将被语法检查机制发现,但是其他错误在测试开始后才会被发现。笔误出现在主流路径和不明显的逻辑路径的可能性是一样的。

上面提到的这些类型的错误,白盒测试很有可能发现它们,因此上述任何一条都是进行白盒测试的依据。

常用的白盒测试为逻辑覆盖,它是以程序内部的逻辑结构为基础的测试用例设计技术。由于测试的目标不同,逻辑覆盖可分为:语句覆盖、判定覆盖、条件覆盖、判定-条件覆盖、条件组合覆盖等。

1. 语句覆盖

语句覆盖就是设计一些测试用例,使被测程序中的每条语句至少被执行一次。以尽可能多地暴露错误。

图 8.1 所示的测试用例设计参考例图中有 4 条路径，分别为：R_1(abc)、R_2(adc)、R_3(abe)、R_4(ade)，而路径 R_4 正好包含所有执行语句。为了使每条执行语句都执行一次，选择 R_4 设计测试用例就可以满足要求，为此只需要选择一组数据，例如，I＝2，J＝0，X＝3 即可，X 可以为任何值。

语句覆盖对程序的逻辑覆盖很少，选择路径 R_4 只测试了条件都为 T 的情况，如果条件为 F 时处理有错误，则不能发现错误，并且语句覆盖只关心判断表达式的值，而没有分别测试判断表达式中每个条件取不同值的情况，如果在上例中第一个判断表达式中将逻辑运算 AND 错写成 OR，或者把第二个判断表达式中的条件 X＞1 错写成 X＜1，则上述测试用例就不合适了，可见语句覆盖发现错误的能力比较弱。

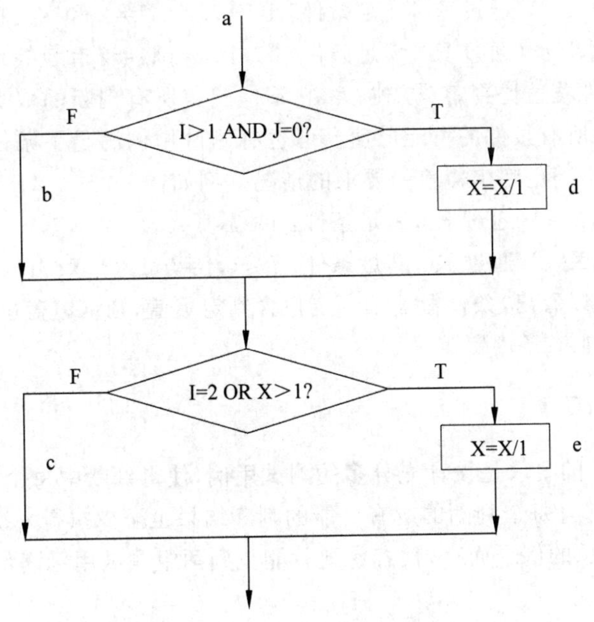

图 8.1　测试用例设计参考例图

2. 判定覆盖

判定覆盖又称分支覆盖，它的含义是设计若干测试用例，使得程序中每个判定的每种可能结果都应该至少执行一次，即每个判定的每个分支都执行至少一次。

同样对于图 8.1 所示的例子，为了使 R_1～R_4 都能执行一次，以下 4 组数据均可用来完成判定覆盖。

① I＝1，J＝1，X＝1(覆盖路径 R_1：abc)。

② I＝3，J＝0，X＝3(覆盖路径 R_2：adc)。

③ I＝2，J＝1，X＝2(覆盖路径 R_3：abe)。

④ I＝2，J＝0，X＝3(覆盖路径 R_4：ade)。

判定覆盖比语句覆盖强大，但是若是同样不小心地把第二个判断表达式中的条件 X＞1 错写成 X＜1，则可知上述测试用例仍有同样的结果，显然判定覆盖的功能还不是很强。

3. 条件覆盖

条件覆盖就是指设计一些测试用例，运行被测程序，不仅使每个语句至少能执行一次，而且要使判断表达式中的每个条件取得的各种可能结果均出现至少一次。

图 8.1 所示的例子中有两个判断表达式，每个表达式均含有两个条件，为了达到条件覆盖的目的，应选取测试用例在第一个判断表达式处出现下列结果。

$I>1, I\leqslant 1, J=0, J\neq 0$。在第二个判断表达式处出现下列结果：$I=2, I\neq 2, X>1, X\leqslant 1$。采用以下两组数据就可以达到条件覆盖的标准。

① $I=1, J=1, X=1$（通过 R_1，满足条件：$I\leqslant 1, J\neq 0, I\neq 2$ 和 $X\leqslant 1$）。

② $I=2, J=0, X=3$（通过 R_4，满足条件：$I>1, J=0, I=2$ 和 $X>1$）。

通常而言，条件覆盖比判定覆盖强大，它不但覆盖所有判断的取真分支和取假分支，而且覆盖了判断中所有条件的可能取值。但也有测试用例满足了条件覆盖，判断表达式却只取一个值，并不满足判定覆盖的要求的情况。例如：

③ $I=2, J=0, X=1$（通过 R_4，满足条件：$I>1, J=0, I=2, X\leqslant 1$）。

④ $I=1, J=1, X=2$（通过 R_3，满足条件：$I\leqslant 1, J\neq 0, I\neq 2, X>1$）。

从上述情况可以看出，条件覆盖不一定包含判定覆盖，判定覆盖也不一定包含条件覆盖，所以就提出了判定-条件覆盖。

4. 判定-条件覆盖

判定-条件覆盖的要求是设计充分多的测试用例，使得判断中每个条件的所有可能取值至少执行一次，并且每个判断的所有可能的判断结果也至少执行一次。

对于图 8.1 所示的例子而言，很容易地就能找到两组测试用例满足判定-条件覆盖。

① $I=2, J=0, X=3$。

② $I=1, J=1, X=1$。

从表面上看，上述两组测试可以满足覆盖图中的 4 个判断分支和 8 个条件取值。但是我们会发现它们正好是为了满足条件覆盖的测试用例，而①的数据也是语句覆盖式的例子，若第二个判断表达式中的条件“I=2 OR X>1”错写成“I=2 OR X<1”，则当 $I=2$ 的测试为真时，是不可能发现这个逻辑错误的，显然判定-条件覆盖并不比条件覆盖更强大。

5. 条件组合覆盖

条件组合覆盖的逻辑覆盖标准更强，它的要求就是设计充分的测试用例，使得被测试程序中的每个判断的所有可能的条件取值组合至少执行一次。

在图 8.1 所示的例子中，共有 8 种可能的条件组合，分别如下。

① $I>1, J=0$。

② $I>1, J\neq 0$。

③ $I\leqslant 1, J=0$。

④ I≤1,J≠0。

⑤ I=2,X>1。

⑥ I=2,X≤1。

⑦ I≠2,X>1。

⑧ I≠2,X≤1。

在上述8种条件组合中,只要设计下列4个测试用例就可以全部覆盖,即每种组合至少出现一次。

① I=2,J=0,X=3(执行路径 R_4,覆盖条件组合①和⑤)。

② I=2,J=1,X=2(执行路径 R_3,覆盖条件组合②和⑥)。

③ I=1,J=0,X=4(执行路径 R_3,覆盖条件组合③和⑦)。

④ I=1,J=1,X=1(执行路径 R_1,覆盖条件组合④和⑧)。

由本测试用例可以看出,它们覆盖了所有条件的可能取值的组合,覆盖了所有判断的可去分支,比前面的几种覆盖标准更优,但是条件组合覆盖标准测试用例并不一定能使每条路径都执行到,本例就漏掉了路径 R_2(adc),所以测试并不完全。

上述针对源程序的语句执行的完全程度进行的测试讨论了5种方法。其中,用得比较多的是测试程序的执行路径的概念,所以还可以有路径测试,即设计充分多的测试用例,覆盖程序中的所有路径。当然,在实际问题中,路径的数目一般是非常大的,所以测试每条路径也不可能做到,于是就要把覆盖的路径数目进行压缩,即进行基本路径测试。

8.2.2 黑盒测试

黑盒测试又称功能测试或行为测试,它注重于测试软件的功能性需求,而不是内部结构。同白盒测试的测试概念截然不同,在黑盒测试中,测试人员对于测试对象的内部结构、运作情况可以不清楚,主要验证其和规格的一致性。黑盒测试不是白盒测试的替代品,而是用于辅助白盒测试发现其他类型的错误。

黑盒测试试图发现以下类型的错误。

① 功能错误或遗漏。

② 接口错误。

③ 数据结构或外部数据库访问错误。

④ 性能错误。

⑤ 初始化或终止不正确。

白盒测试用在测试的早期,而黑盒测试主要用于测试的后期。黑盒测试故意不考虑控制结构,而是只注意信息域。黑盒测试用于回答下列问题。

① 如何测试功能的有效性?

② 如何测试系统行为和性能?

③ 何种类型的输入会产生好的测试案例?

④ 系统是否对特定的输入值特别敏感?

⑤ 如何分隔数据类的边界?

⑥ 系统能够承受怎样的数据率和数据量?

⑦ 特定类型的数据组合会对系统产生何种影响？

黑盒测试方法的运用可以导出满足下列标准的测试用例集合：

① 能够减少达到合理测试所需的附加测试案例数的测试案例。

② 能够告知某些类型错误是否存在，而不是与特定测试相关的错误的测试案例。功能测试意味着测试数据的选择和测试结果的解释是以软件功能属性为基础的。

黑盒测试不应由程序作者执行，而是应由第三方执行测试。黑盒测试常用的技术有等价分类法、边界值分析法、错误推测法、因果图法。

1. 等价分类法

为了保证测试的完整性，需要输入所有有效和无效的数据，但这是不现实的，所以只能选择其中的一部分数据进行测试。等价分类法的主要思想是把程序的输入数据集合按输入条件划分为若干等价类，每个等价类相对于输入条件表示为一组有效或无效的输入，在确定输入数据的等价类时常常还需要分析输出数据的等价类，以便更好地得到输入等价类，然后为每个等价类设计一个测试用例，因此等价分类法的关键就是根据输入数据的类型和程序的功能说明划分等价类，以下是一些比较常用的划分等价类的原则。

① 如果某个输入条件说明了输入值的范围(如“数据值”是从 1～999)，则可划分一个有效等价类(大于或等于 1 而小于或等于 999 的数)和两个无效等价类(小于 1 的数以及大于 999 的数)。

② 如果某个输入条件说明了输入数据的个数(如每个学生可以选修 1～3 门课程)，则可以划分一个有效等价类(选修 1～3 门课程)和两个无效等价类(未选修课程，以及选修超过 3 门课程)。

③ 如果一个输入条件说明了一个必须遵守的规则(如标识符的第一个字符必须是字母)，则可以划分一个有效等价类(第一字符是字母)和一个无效等价类(第一字符不是字母)。

④ 如果某个输入条件说明了输入数据的一组可能的值，而且认为程序是用不同的方式处理每种值的(如职称的输入值可以是助教、讲师、副教授和教授)，则可以为每种值划分一个有效等价类(如助教、讲师、副教授和教授)，并划分一个无效等价类(上述 4 种职称之外的任意值)。

⑤ 如果规定了输入数据是整型，则可以划分出正整数、零、负整数这 3 个有效等价类。

⑥ 如果认为程序将按不同的方式处理某个等价类中的各种测试用例，则应将这个等价类再分成几个更小的等价类。例如④就是将一个合理等价类又分成了助教、讲师等 4 个等价类。

以上仅仅列出了划分等价类的一些原则，实际问题中的情况比较多，所以一方面要求积累经验，另一方面要求正确分析被测程序的功能，上述原则也适用于划分输出数据。

划分出等价类以后，由于程序发现一类错误后就不再检查是否还有其他错误，因此还应按照以下规则进行处理，以使每个测试方案只覆盖一个无效等价类：设计一个新的测试用例，使其尽可能多地覆盖尚未被覆盖的有效等价类，直到所有有效等价类被覆盖为止;设计一个新的测试用例,使其覆盖尚未被覆盖的无效等价类,直到所有无效等价类被覆盖为止。

下面用等价类划分设计一个程序的测试用例。例如,实现某城市的电话号码,该电话号码由3部分组成,说明如下。地区码:空白或3位数字;前缀:非“0”或“1”开头的3位数字;后缀:4位数字。分析该程序的规则说明和被测试程序的功能,可以划分如下等价类。

有效输入的等价类。

① 地区码:空白。

② 地区码:3位数字。

③ 前缀:100～999的3位数字。

④ 后缀:4位数字,无效输入的等价类。

⑤ 地区码:有非数字字符。

⑥ 地区码:少于3位数字。

⑦ 地区码:多于3位数字。

⑧ 前缀:有非数字字符。

⑨ 前缀:起始位为0。

⑩ 前缀:少于3位数字。

⑪ 前缀:多于3位数字。

⑫ 后缀:有非数字字符。

⑬ 后缀:少于4位数字。

⑭ 后缀:多于4位数字。

根据上面划分的等价类,可以设计出以下的测试用例。

- 输入:(　　)276-2345,有效,适用于有效输入等价类的③和④。
- 输入:(635)805-9321,有效,适用于有效输入等价类的③和④。
- 输入:(20A)123-4567,无效,地区码错,有非数字字符。
- 输入:(24)603-3241,无效,地区码错,少于3位。
- 输入:(6132)867-3728,无效,地区码错,多于3位。
- 输入:(765)40B-2347,无效,前缀错,有非数字字符。
- 输入:(635)005-9321,无效,前缀错,起始位为0。
- 输入:(635)90-9321,无效,前缀错,少于3位。
- 输入:(635)7052-9321,无效,前缀错,多于3位。
- 输入:(635)805-A321,无效,后缀错,有非数字字符。
- 输入:(635)205-321,无效,后缀错,少于4位。
- 输入:(635)835-93614,无效,后缀错,多于4位。

上述用例没有考虑输出的等价类划分,在很多实际问题中还要对输出进行等价类划分。

2. 边界值分析法

大量经验表明，输入域的边界比其中间更加容易发生错误，例如错误常发生在数组的上下标、循环条件的开始和终止处等，因此可用边界值分析(Boundary Value Analysis, BVA)作为一种测试技术，目的在于选择测试用例，检查程序在边界上的执行。

边界值分析是一种黑盒测试法，是对等价类划分方法的补充，它不是选择等价类的任意元素，而是选择等价类边界的测试案例，BVA 不仅注重于输入条件，而且从输出域导出测试用例，BVA 的指导原则在很多方面类似于等价划分，它的指导原则如下。

(1) 如果输入条件代表以 a 和 b 为边界的范围，则测试用例应包含 a、b、略大于 a 和略小于 b 的值。

(2) 如果输入条件代表一组值，则测试用例应执行其中的最大值和最小值，还应测试略大于最大值和略小于最小值的值。例如，邮件收费规定 1～5kg 收费 2 元，则应设计测试用例为 0.9、1、5、5.1kg；或更接近的数据，如 0.99、1、5、5.01kg。

(3) 指导原则①和②也适用于输出条件。例如，程序要求输出温度和压强的对照表，测试用例应能够创建对照表所允许的最大值和最小值的项的输出报告。

(4) 如果内部程序数据结构有预定义的边界(如程序中定义一个数组：下界是 0，上界是 100，应把其上下两个边界均作为测试用例)，则要在其边界测试数据结构。例如，假设有一个把数字串转换成整数的函数，其中数字串要求由长度为 1～6 个数字构成，机器字长为 16 位。分析该程序的说明和功能，能够划分出 4 组等价类。

① 有效输入的等价类。

② 无效输入的等价类。

③ 合法输出的等价类。

④ 非法输出的等价类。在考查第③和第④组的合法输出和非法输出时，需要考虑计算机的字长，除了根据上述 4 组等价类设计测试用例以外，还要补充或修改边界值的测试，具体如下。

- 使输出刚好等于最小的负整数。

输入：'-32768'

输出：-32768

- 使输出刚好等于最大的正整数。

输入：'32767'

输出：32767

- 使输出刚好小于最小的负整数。

输入：'-32769'

输出：错误

- 使输出刚好大于最大的正整数。

输入：'32768'

输出：错误

在实际应用中，BVA 技术的使用比较广泛，它能更多地暴露程序中的错误。但无论是等价分类法还是边界值分析法，都只是孤立地考虑各个数据的输入条件，忽视了多个输入数据组合的后果，解决该问题的较好方法是借助于判定表或判定树，见下述因果图法。

3. 因果图法

前面已经提及过，等价分类法和边界值分析法都只是孤立地考虑数据的输入条件，忽视了多个输入数据组合后的出错情况。而因果图适合用于描述多种输入条件的组合，相应产生多个动作的形式设计测试用例。因果图方法最终生成的是判定表。

因果图法把输入条件视为“因”，把输出条件视为“果”，将黑盒看成从因到果的网络图，采用逻辑图的形式表达功能说明书中输入条件的各种组合与输出的关系，根据这种关系可选择高效的测试用例。

用因果图法生成测试用例的步骤如下。

① 分析哪些是原因，哪些是结果，给每个原因和结果一个标识。

② 分析语义，找出原因与原因、原因与结果之间的关系，画出因果图。

③ 在因果图上标明约束或限制条件，以表示那些组合不可能出现的情况。

④ 把因果图转换为判定表。

⑤ 根据判定表每列的内容设计适当的测试用例。

在因果图中出现的原因与结果之间的关系和原因与原因之间的关系分别如图 8.2 和图 8.3 所示。

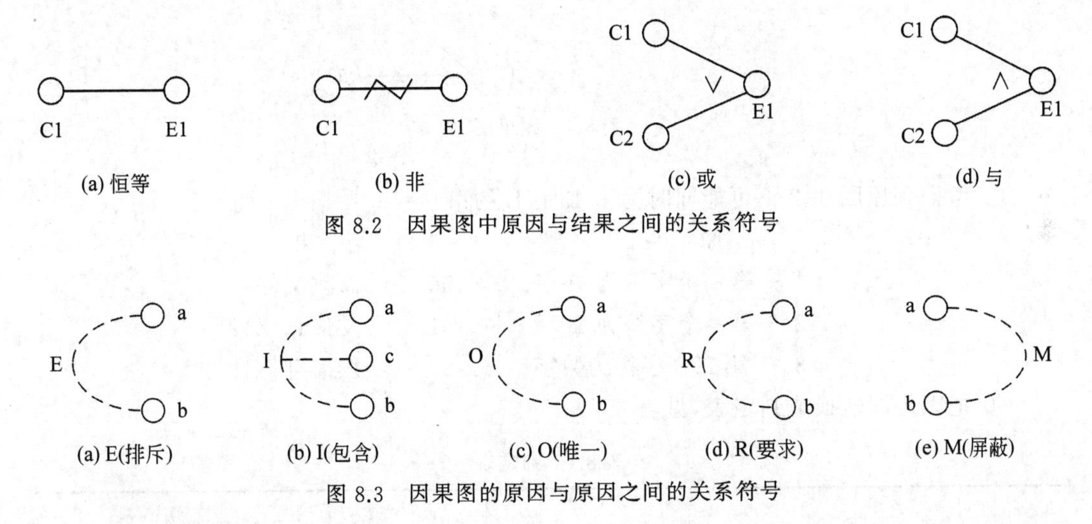

图 8.2　因果图中原因与结果之间的关系符号

图 8.3　因果图的原因与原因之间的关系符号

在因果图中用 Ci(i 为 1 和 2)表示原因，用 E1 表示结果，结点表示状态，可取“0”和“1”，“0”表示某状态不出现，“1”表示某状态出现。

图 8.2 中，

- 恒等：表示原因与结果之间一一对应的关系，同时出现或同时不出现。
- 非：表示原因与结果之间的否定关系，原因与结果是否出现正好相反。
- 或：表示多个原因中只要有一个出现，则结果就出现，除非原因都不出现，结果也不会出现。

- 与：表示多个原因同时出现时结果才会出现，否则结果不出现。

图 8.3 中：

- E(排斥)：表示 a、b 两个原因不能同时出现。
- I(包含)：表示 a、b、c 中至少有一个出现。
- O(唯一)：表示 a、b 中有且仅有一个出现。
- R(要求)：表示 a 出现时，b 也必须出现。
- M(屏蔽)：表示当 a 为 1 时，b 必须为 0，但是 a 为 0 时，b 不定。

【例 8.1】 某软件规格说明中规定：文件名第一个字符必须为 A 或 B，第二个字符必须为数字，满足则修改文件。若第一个字符不为 A 或 B，则发出错误信息 X12，若第二个字符不为数字，则发出错误信息 X13。构造因果图的具体过程如下。

① 分析规范，列出原因和结果并编号。

② 找出原因与原因之间的关系以及原因与结果之间的关系，中间结点 11 导出结果的进一步原因，画出因果图，如图 8.4 所示。

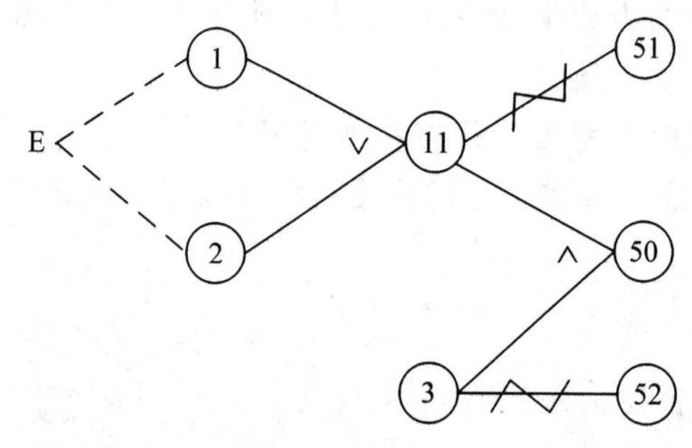

图 8.4 因果图

③ 考虑到原因 1、2 不可能同时为 1，加上 E 约束。

原 因	结 果
1 —第一个字符为 A	50 — 修改文件
2 —第一个字符为 B	51 — 发信息 X12
3 — 第二个字符为数字	52 — 发信息 X13

④ 把因果图转换成判定表，见表 8.1。

表 8.1 判定表

		1	2	3	4	5	6	7	8
条件（原因）	1	1	1	1	1	0	0	0	0
	2	1	1	0	0	1	1	0	0
	3	1	0	1	0	1	0	1	0
	11			1	1	1	1	0	0

续表

		1	2	3	4	5	6	7	8
动作（结果）	51			0	0	0	0	1	1
	50			1	0	1	0	0	0
	52			0	1	0	1	0	1
测试用例				A3	A*	B8	BB	X6	CC

⑤ 判定表的所有条件组合数：$2^3=8$。第1、2列条件组合不可能出现，故删去。针对判定表的第3～8列设计测试用例见表8.2。

表8.2 第3～8列设计测试用例

组 合	输入数据	输出动作	组 合	输入数据	输出动作
3列	A3	修改文件	6列	BB	信息 X13
4列	A*	信息 X13	7列	X6	信息 X12
5列	B8	修改文件	8列	CC	信息 X13,X12

以上介绍了白盒测试法和黑盒测试法的几种技术，它们各有优劣，因此要求在实际测试时将两者结合起来使用，以黑盒测试法为主、白盒测试法为辅，即采用综合测试方法，其策略如下。

- 任何情况下都应使用边界值分析设计测试用例。
- 必要时采用等价分类法补充用例。
- 必要时采用错误推测法和因果图法补充用例。
- 对照程序逻辑，检查设计用例的逻辑覆盖标准。根据程序可靠性要求，补充测试用例使之达到规定的覆盖标准。

4. 错误推测法

错误推测法是基于经验和直觉推测程序中所有可能存在的错误，从而有针对性地设计测试用例的方法。

错误推测方法的基本思想是：列举程序中所有可能存在的错误和容易发生错误的特殊情况，并根据它们选择测试用例。例如，输入数据为0和输出数据为0的情况；输入表格为“空”或输入表格只有一行，这些都是容易发生错误的情况。所以可以选择这些情况下的例子作为测试用例。

例如，对于一个排序程序，可以列出以下几种特别需要检查的情况。

① 输入表为空。

② 输入表中只有一行。

③ 输入表中的所有行都具有相同的值。

④ 输入表已经是排序的。

8.3 软件测试的策略

软件测试的项目工作量常比其他软件工程活动都多，如果测试只是偶然地进行，则既浪费时间，也浪费工作量，甚至仍然存在错误。因此，有必要建立系统化的测试软件。软件测试策略应具备足够的灵活性，它才能够有足够的创造性和可塑性应对所有大型软件系统，同时它必须足够严格，这样才能保证对项目的整个进程进行合理的计划和跟踪管理。软件测试策略必须提供可以检验一小段源代码是否得以正确实现的底层测试，并且提供能够验证整个软件的功能是否符合用户需求的高层测试。

软件测试策略主要考虑：如何把设计测试用例的技术组织成一个系统的、有计划的测试步骤。从模块开始逐级向外扩展，直至整个系统测试完毕。

测试策略应包含测试规划、测试用例设计、测试实施和测试结果收集评估等。其中，测试规划包括测试的步骤、工作量、进度和资源等。本节主要讨论单元测试、组装测试、确认测试、系统测试、α 测试与 β 测试及其测试过程。

8.3.1 单元测试

单元测试也称模块测试，这是针对软件设计的最小单位模块进行正确性检验的测试工作，其目的在于发现模块内部可能存在的各种差错，如编码和详细设计的错误。单元测试的依据是详细设计描述，单元测试应对模块内所有重要的控制路径设计测试用例，以便发现模块内部的错误。单元测试多采用白盒测试法，系统内多个模块可以并行地进行测试。

1. 单元测试任务

(1) 单元测试任务的内容如下。

① 模块接口测试。

② 模块局部数据结构测试。

③ 模块中重要的执行通路测试。

④ 模块各条错误处理通路测试。

⑤ 模块边界条件测试。

(2) 模块接口测试是单元测试的基础。如果数据不能正确流入和流出模块，则其他测试都是没有意义的。对模块接口的测试主要应考虑下列因素。

① 输入的实际参数与形式参数的个数是否相同。

② 输入的实际参数与形式参数的属性是否匹配。

③ 输入的实际参数与形式参数的单位系统是否匹配。

④ 调用其他模块时，所给实际参数的个数是否与被调模块的形参个数相同。

⑤ 调用其他模块时，所给实际参数的属性是否与被调模块的形参属性匹配。

⑥ 调用其他模块时，所给实际参数的单位系统是否与被调模块的形参单位系统一致。

⑦ 调用预定义函数时,所用参数的个数、属性和次序是否正确。

⑧ 是否存在与当前入口点无关的参数引用。

⑨ 是否修改了只读型参数。

⑩ 全程变量的定义和用法在各个模块中是否一致。

⑪ 是否把某些约束作为参数传递。

(3) 当模块完成外部的输入或输出时,还应该考虑下列因素。

① 文件属性是否正确。

② OPEN/CLOSE 语句是否正确。

③ 格式说明与输入/输出语句是否匹配。

④ 缓冲区大小与记录长度是否匹配。

⑤ 文件使用前是否已经打开。

⑥ 是否处理了文件尾。

⑦ 是否处理了输入/输出错误。

⑧ 输出信息中是否有文字性错误。

(4) 由于局部数据结构往往是错误的根源,所以要检查局部数据结构,以保证临时存储在模块内的数据在程序执行过程中完整和正确。要求在设计测试用例时应该尽量发现以下几类错误。

① 不合适或不相容的类型说明。

② 变量未赋值或未初始化。

③ 变量初始化错或默认值错。

④ 不正确的变量名(拼错或不正确地截断)。

⑤ 出现上溢、下溢和地址异常。

除局部数据结构外,单元测试时最好能够查清全局数据对模块的影响。

(5) 由于通路不可能进行穷尽测试,所以在进行单元测试时应选择最具有代表性的、最可能发现错误的执行通路进行测试。此时设计测试方案主要用来发现由于错误的计算等造成的错误,因此要求在设计测试用例时应尽量发现以下几类错误。

① 误解或用错了算符优先级。

② 混合运算类型不匹配。

③ 变量初值有错。

④ 精度不够。

⑤ 表达式符号有错。

(6) 比较判断与控制流紧密相关,比较之后常发生控制流的变化,测试用例还应尽量发现以下错误。

① 不同数据类型的对象之间进行比较。

② 错误地使用逻辑运算符或优先级。

③ 因计算机表示精度的问题,期望理论相等而实际不相等的两个量相等。

④ 比较运算或变量出错。

⑤ 循环终止条件有错。

⑥ 遇到发散的迭代时不能终止循环。

⑦ 循环变量修改有错。

(7) 一个良好的系统中应能够预见各种出错条件,并设置各种出错处理通路,出错处理通路同样需要认真测试,测试用例应尽量发现下列可能发生的错误。

① 输出的出错信息难以理解。

② 记录的错误与实际遇到的错误不符。

③ 在程序自定义的出错处理段运行之前系统已介入。

④ 错误处理不当。

⑤ 错误描述中不能提供足够的信息以定位出错位置。

模块边界条件测试是单元测试中最后也是最重要的一项任务。由于软件经常在边界上失效,因此可采用边界值分析技术,针对边界值及其左右边界值设计测试用例,更有可能发现软件中的错误。

2. 单元测试过程

一般认为单元测试应紧接在编码之后,当源程序编制完成并通过复审和编译检查,便可开始单元测试。测试用例的设计应与复审工作相结合,根据设计信息选取测试数据,这样将增大发现上述各类错误的可能性。在确定测试用例的同时,应给出期望结果。

为了对模块进行测试,应开发一个驱动程序和若干桩模块,用来对软件进行测试,驱动程序一般称为主程序,主要完成接收测试数据并将这些数据传递到被测试模块,并负责最后显示结果;桩模块用于替代那些真正附属于被测模块的模块,内部只做少量数据处理,提高模块的内聚度可简化单元测试,如果每个模块只能完成一个独立功能,那么进行单元测试会更容易,测试用例数目将明显减少,模块中的错误也更容易被发现。

8.3.2 组装测试

时常有这样的情况发生:每个模块都能单独工作,但将这些模块集成在一起之后却不能正常工作。主要原因是在模块相互调用时接口会引入许多新问题。例如,数据经过接口可能丢失;一个模块对另一模块可能造成不应有的影响;几个子功能组合起来不能实现主功能;误差不断积累达到不可接受的程度;全局数据结构出现错误;等等。组装测试是组装软件的系统测试技术,组装测试又称集成测试,按设计要求把通过单元测试的各个模块组装在一起之后,进行组装测试可以发现与接口有关的各种错误。

某些设计人员习惯于把所有通过单元测试的模块一次性地全部组装构成系统,即"一步到位",然后进行整体测试,这种方式称为非增量式集成,其结果往往是混乱不堪的,会遇到许许多多的错误,错误的修正也非常困难,并且在改正一个错误的同时又不可避免地会引入新的错误,于是更难判断出错的原因和位置。增量式集成方法是一步到位方法的对立面,程序逐级扩展,测试的范围逐步增大,错误易于定位和纠正,接口也更容易进行彻底的测试。本节将讨论这两种增量式集成方法。

1. 自顶向下集成

模块集成的顺序是首先继承主控模块(主程序),然后按照控制层次结构向下进行集成。从属于(和间接属于)主控模块的模块按照深度优先或者广度优先的方式集成到整个结构中。

如图 8.5 所示,深度优先集成首先集成结构中的一个主控路径下的所有模块。主控路径的选择是有些随意的,它依赖于应用程序的特性。例如,选择最左边的路径,模块 M_1、M_2 和 M_3 将会首先进行集成,然后是 M_8 或者 M_6(如果对 M_2 的适当功能是必要的),然后开始构造中间和右边的控制路径。广度优先集成首先沿着水平方向把每层所有直接从属于上一层模块的模块集成起来,在图 8.5 中,模块 M_2、M_3 和 M_4 首先进行集成,然后是下一层的 M_5 和 M_6,然后继续。

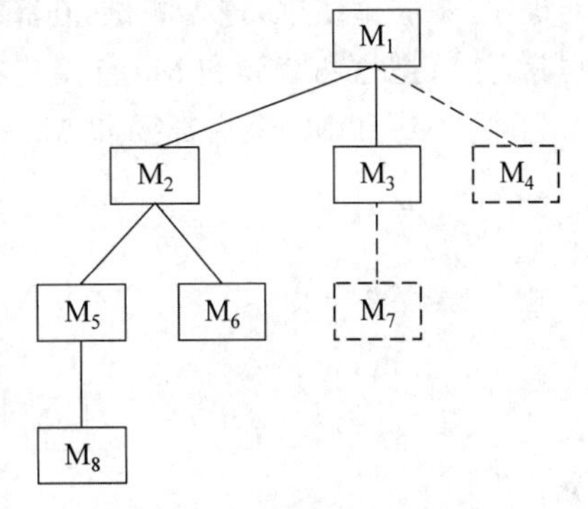

图 8.5　自顶向下集成示意

自顶向下集成策略的实现步骤如下。

① 主控模块被用作测试驱动程序,所有的桩模块替换为直接从属于主控模块的模块。

② 根据集成的实现方法(深度优先或广度优先),下层的桩模块一次一个地被替换为真正的模块。

③ 在每个模块集成时也都要进行测试。

④ 在完成每次测试之后,又有一个桩模块被用真正的模块替换。

⑤ 为避免引入新的错误,需要不断进行回归测试(部分或全部重复已做过的测试)。自顶向下策略相对来说并不复杂,它在测试过程的早期验证主要的控制和决策点。在实践过程中,可能会出现逻辑上的问题,最常见的问题出现在当需要首先对较低层次进行足够的测试后才能完成高层测试时。在开始自顶向下测试时,桩模块代替了低层的模块,因此在程序结构中就不会有重要的数据向上传递,解决这个问题有以下 3 种选择。

把测试推迟到桩模块被换成实际的模块之后再进行;开发能够实现有限功能的用来模拟实际模块的桩模块;从层次结构的最低部向上对软件进行集成。

第一种实现方法实际上又退回了非增量式集成方法,因此失去了对需要特定测试的特定模块组合之间的对应性控制,难以确定错误发生的原因,并且会违背自顶向下方法的高度受限的本质;第二种方法是可行的,但是会导致很大的额外开销,因为桩模块会变得越来越复杂;第三种方法即自底向上测试法,比较切实可行。

2. 自底向上集成

顾名思义,自底向上集成测试是从原子模块(如在程序结构的最底层模块)开始进行构造和测试的,因为模块是自底向上集成的,在进行测试时要求所有从属于某个给定层次的模块总是存在,所以不再有使用桩模块的必要。

自底向上集成策略的实现步骤如下。

① 底层构件被组合成能够实现软件特定子功能的簇或结构。

② 写一个驱动程序(供测试用的控制程序)以协调测试案例的输入和输出。

③ 对簇或结构进行测试。

④ 删除驱动程序,沿着程序结构的层次向上对簇或结构进行组合。从第一步开始循环执行上述各步骤,直至整个程序构造完成。

如图 8.6 所示,首先把所有构件聚集成 3 个簇:簇 1、簇 2、簇 3,然后对每个簇使用驱动程序(图中虚线框)进行测试,在簇 1 和簇 2 中的构件从属于 M_a,把驱动程序 D_1 和 D_2 删除,然后把这两个簇和 M_a 直接连在一起。类似地,驱动程序 D_3 也在模块 M_b 集成之前删除。M_a 和 M_b 最后都要和 M_c 一起进行集成,以此类推。

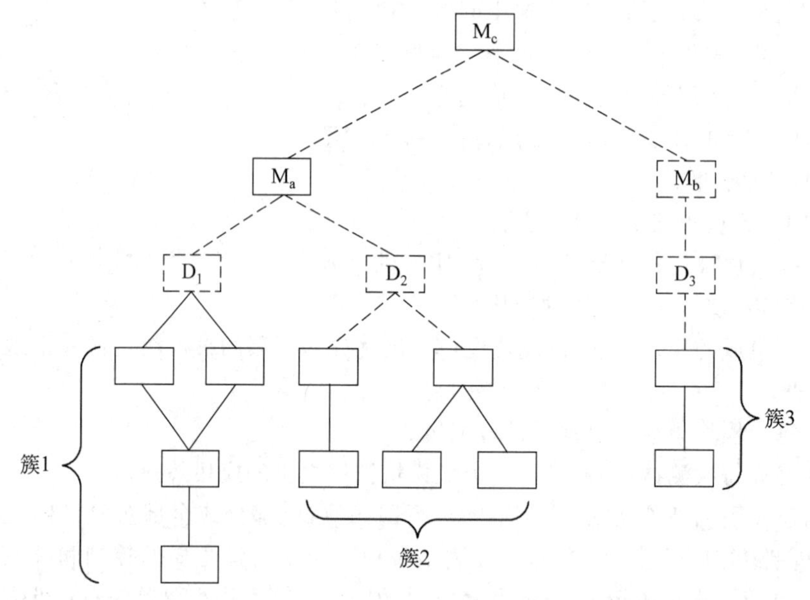

图 8.6　自底向上集成示意

在向上进行集成的过程中,对单独的测试驱动程序的需求有所减少。而如果程序结构的最上两层是自顶向下集成的,那么所需的驱动程序数目就会明显减少,而且簇的集成也会简化。

一般来说,一种策略的优点正好是另一种策略的缺点,针对上述两种方法而言,自顶向下的方法的主要缺点是桩模块和与桩模块有关的附加测试较困难,该问题可以由主要控制功能的尽早测试解决;自底向上集成的主要缺点是直到最后一个模块被加入后才能看到整个程序框架,该缺点可由简单的测试案例设计和不用桩模块弥补。

集成策略的选择依赖于软件的特性,有时候还依赖于项目的进度安排。总而言之,综合测试可能是比较好的折中策略,即在程序结构下面的较低层测试中使用自底向上策略,而在高层测试中使用自顶向下策略。

另外,在集成测试过程中,测试人员应能够识别关键模块。关键模块具有下列特性中的一个或多个:①同时对应多个软件需求;②含有高层测试;③本身比较复杂或者容易出错;④含有确定性和特殊的性能需求。

关键模块应该尽可能早地进行测试,并且反复对关键模块进行回归测试。

3. 组装测试文档

软件集成的总体计划和详细的测试描述要按照测试规约写入文档,该文档包含测试计划和测试规程,是软件工程中的重要文件。组装测试文档将作为软件配置的一部分交给用户。

以下是测试文档及测试说明书的提纲要求。

测试说明书提纲

Ⅰ. 测试范围

Ⅱ. 测试计划

  A. 测试的各个阶段以及划分簇的情况

  B. 集成测试的进度安排

  C. 附加开销软件(驱动和桩模块)

  D. 环境和资源

Ⅲ. 测试过程 m(关于第 m 个簇测试过程的描述)

  A. 组装顺序

    1. 用途

    2. 被测模式

  B. 簇中各模块的单元测试情况

    1. 模块 n 的测试描述

    2. 附加开销软件(驱动和桩模块描述)

    3. 期望结果

  C. 测试环境、资源

    1. 特殊的工具或技术

    2. 附加开销软件的描述

  D. 测试用例

  E. 簇 m 的期望结果

Ⅳ. 实际测试结果、问题、特例等

Ⅴ. 参考文献和附录

当然,测试说明书的提纲也可以根据软件开发组织的具体需要进行裁剪。然而,在测试计划中的集成策略和在测试过程中描述的测试细节是最基本的成分,是必须出现的。

8.3.3 确认测试

通过综合测试之后,软件已完全组装起来,接口方面的错误也已排除,软件测试的最后一步——确认测试即可开始。确认测试应检查软件能否按合同要求进行工作,即是否满足软件需求说明书中的确认标准。但是一个简单的定义是当软件可以按照用户合理的期望方式工作时,确认计算成功,那么“谁或者什么可以作为合理的期望的裁定者呢?”

1. 确认测试标准

软件确认通过一系列证明软件功能和需求一致的黑盒测试完成。测试计划列出了要进行的测试种类，并定义了为发现和需求不一致的错误而使用的详细测试案例的测试过程。计划和过程都是为了保证所有功能需求都能得到满足，所有需求都能达到，文档是正确且合理的，其他需求也都能满足(如可以执行、兼容性、错误恢复、可维护性)。

在每个确认测试案例被进行时，会出现以下两种可能的条件之一：①功能和性能指标满足软件需求说明的要求，用户可以接受；②软件不满足软件需求说明的要求，要列出问题清单。如果项目进行到这个阶段才发现严重的错误和偏差，则一般很难在预定的工期内改正，因此必须与用户协商，寻求一个妥善解决问题的方法。

2. 配置复审

确认测试的另一个重要环节是配置复审。复审的目的在于保证软件配置齐全、分类有序，并且有支持软件生存周期的维护阶段的必要细节。配置复审有时候也被称为审计。

3. α、β 测试

软件开发者想要预见用户如何使用程序是不可能的。使用的命令可能会被误解，还可能经常有奇怪的数据组合出现，输出对测试者来说似乎很清晰，但这个领域的用户可能会无法理解。

如果软件是给某个用户开发的，则需要进行一系列的接收测试以保证用户对所有的需求都满意。接收测试是由最终用户而不是由系统开发者进行的，它的范围从非正式的"测试驱动"直到有计划的系统化进行的系列测试。事实上，接收测试可以进行几周或者几个月，因此可以发现随着时间的流逝可能会影响系统的累积错误。

如果一个软件是给多个用户使用的，那么让每个用户都进行正式的接收测试是不切实际的。此时多采用被称为 α、β 测试的过程，以期发现那些似乎只有最终用户才能发现的问题。

α 测试是指软件开发公司组织内部人员模拟各类用户对即将面市的软件产品(称为 α 版本)进行测试，试图发现错误并修正，有时也称室内测试。α 测试的关键在于尽可能逼真地模拟实际运行环境和用户对软件产品的操作，并尽最大努力涵盖所有可能的用户操作方式，α 测试是在一个受控的环境中进行的。

经过 α 测试调整的软件产品称为 β 版本。由软件的最终用户在一个或多个用户场所进行，不同于 α 测试，开发者通常不会在场，因此 β 测试是软件在开发者不能控制的环境中的"活的"应用。用户记录下所有在 β 测试中遇到的(真正的或是假想中的)问题，并定期把这些问题报告给开发者，在接收到 β 测试的问题报告之后，开发者对系统进行最后的修改，然后开始准备向所有用户发布最终的软件产品。

8.3.4 系统测试

计算机软件是基于计算机系统的一个重要组成部分，软件开发后应能够与系统中的其他成分集成(如硬件、人、信息)在一起,此时需要进行一系列系统集成和确认测试。这些测试不属于软件工程过程的研究范围,而且也不是由软件开发人员进行的。然而,它能够大幅增加软件在大型系统中成功进行集成的可能性。

在系统测试之前,测试者应能够预料到潜在的接口问题,而且要完成以下工作。设计测试所有从系统的其他元素发来的信息的错误处理路径;在软件接口进行一系列仿真错误数据或者其他潜在错误的测试;记录测试的结果,为系统测试提供经验和帮助;参与系统测试的计划和设计以保证系统进行了足够和合理的测试。

系统测试实际上是对整个基于计算机系统进行考验的一系列不同的测试。尽管每个测试都有不同的目的,但所有测试都是为了整个系统成分能正常地集成到一起并且完成分配的功能。下面简单讨论几个系统测试。

1. 恢复测试

许多基于计算机的系统必须在一定时间内从错误中恢复过来,然后继续运行。在有些情况下,一个系统必须是可以容错的,也就是运行过程中的错误不能使整个系统的功能都停止。在另外一些情况下,一个系统错误必须在一个特定的时间段之内改正,否则就会造成严重的损失。而恢复测试主要检查系统的容错能力。

恢复测试是通过各种手段,让软件强制性地以一系列不同的方式发生故障,然后验证系统是否能正常恢复的一种系统测试方法。如果恢复是自动的(由系统本身进行的),则重新初始化、检查点机制、数据恢复和重启动都要进行正确验证。如果恢复时需要人工干预,那么就要估算平均修复时间(Mean Time To Repair,MTTR)是否在可以接受的范围内。

2. 安全测试

安全测试用来验证集成在系统内的保护机制是否能够保护系统不受非法侵入,即系统的安全必须能够经受住正面的攻击,同时能够经受住侧面和背后的攻击。

在安全测试过程中,测试者扮演着一个试图攻击系统的角色,可以采用各种办法试图突破防线,例如:

① 尝试通过外部手段获取系统的密码。

② 使用可以瓦解任何防守的软件攻击系统。

③ 把系统“制服”,使得他人无法访问。

④ 有目的地引发系统错误,期望在系统恢复过程中进入系统。

⑤ 通过浏览非保密的数据,从中找到进入系统的钥匙。

一般来讲,只要有足够的时间和资源,好的安全测试最终一定能够侵入一个系统。

系统安全设计的任务是把系统设计得更加安全,要使攻破系统而付出的代价大于攻破系统之后得到的信息的价值。

3. 强度测试

白盒测试和黑盒测试对正常的程序功能和性能进行了详尽的检查。强度测试

(Stress Testing)的目的是处理非正常的情形。

强度测试需要在反常数量、频率或容量的方式下执行系统。例如：

① 当平均每秒出现一个或两个中断的情形下，应对每秒出现10个中断的情形进行特殊测试。

② 把输入数据的量提高一个量级，测试输入功能会如何响应。

③ 执行需要最大内存或其他资源的测试用例。

④ 使用在虚拟操作系统中会引起颠簸的测试用例。

⑤ 可能会引起大量的磁盘驻留数据的测试实例。

从本质上来讲，测试者是为了破坏程序。强度测试的一个变体是一种被称为敏感性测试的技术。有些情况下，在有效数据界限内的一个很小范围的数据可能会引起极端甚至错误的运行，或者引发性能急剧下降。敏感性测试就是要发现有效数据输入类中的可能会引发不稳定或者错误处理的数据组合。

4. 性能测试

在实时系统和嵌入系统中，提高符合功能需求但不符合性能需求的软件是不能接受的。性能测试就是用来测试软件在集成系统中的运行性能的。性能测试可以发生在测试过程的所有步骤中，即使在单元层，一个单独模块的性能也可以使用白盒测试进行评估，但是只有当整个系统的所有成分都集成到一起之后，才能检查一个系统真正的性能。

性能测试常与强度测试一起进行，并且需要硬件和软件设备的配套支持，即在一种苛刻的环境中衡量资源利用经常是有必要的。外部的测试设备可以检测执行的间隔，当出现情况时记录下来。通过对系统的监测，测试者可以发现导致效率低下和系统故障的情况。

8.4 排错技术

软件测试的目的是尽可能多地发现错误，然后改正错误，根本目的是以较低的成本开发出高质量且完全符合用户需求的软件。所以，在进行成功的测试之后，需要诊断和改正程序中的错误，这就是排错的任务。详细来说，排错过程由两个步骤组成，它从程序中存在错误的某些迹象开始，第一步是确定错误发生的准确位置，找到出错的相应模块或者接口；第二步是仔细研究这段代码，以确定问题的原因并设法改正错误。

在测试暴露了错误之后，应确定发生错误的准确位置，然后修改设计或代码以解决问题，在修改以后还要再次进行测试，以确定修改是否有效，无效则再次修改设计或代码。当然，在修改以后可能会引进新的错误，发现后还要对此错误进行修改。

如图8.7所示，排错过程从执行一个测试用例开始，得到执行结果并且发生了预期结果与实际结果不一致的情况。在许多情况下，这种不一致表明还有隐藏的问题。排错过程试图找到症结的原因，从而能够改正错误。

排错过程总会有以下两种结果之一：①发现问题的原因并将其改正；②未能发现问题的原因。若是后一种情况，则排错人员应假设一个错误原因，设计测试用例以验证此假设并重复此过程，直到改正错误。

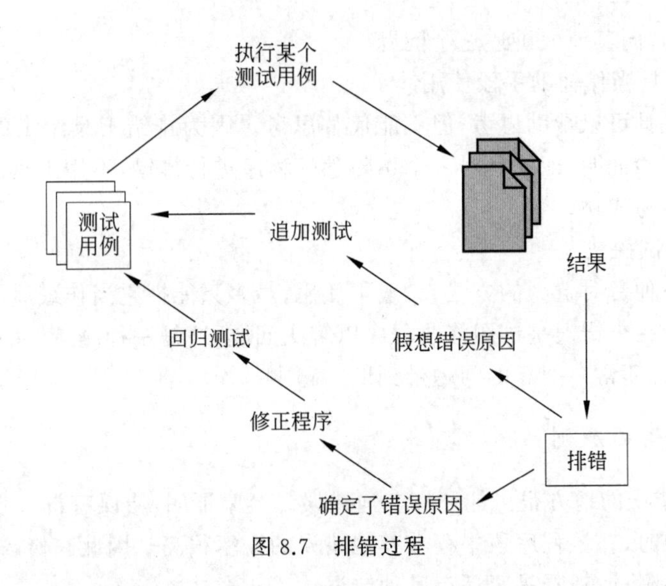

图 8.7 排错过程

排错是一个相当艰苦的过程，除了开发人员心理方面的障碍外，还因为隐藏在程序中的错误具有下列特殊性质。

① 错误的外部征兆远离引起错误的内部原因，对于高度耦合的程序结构，此类现象更为突出。

② 纠正一个错误会造成另一个错误现象的消失或暂时消失。

③ 一些错误征兆只是假象。

④ 因操作人员一时疏忽而造成的某些错误征兆不易追踪。

⑤ 错误可能是和时间相关的，而不是程序造成的。

⑥ 很难重新构造完全一样的输入条件(如一个输入顺序不确定的实时应用)。

⑦ 错误的表象时有时无，这在嵌入式系统中比较常见。

⑧ 错误可能是由于把任务分布在不同处理机上运行而造成的。

在软件调试过程中可能遇见大大小小、形形色色的问题。随着问题的增多，调试人员的压力也随之增大。过分的紧张会导致开发人员在排除一个问题的同时又引入更多的新问题。

8.4.1 排错的原则

排错由确定错误的性质和位置以及改正错误两部分组成。排错原则也分为两部分。

1. 确定错误的性质和位置的原则

(1) 思考与错误征兆有关的信息

最有效的调试方法是用头脑分析与错误征兆有关的信息，程序排错人员应能做到不使用计算机就能够确定大部分错误。

(2) 避开死胡同

如果程序排错人员走进了“死胡同”或者陷入了绝境，则最好暂时把问题抛开，留到第二天再考虑，或者向其他人讲述这个问题。

（3）排错工具当作辅助手段使用

利用排错工具可以帮助思考，但不能代替思考。因为排错工具给出的是一种无规律的排错方法。实验证明，即使是对一个不熟悉的程序进行排错，不用工具的人往往也比使用工具的人更容易成功。

（4）避免用试探法

试探法是一种费时费力的方法，一般不使用，最多只能把它当作最后的手段。初学调试的人最常犯的一个错误是试图修改程序以解决问题，这是一种碰运气的盲目行为，成功的概率很小，而且还常会把新的问题带到旧问题中。

2. 修改错误的原则

① 在出现错误的地方很可能还有其他错误。经验证明，错误有群集现象。当在某一程序段发现错误时，在该程序段中存在其他错误的概率很高。因此在修改一个错误时，还要检查一下它的附近，查看是否还有其他错误。

② 修改错误的一个常见失误是只修改了这个错误的征兆或表现，而没有修改错误本身。如果提出的修改不能解释与这个错误有关的全部线索，则表明只修改了错误的一部分。

③ 当心在修改一个错误的同时有可能会引入新的错误。人们不仅需要注意做出不正确的修改，而且还要注意看起来正确的修改可能会带来的副作用，即引入新的错误。因此在修改错误之后，必须进行回归测试，以确认是否引入了新的错误。

④ 修改错误的过程将迫使人们暂时回到程序设计阶段。修改错误也是程序设计的一种形式。一般说来，在程序设计阶段使用的任何方法都可以应用到错误修正的过程中。

尽管排错有很多困难，也与人的心理因素有关，但还是有若干行之有效的方法和策略可供运用，下面介绍常用的排错方法。

8.4.2 排错方法

无论排错使用什么样的方法，它都有一个最主要的目标：寻找错误的原因并改正。这个目标是通过系统的评估、直觉和运气组合在一起完成的，它就是通常所说的调试。总体来说有以下 3 种排错方法：原始类(Brute Force)排错法、回溯类(Back Tracking)排错法和排除类(Cause Eliminations)排错法。

原始类排错法是最常用也是最低效的方法，只有在万般无奈的情况下才会使用它，其主要思想是“通过计算机找错”。例如输出存储器、寄存器的内容，在程序中安排若干 WRITE 语句等。凭借大量现场信息，从中找到出错的线索，虽然最终也可能成功，但终究要耗费大量的时间和精力。

回溯类排错法是在小程序中经常能够奏效的常用排错方法，其方法是从出现错误的征兆开始，人工地沿着控制流程往回追踪，直至发现出错的根源。但是当程序变大后，可能的回溯路线显著增加，以致人工进行完全回溯不可能实现。

排除类排错法是基于归纳和演绎原理，采用分治的概念实现的。对和错误发生相关的数据进行分析以寻找可能的原因，列出发生错误的所有可能原因，然后逐个排除，最后找出真正的问题所在。这种方法分为归纳法和演绎法。

1. 归纳法

归纳法就是从特殊到一般。具体地，根据一些线索（错误迹象）着手，寻找它们之间的联系，常常可以查出错误所在。

归纳法的工作过程如图 8.8 所示，可以分为以下 4 步。

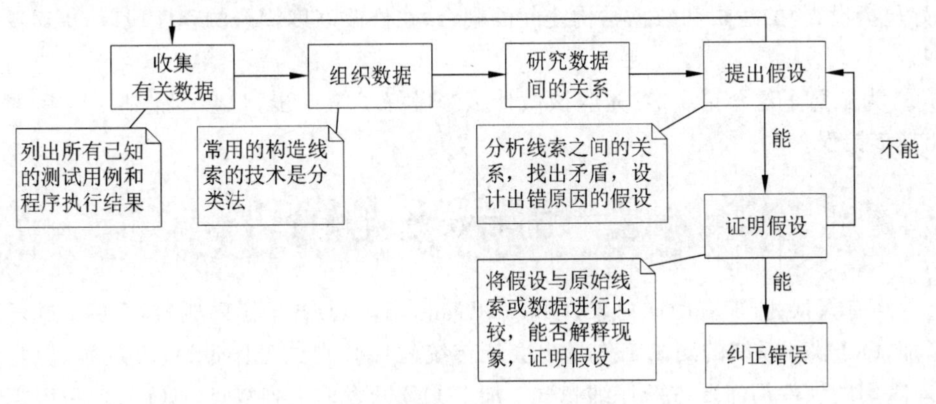

图 8.8 归纳法的工作过程

① 收集并设置相应数据。
② 组织这些数据。
③ 研究数据之间的关系并设置假设。
④ 证明假设。

2. 演绎法

演绎法是从一般到特殊，从一些总的推测或前提出发，运用排除和推理过程得出结论。具体地，演绎法首先列出所有可能的原因和假设，然后去除一个又一个的特殊原因，直到留下一个主要错误原因。

图 8.9 所示是演绎法的工作过程，其基本过程如下。

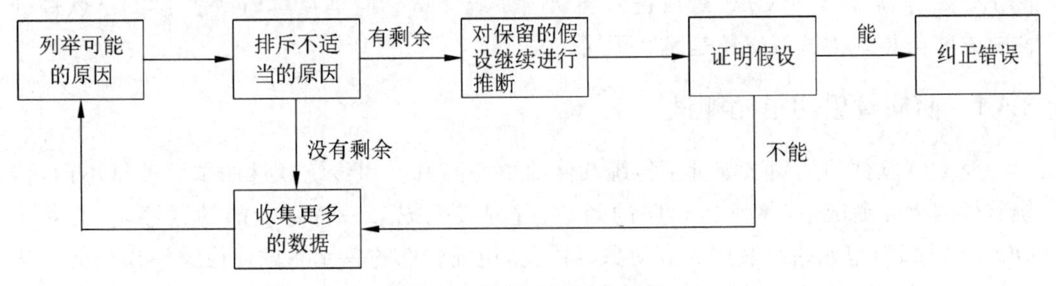

图 8.9 演绎法的工作过程

① 列举可能的错误原因和假设。

② 使用这些数据划去次要的原因。

③ 对保留的假设继续进行推断。

④ 证明假设的正确性。

由于修改一个错误可能会引入其他错误，因此在每次修改前都要考虑以下几个问题。

① 这个错误出现的原因在程序的其他部分也产生过吗？在某些情况下，一个程序错误是由错误的逻辑模式引起的，而这种逻辑模式可能会在其他地方出现过。

② 本次修改可能会引发的下一个错误是什么？在修改之前，必须认真地研究源代码（最好包括设计）的逻辑和数据结构之间的耦合，在修改高度耦合的程序段时，更需要注意这一点。

③ 为了防止这个错误，首先应该做什么？做好了第一步，就会尽量避免今后的程序中出现该错误。

8.5 面向对象的测试

曾经有人认为，随着面向对象（Object-Oriented，OO）技术走向成熟，重用的软件会不断增加，OO 软件系统的测试工作量也会比传统软件的测试工作量逐渐减少。但实践表明，对重用的软件仍需要重新仔细测试。加上 OO 开发的下列特点，OO 软件系统需要比传统软件系统更多而不是更少的测试。

首先，OO 软件中的类/对象在 OOA 阶段就开始定义了。如果在某个类中多定义了一个无关的属性，则该属性又多定义了两个操作，则在 OOD 与随后的 OOP 中均将导致多余的代码，从而增加测试的工作量。所以有人认为，OO 测试应扩大到包括对 OOA 和 OOD 模型的审核，以便尽早发现错误。

其次，OO 软件是基于类/对象的，而传统软件则基于模块。这一差异对软件的测试策略与测试用例的设计均带来了不小的改变，增加了测试的复杂性。本节仅就 OO 软件的测试策略和测试用例的设计进行简要介绍。

传统的测试计算机软件的策略从“小型测试”开始，逐步走向“大型测试”，从单元测试开始，依次进行组装测试、确认测试和系统测试，最后系统作为一个整体被测试，以保证需求中的错误被发现。从大致过程上来讲，OO 软件测试和传统软件测试一样，也是从单元测试开始，然后经集成测试，最后进入确认与系统测试。但是在具体做法上，OO 软件的测试策略与传统测试策略还是略有不同。

8.5.1 面向对象的单元测试

对 OO 软件的类测试等价于传统软件的单元测试。和传统软件的单元测试不同，传统软件的单元测试中，单元指程序的函数、过程或完成某一特定功能的程序块，而对于 OO 软件而言，单元指封装的类和对象。因此，传统软件的单元测试往往关注模块的算法细节和在模块接口之间流动的数据，而 OO 软件的类测试是由封装在类中的操作和类的状态行为所驱动的，它并不是孤立地测试单个操作，而是把所有操作都看成类的一部分，全面地测试类和对象所封装的属性以及操纵这些属性的操作的整体。具体地说，在 OO

的单元测试中，不仅要发现类的所有操作中存在的问题，还要考查一个类与其他类协同工作时可能出现的错误。

面向对象编程的特性使得对成员函数的测试不完全等同于传统的函数或过程测试。尤其是继承特性和多态特性，使子类继承或重载的父类成员函数出现了传统测试中未遇见过的问题。

8.5.2 面向对象的集成测试

传统的集成测试是采用自顶向下、自底向上或两者混合的两头逼近策略，通过渐增方式集成功能模块进行的测试。但面向对象程序没有层次的控制结构，相互调用的功能也分散在不同类中，类通过消息的相互作用申请和提供服务，所以渐增式的集成测试方法不再适用。此外，面向对象程序具有动态特性，程序的控制流往往无法确定，因此只能做基于黑盒方法的集成测试。

OO的集成测试主要关注系统的结构和内部的相互作用，以便发现仅当各类相互作用时才会产生的错误。OO软件的集成测试有两种不同的策略：基于线程的测试(Thread-Based Testing)和基于使用的测试(Use-Based Testing)。基于线程的测试用于集成系统中指对一个输入或事件做出回应的一组类，多少个线程就对应多少类组，每个线程被集成并分别测试；基于使用的测试是指从相对独立的类开始构造系统，然后集成并测试调用该独立类的类，一直持续到构造完整的系统。

在进行集成测试时，将类关系图或者实体关系图作为参考，确定不需要被重复测试的部分，从而优化测试用例，减少测试工作量，使得测试能够达到一定覆盖标准。测试所要达到的覆盖标准可以是：达到类的所有服务要求或服务提供的一定覆盖率；依据类之间传递的消息达到对所有执行线程的一定覆盖率；达到类的所有状态的一定覆盖率等。同时也可以考虑使用现有的一些测试工具得到程序代码执行的覆盖率。

8.5.3 面向对象的确认测试

单元测试和集成测试仅能保证软件开发的功能得以实现，不能确认在实际运行时它是否满足用户的需求、是否大量存在在实际使用条件下会被诱发产生错误的隐患。因此，完成开发的软件必须经过规范的确认测试和系统测试。

OO软件的确认测试与系统测试会忽略类连接的细节，主要采用传统的黑盒法对OOA阶段的用例所描述的用户交互进行测试。同时，OOA阶段的对象-行为模型、事件流图等都可以用于导出OO系统测试的测试用例。

系统测试应尽量搭建与用户的实际使用环境相同的测试平台，应保证被测系统的完整性，对暂时还没有的系统设备部件，也应有相应的模拟手段。系统测试时，应参考OOA分析的结果，对应描述的对象、属性和各种服务，检测软件是否能够完全“再现”问题空间。系统测试不仅是检测软件的整体行为表现，从另一个侧面看，它也是对软件开发设计的再确认。

8.6 软件测试计划与测试分析报告

1. 软件测试计划

“工欲善其事，必先利其器。”专业的测试必须以良好的测试计划为基础。软件测试是有计划、有组织和有系统的软件质量保证活动，而不是随意的、松散的、杂乱的实施过程。为了规范软件测试内容、方法和过程，在对软件进行测试之前，必须创建测试计划。

那么测试计划到底是什么？它又包含哪些方面的内容呢？《ANSI/IEEE 软件测试文档标准 829—1983》对软件测试计划的定义是：一个叙述了预定的测试活动的范围、途径、资源及进度安排的文档，它确认了测试项、被测特征、测试任务、人员安排以及任何偶发事件的风险。

软件测试计划是指导测试过程的纲领性文件，包含产品概述、测试策略、测试方法、测试区域、测试配置、测试周期、测试资源、测试交流、风险分析等内容。借助软件测试计划，参与测试的项目成员，尤其是测试管理人员可以明确测试任务和测试方法，保证测试实施过程中的沟通顺畅，跟踪和控制测试进度，从而应对测试过程中的各种变化。

做好软件的测试计划不是一件容易的事情，需要综合考虑各种影响测试的因素，因此要求注意以下几个方面。

① 明确测试的目标，增强测试计划的实用性。当今，任何商业软件都包含丰富的功能，因此软件测试的内容千头万绪，如何在纷乱的测试内容之间提炼出测试的目标，是制定软件测试计划时首先需要明确的问题。测试目标必须是明确的，是可以量化和度量的，而不是模棱两可的宏观描述。另外，测试目标应相对集中，避免罗列出一系列目标，从而轻重不分或平均用力。应根据对用户需求文档和设计规格文档的分析，确定被测软件的质量要求和测试需要达到的目标。

编写软件测试计划的重要目的是使测试过程能够发现更多的软件缺陷，因此软件测试计划的价值取决于它对管理测试项目的帮助，并且找出软件潜在的缺陷。因此，软件测试计划中的测试范围必须高度覆盖功能需求，测试方法必须切实可行，测试工具应具有较高的实用性，便于使用，生成的测试结果应直观、准确。

② 坚持 5W 规则，明确内容与过程。5W 规则指的是“What(做什么)”“Why(为什么做)”“When(何时做)”“Where(在哪里做)”“How(如何做)”。利用 5W 规则创建软件测试计划可以帮助测试团队理解测试的目的(Why)，明确测试的范围和内容(What)，确定测试的开始和结束日期(When)，指出测试的方法和工具(How)，给出测试文档和软件的存放位置(Where)。为了使 5W 规则更具体化，需要准确理解被测软件的功能特征、应用行业的知识和软件测试技术，在需要测试的内容中突出关键部分，可以列出关键及风险内容、属性、场景或者测试技术。对测试过程的阶段划分、文档管理、缺陷管理、进度管理给出切实可行的方法。

③ 采用评审和更新机制，保证测试计划满足实际需求。测试计划写作完成后，如果没有经过评审而直接发送给测试团队，则会因测试计划内容的不准确或遗漏测试内容，或

者因软件需求变更而引起测试范围的增减，测试计划的内容却没有及时更新而误导测试执行人员。

测试计划包含多方面的内容，编写人员可能受到自身测试经验和对软件需求的理解所限，而且软件开发是一个渐进的过程，所以最初创建的测试计划可能是不完善的、需要更新的。需要采取相应的评审机制对测试计划的完整性、正确性、可行性进行评估。例如，在创建完测试计划后，提交到由项目经理、开发经理、测试经理、市场经理等组成的评审委员会进行审阅，根据审阅意见和建议进行修改和更新。

④ 分别制订测试计划与测试详细规格、测试用例。编写软件测试计划要避免的一种不良习惯是测试计划写得大而全、无所不包、篇幅冗长、长篇大论、重点不突出，这样既浪费写作时间，也浪费测试人员的阅读时间。“大而全”的一个常见表现就是测试计划文档包含详细的测试技术指标、测试步骤和测试用例。最好的方法是把详细的测试技术指标包含到独立创建的测试详细规格文档，把用于指导测试小组执行测试过程的测试用例放到独立创建的测试用例文档或测试用例管理数据库中。测试计划和测试详细规格、测试用例之间是战略与战术的关系，测试计划主要从宏观上规划测试活动的范围、方法和资源配置，而测试详细规格、测试用例是完成测试任务的具体战术。

软件测试计划书的撰写也是非常重要的，软件测试计划的基本格式如下。

① 引言

② 测试项目

③ 被测特性

④ 不被测特性

⑤ 测试方法

⑥ 测试通过标准

⑦ 测试挂起和恢复条件

⑧ 应提供的测试条件

⑨ 测试任务

⑩ 测试环境需求

⑪ 角色和职责

⑫ 人员培训

⑬ 测试进度

⑭ 风险及应急计划

2. 测试分析报告

按照测试计划进行测试后，最后要写出测试分析报告，以供参考和评价。测试分析报告有以下基本格式和要求。

(1) 引言

① 编写目的：阐明编写测试分析报告的目的并明确读者对象。

② 项目背景：说明项目的来源、委托单位及主管部门。

③ 定义：列出测试分析报告中所用到的专业术语的定义和英文缩写词的中英文

全称。

④ 参考资料：列出有关资料的作者、标题、编号、发表日期、出版单位或资料来源，包括项目的计划任务书、合同或批文，项目开发计划，需求规格说明书，概要设计说明书，详细设计说明书，用户操作手册，测试计划，测试分析报告所引用的其他资料、采用的软件工程标准或工程规范。

(2) 测试项目

① 机构和人员：给出测试机构名称、负责人和参与测试的人员名单。

② 测试结果：按顺序给出每个测试项目的实测结果数据及与预期结果数据的偏差、该项测试表明的事实、该项测试发现的问题。

(3) 软件需求测试结论

按顺序给出每项需求测试的结论，包括证实的软件功能、局限性(几项需求未得到充分测试的情况及原因)。

(4) 评价

① 软件功能：经过测试所表明的软件功能。

② 缺陷和限制：说明测试中所揭露的软件缺陷和不足，以及可能给软件运行带来的影响。

③ 建议：提出弥补上述缺陷的建议。

④ 测试结论：说明软件测试是否通过。

小　　结

软件测试的目的是尽可能多地发现软件中的错误。由于穷尽测试是不可能实现的，所以必须设计有限的测试用例以发现软件中尽可能多的隐藏错误，测试用例包括测试数据和预期的测试结果两部分。

常用的测试方法有黑盒测试法和白盒测试法。黑盒测试法是接口级的测试方法，通常有等价类划分测试、边界值分析、错误推断测试和因果图测试等方法。

白盒测试法是结构级的测试方法，根据覆盖的程度可分为语句覆盖、判定覆盖、条件覆盖、判定-条件覆盖、条件组合覆盖、路径覆盖等测试方法。

在实施软件测试的过程中，通常是按照单元测试、组装测试、确认测试、系统测试进行的。单元测试在编码阶段进行，是对每个独立的模块实施的单独测试。组装测试是在单元测试的基础上，通过自顶向下组装和自底向上组装的集成方式，将所有模块按照软件设计要求组装成系统的过程。完成组装测试的软件，还必须经过确认测试和专家鉴定后才能交付给用户使用。

不同于传统的面向过程的测试，面向对象的测试必须建立面向对象的测试模型。在面向对象的测试环境中，单元测试、组装测试及确认测试都发生了本质上的改变。

习 题

1. 为什么要进行软件测试？软件测试的目标和原则是什么？

2. 软件测试包括哪几个过程？

3. 为什么要设计测试用例？测试用例包括哪些内容？

4. 试从时间、手段和目的上比较静态测试和动态测试的区别。

5. 什么是白盒测试法？它包括哪几种基本方法？

6. 什么是黑盒测试法？它包括哪几种覆盖标准？

7. 举例说明白盒测试法不能穷举测试的原因。

8. 使用等价类划分方法为一个求解一元二次方程的程序设计足够的测试用例。该程序要求分别打印出：不是一元二次方程，有两个相等的实数根，有两个不等的实根和有复根这四种结果。

9. 请使用语句覆盖、判定覆盖、条件覆盖给习题8中的程序设计测试用例。

10. 排错的原则和方法有哪些？

11. 试叙述面向对象的单元测试、集成测试和确认测试的内涵。

第9章 软件维护

教学提示：软件维护阶段是软件生存周期中的最后一个阶段，也是耗费时间最长、耗费的精力和费用最多的一个阶段。因此，提高软件的可维护性，减少维护的工作量和费用是软件工程的重要任务。本章主要介绍软件维护的定义和特点、软件维护过程和组织以及逆向工程和再生工程的概念。

教学目标：了解软件维护的定义、分类和特点，掌握软件维护的过程与组织、逆向工程和再生工程，重点掌握软件的可维护性。

本书已按软件工程的观点介绍了软件开发(指设计、编码和测试)的全过程。在软件开发过程中，本书始终强调软件的可维护性，原因是：一个应用系统由于需求和环境的变化以及自身暴露的问题，在交付用户使用后，对它进行维护是不可避免的，而软件后期的维护费用有时竟高达软件总费用的70%，所有前期开发的费用仅占30%。许多大型软件公司为维护已有软件耗费了大量人力、财力。因此，必须建立一套评估、控制和实施软件维护的机制，这就是本章重点讨论的内容。

9.1 软件维护的定义、分类和特点

为了更好地讨论软件维护，首先介绍其具体含义、分类和特点。

9.1.1 软件维护的定义

软件维护是软件生存周期的最后一个阶段，处于系统投入生产性运行以后的时期，因此它不属于系统开发过程。

要想充分发挥软件的作用，以产生良好的经济效益和社会效益，就必须做好软件的维护。一般称在软件运行和维护阶段对软件产品所进行的修改是软件维护。要求进行维护的原因是多种多样的，归结起来有下列3种类型。

① 改正在特定的使用条件下暴露出来的一些潜在程序错误或设计缺陷。

② 在软件使用过程中因数据环境或处理环境发生变化，需要对软件进行适当的修改以适应这种变化。

③ 用户和数据处理人员在使用过程中常会提出改进现有功能、增加新的功能和改善总体性能的要求，为满足这些要求，就需要修改软件以把这些要求纳入软件中。

维护是生存周期中花费最多、延续时间最长的活动。目前，国外许多软件开发组织把60%以上的人力用于维护已有的软件，有些甚至没有余力顾及新软件的开发。典型的情况是：软件维护费用与开发费用的比例为2∶1，一些大型软件的维护费用甚至达到开发费用的40～50倍。这也是造成软件成本大幅上升的一个重要原因。

9.1.2 软件维护的分类

软件维护的最终目的是满足用户对已开发产品的性能与运行环境不断提高的要求，进而达到延长软件寿命的目的。按照每次进行维护的具体目标，又可以将软件维护分为以下4类。

1. 完善性维护

无论是应用软件还是系统软件，都要在使用期间不断完善和加强产品的功能与性能，以满足用户日益增长的需求。开发后立即投入使用的版本是第1版，以后可能有第2版、第3版……因此有些学者建议，软件生存周期应改成“开发→改进→改进→……”才更符合实际。在整个维护的工作量中，完善性维护约占50%～60%，居于第一位。

2. 适应性维护

适应性维护是指为了使软件适应运行环境的改变而进行的一系列维护。其中包括以下几种。

① 因硬件或支撑软件改变(如操作系统改版、增加数据库或者通信协议等)而引起的变化。

② 将软件移植到新的机型上运行。

③ 软件使用对象的较小变更。

这类维护约占整个维护工作量的25%。

3. 纠错性维护

软件测试不可能暴露出一个大型软件系统中所有潜藏的错误，纠错性维护的目的在于纠正开发期间未能发现的遗留错误。对这些相继发现的错误进行诊断和改正的过程就称为纠错性维护。这类维护约占整个维护工作量的20%。

4. 预防性维护

预防性维护是J. Miller首先提出的，他主张：维护人员不要单纯地等待用户提出维护的请求，而应该选择那些还能使用数年、目前虽能运行但不久就须做重大修改或加强的软件进行预先的维护；其直接目的是改善软件的可维护性，减少今后对它们进行修改或加强时所需要的工作量。

早期开发的软件是预防性维护的重要对象。这类软件中的一部分仍在使用，但开发方法陈旧，文档也不齐全。选择其中符合上述条件的软件做预防性维护，对它们的全部或部分程序进行重新设计、编码和测试，J. Miller称之为结构化的翻新，即“把今天的方法用于昨天的系统,以支持明天的需求”。比较而言,在软件维护中,这类维护相对来说是很少的。

软件维护工作量的50%左右是完善性维护,但软件维护不仅仅是在运行过程中纠正软件的错误。各类维护的工作量的经验性估计如图9.1所示。

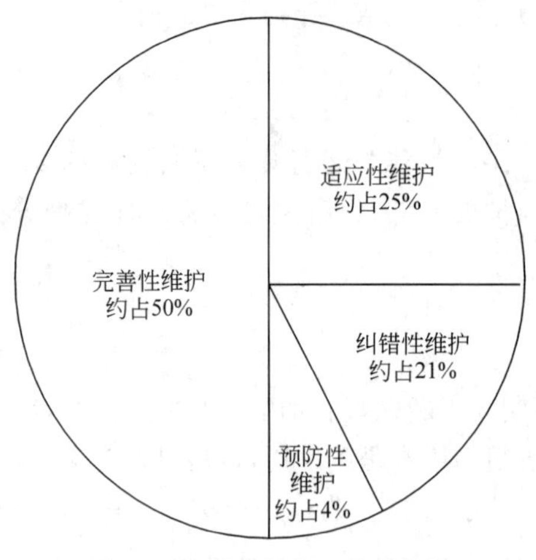

图9.1　各类维护的工作量估计

9.1.3　软件维护的特点

1. 非结构化维护

如果不采用软件工程的方法进行软件开发,那么软件只有程序而缺少文档,维护工作非常难以进行,这是一种非结构化的维护。

2. 结构化维护

若采用软件工程的方法开发软件,则软件开发的各阶段都有相应的文档,以便对软件进行维护工作,这是一种结构化的维护。

3. 维护的特点

非结构化维护。因为只有源程序,而文档很少或没有文档,所以维护活动只能从阅读、理解、分析源程序开始。由于没有需求说明文档,因此只能通过阅读源程序了解系统功能、软件结构、数据结构、系统接口、设计约束等。这样做的结果是软件维护起来非常困难,难以搞清楚问题的本质,并且常会误解上述问题。要想弄清问题本质,则要花费大量的人力、财力,最终修改源程序造成的后果是难以估量的,因为没有测试文档,所以不可能进行回归测试,很难保证程序的正确性。

4. 软件维护的困难

给软件维护工作造成困难的原因主要有以下两个方面。

(1) 软件的开发方法。软件的开发方法会直接影响软件的维护工作,如模块化、详细设计文档将有助于理解软件的结构、界面功能和内部流程。在错误发生后,纠错的难易程度取决于对软件的理解程度。开发过程中严格而科学的管理和规划,以及清晰可靠的文档资料对软件系统的维护会起到非常积极的作用。当然,“纠错工具”的使用也很重要。改进和移植的难易程度与设计阶段所采用的设计方法是密切相关的,例如模块的独立程度对软件修改的难易的影响就很大。

(2) 软件的开发条件。软件开发过程中涉及的软硬件资源特性对软件的维护也有很大影响。

① 软件工作人员的技术水平。

② 使用标准的程序设计语言。

③ 使用标准的操作系统接口。

④ 使用规范化的文档资料。

⑤ 测试用例的有效性。

5. 软件维护的代价

软件维护需要占用更多的硬件、软件、软件工程师等资源；软件维护的工作量模型为

$$M = P + K e^{c-d}$$

式中，M 是维护用的总工作量；P 是生产性工作量；K 是经验常数；e 为常数，值为 2.718 28；c 是复杂程度；d 是维护人员对软件的熟悉程度。

这个模型指明，如果使用了不好的软件开发方法(未按软件工程要求做)，原来参加开发的人员或小组不能参加维护，则工作量及成本将呈指数级增加。

9.2 软件维护过程及组织

软件维护过程本质上是修改、压缩了的软件定义和开发过程。为了更好地完成维护任务，需要建立维护的组织，确定维护报告和评价过程，而且必须为每个维护要求制订一个标准化的事件序列。

9.2.1 软件维护过程

① 先确认维护要求。这需要维护人员与用户反复协商，弄清错误概况以及对业务的影响程度，弄清用户希望做什么样的修改，然后由维护组织管理员确认维护类型。

② 对于改正性维护申请，从评价错误的严重性开始。如果存在严重错误，则必须安排人员在系统监督员的指导下进行问题分析，寻找错误发生的原因，进行"救火"式的紧急维护；对于不严重的错误，可以根据任务、实际情况视轻重缓急进行排队，统一安排维护时间。

"救火"式的紧急维护是指发生的错误非常严重，若不马上修改往往会导致重大事故，必须紧急修改，暂不顾及正常的维护控制，不必考虑评价可能发生的副作用。在维护完成、交付用户之后再做补偿工作。

③ 对于适应性维护和完善性维护申请，需要先确定每项申请的优先次序。若某项申请的优先级非常高，则可立即开始维护工作，否则维护申请就要和其他开发工作一样进行排队，统一安排时间。并不是所有的完善性维护申请都必须承担，因为进行完善性维护等于做二次开发，工作量很大，所以需要根据商业需要、可利用资源的情况、目前和将来软件的发展方向和其他考虑决定是否承担。

④ 尽管维护申请的类型不同，但都要进行同样的技术工作。这些工作包括：修改软件需求说明、修改软件设计、设计评审、对源程序做必要的修改、单元测试、集成测试(回归测试)、确认测试、软件配置评审等。

⑤ 在每次软件维护任务完成后，最好进行一次情况评审，确认在目前情况下，设计、编码、测试中的哪一方面可以改进；哪些维护资源应该有但尚没有；工作中主要或次要的

障碍是什么;从维护申请的类型来看是否应当有预防性维护。

评价维护活动比较困难,因为缺乏可靠的数据。但如果维护记录做得比较好,就可以得出一些维护"性能"方面的度量值,可参考的度量值如下。

- 每次程序运行时的平均出错次数。
- 花费在每类维护上的总人时数。
- 每个程序、每种语言、每种维护类型的程序平均修改次数。
- 增加或删除每个源程序语句所花费的平均人时数。
- 用于每种语言的平均人时数。
- 维护申请报告的平均处理时间。
- 各类维护申请的百分比。

这7种度量值提供了定量数据,据此可对开发技术、语言选择、维护工作计划、资源分配和许多其他方面做出判定。因此,这些数据可以用来评价维护工作。

9.2.2 软件维护组织

除了较大的软件公司外,一般在软件维护工作方面不需要正式的维护组织。维护往往是在没有计划的情况下进行的。虽然不要求建立一个正式的维护组织,但是在开发部门确立一个非正式的维护组织是非常有必要的。图9.2所示是一个软件维护组织的组成。

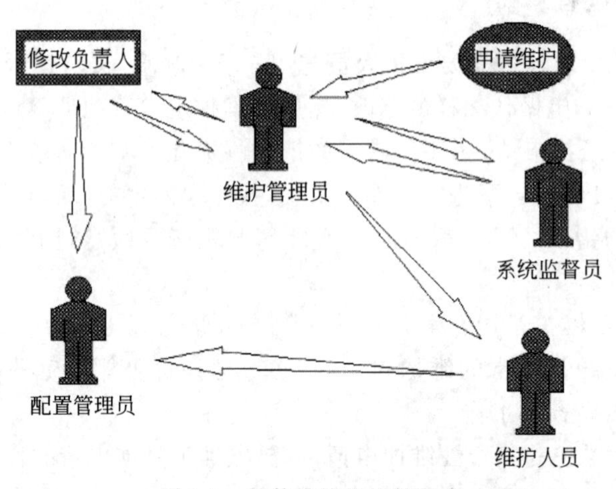

图9.2 软件维护组织的组成

维护申请提交给一个维护管理员,他把申请交给某个系统监督员进行评价。一旦做出评价,则由修改负责人确定如何进行修改。在维护人员对程序进行修改的过程中,由配置管理员严格把关,控制修改的范围,对软件配置进行审计。

维护管理员、系统监督员、修改负责人等均代表维护工作的某个职责范围。修改负责人、维护管理员可以是指定的某个人,也可以是一个包含管理人员、高级技术人员在内的小组。系统监督员可以有其他职责,但应具体分管某一个软件包。

在开始维护之前,就要把责任明确下来,可以大幅减少维护过程中出现的混乱现象。

9.3 软件的可维护性

造成软件维护成本上升的原因有很多,软件的文档和源程序难以理解和修改是其中的一个重要原因。为了减少软件维护的困难,降低软件维护成本,人们一直追求软件的可维护性。

9.3.1 软件的可维护性概念

所谓软件的可维护性,是指纠正软件系统出现的错误和缺陷,以及为了满足新的要求而进行的修改、扩充或压缩的容易程度。可维护性、可使用性、可靠性是衡量软件质量的3个主要质量特性,也是用户最关心的几个方面。影响软件质量的这些重要因素,直到今天还没有看到对它们进行定量度量并普遍适用的方法,但是就它们的概念和内涵来说,则是很明确的。

软件的可维护性是软件开发阶段各个时期的关键目标。

目前广泛使用7个质量特性衡量程序的可维护性。对于不同类型的软件维护,这7个特性的侧重点也各不相同。在各类维护中,应侧重的特性见表9.1,表中的"√"表示需要的特性。

表9.1　各类维护的侧重特性表

特　性	各类维护		
	改正性维护	适应性维护	完善性维护
可理解性	√		
可测试性	√		
可修改性	√	√	
可靠性	√		
可移植性		√	
可使用性		√	√
效率			√

上面列举出来的这些质量特性通常是在软件产品的许多方面体现出来的,为使每个质量特性都达到预定的要求,必须在软件开发的各个阶段采取相应的措施加以保证。因此,软件的可维护性是产品投入运行以前的各阶段面向上述各质量特性要求进行开发的最终结果。

9.3.2 影响可维护性的因素

软件维护工作是在软件交付使用后所做的修改,在修改之前需要理解修改的对象,在修改之后应该进行必要的测试,以保证所做的修改是正确的。下面通过9.3.1节中提到的 7 个方面分别讨论影响软件可维护性的因素。

1. 可理解性

可理解性是指人们通过阅读源代码和相关的文档，了解程序功能及其如何运行的容易程度。一个可理解性好的程序主要应具备以下特性：模块化(模块结构良好、功能完整、简明)，风格一致性(代码风格及设计风格的一致性)，不使用令人费解或含糊不清的代码，使用有意义的数据名和过程名，具有结构化和完整性(对输入数据进行完整性检查)等。

用于可理解性度量的检查表的内容如下。

程序是否模块化；结构是否良好；每个模块是否都有注释块说明程序的功能、主要变量的用途及取值、所有调用它的模块和它调用的所有模块；在模块中是否有其他有用的注释内容，包括输入/输出、精确度检查、限制范围和约束条件、假设、错误信息、程序履历等；在整个程序中缩进和间隔的使用风格是否一致；程序中的每个变量、过程是否具有单一的、有意义的名字；程序是否体现了设计思想；程序是否限制使用一般系统中没有的内部函数过程与子程序；是否能通过建立公共模块或子程序避免多余的代码；所有变量是否是必不可少的；是否避免了把程序分解成过多的模块、函数或子程序；程序是否避免了很难理解的、非标准的语言特性。

对于可理解性，可以运用一种被称为“90-10 测试”的方法衡量，即把一份被测试的源程序清单交给一位有经验的程序员阅读 10min，然后把这个源程序清单拿开，让这位程序员凭自己的理解和记忆写出该程序的 90%。如果这位程序员确实写出来了，则认为这个程序具有可理解性，否则需要重新编写。

2. 可靠性

可靠性是指一个程序按照用户的要求和设计目标，在给定的一段时间内正确执行的概率。关于可靠性，度量的标准主要有平均失效间隔时间(Mean Time To Failure，MTTF)、平均修复时间(Mean Time To Repair，MTTR)、有效性 A(MTBD/MTBD+MDT)。

度量可靠性的方法主要有以下两类。

① 根据程序错误统计数字进行可靠性预测。常用方法是利用一些可靠性模型，根据程序测试时发现并排除的错误数预测平均失效间隔时间。

② 根据程序复杂性进行可靠性预测。用程序复杂性预测可靠性，前提条件是可靠性与程序复杂性有关，因此可用复杂性预测出错率。程序复杂性度量标准可用于预测哪些模块最可能发生错误，以及可能出现的错误类型。了解了错误类型及它们在哪里可能出现，就可以更快地查出和纠正更多的错误，提高可靠性。

用于可靠性度量的检查表的内容有：程序中对可能出现的没有定义的数学运算是否做了检查，如除以“0”；循环终止和多重转换变址参数的范围是否在应用前做了测试；下标的范围是否在使用前测试过；是否包括错误恢复和再启动过程；所有数值方法是否足够准确；是否检查过输入的数据；测试结果是否令人满意；在测试过程中是否都已执行过大多数执行路径;对最复杂的模块和模块接口,在测试过程中是否集中做过测试;测试是否包括正常的、特殊的和非正常的测试用例;程序测试中除了假设数据外,是否还使用了实际数据;为了使用一些常用功能,程序是否使用了程序库。

3. 可测试性

可测试性是指论证程序正确性的容易程度。程序越简单,证明其正确性就越容易。能否设计合适的测试用例取决于对程序的全面理解。因此,一个可测试的程序应当是可理解的、可靠的、简单的。

用于可测试性度量的检查表的内容有:程序是否模块化;结构是否良好;程序是否可理解;程序是否可靠;程序是否能显示任意的中间结果;程序是否能以清楚的方式描述它的输出;程序是否能及时地按照要求显示所有输入;程序是否有跟踪及显示逻辑控制流程的能力;程序是否能从检查点再启动;程序是否能显示带有说明的错误信息。

对于程序模块,可以使用程序复杂性度量可测试性。程序的环路复杂性越大,程序的路径就越多。因此,全面测试程序的难度就越大。

4. 可修改性

可修改性是指程序修改的难易程度。一个可修改的程序应当是可理解的、通用的、灵活的和简单的。其中,通用是指程序能适用于各种功能变化而无须修改。灵活是指能够容易地对程序进行修改。

测试可修改性的一种定量方法是修改练习,其基本思想是通过几个简单的修改评价修改的难易程度。设 C 是程序中各个模块的平均复杂性,A 是要修改的模块的平均复杂性,则修改的难度 D 由下式计算。

$$D = A/C$$

对于简单的修改,若 $D>1$,则说明该程序修改困难。A 和 C 可用任何一种度量程序复杂性的方法计算。

用于可修改性度量的检查表的内容有:程序是否是模块化的;结构是否良好;程序是否可理解;在表达式、数组/表的上下界、输入/输出设备命名符中是否使用了预定义的文字常数;是否具有可用于支持程序扩充的附加存储空间;是否使用了提供常用功能的标准库函数;程序是否把可能变化的特定功能部分都分离到单独的模块中;程序是否提供了不受个别功能发生预期变化影响的模块接口;是否确定了一个能够当作应急措施的部分,或者能在小一些的计算机上运行的系统子集;是否允许一个模块只执行一个功能;每个变量在程序中是否用途单一;能否在不同的硬件配置上运行;能否以不同的输入/输出方式操作;能否根据资源的可利用情形,以不同的数据结构或不同的算法执行。

5. 可移植性

可移植性是指程序转移到一个新的计算环境的可能性。换句话说,它表明程序可以容易、有效地在各种各样的计算环境中运行的难易程度。一个可移植的程序应具有结构良好、灵活、不依赖于某一具体计算机或操作系统的性能。

用于可移植性度量的检查表的内容有：是否用高级的、独立于机器的语言编写程序；是否用广泛使用的、标准化的程序设计语言编写程序，且是否仅使用了这种语言的标准版本和特性；程序中是否使用了标准的、普遍使用的库功能和子程序；程序中是否极少使用或不使用操作系统的功能；程序中数值计算的精度是否与机器的字长或存储空间大小的限制无关；程序在执行之前是否对内存初始化；程序在执行之前是否测试了当前的输入/输出设备；程序是否把与机器相关的语句分离出来集中放在一些单独的程序模块中，并有说明文档；程序是否是结构化的，并允许在小一些的计算机上分段(覆盖)运行；程序中是否避免了依赖于字母、数字或特殊字符的内部位表示，并有说明文件。

6. 效率

效率是指一个程序在执行预定功能的前提下不浪费机器资源的程度，这些机器资源包括内存与外存容量、通道容量和执行时间。

用于效率度量的检查表的内容有：程序是否模块化；结构是否良好；程序是否具有高度的区域性(与操作系统的段页处理有关)；是否消除了无用的标号与表达式，以充分发挥编译器的优化作用；程序的编译器是否有优化功能；是否把特殊子程序和错误处理子程序都归入了单独的模块中；在编译时是否尽可能多地完成了初始化工作；是否把所有在一个循环内不变的代码都放在了循环外处理；是否以快速的数学运算代替了较慢的数学运算；是否尽可能多地使用了整数运算，而不是实数运算；是否在表达式中避免了混合数据类型的使用，消除了不必要的类型转换；程序是否避免了非标准的函数或子程序的调用；在几个分支结构中，最有可能为“真”的分支结构是否首先得到了测试；在复杂的逻辑条件中，最有可能为“真”的表达式是否首先得到了测试。

7. 可使用性

从用户的观点出发，把可使用性定义为程序方便、实用及易于使用的程度。一个可使用的程序应该是易于使用的、允许用户出错和改变并尽可能不使用户陷入混乱状态的程序。

用于可使用性度量的检查内容如下。

程序是否具有自描述性。例如，是否适用于不同读者并附有实例的程序使用说明；是否有交互形式的 Help 功能；是否一有请求，就能对每个操作方式做出解释；用户能否很快熟悉程序的使用而无须他人的帮助；是否一有请求，就能很容易地获得当前程序的状态信息。

程序是否能始终如一地按照用户的要求运行。例如，程序是否有句法上统一的命令语句和错误信息格式；通过尽量缩小响应时间的差异，程序在相似条件下的表现是否相似。

程序是否让用户对数据处理有满意和适当的控制。例如，程序在交互方式运行时，能否控制终止一项任务，开始或恢复另一项任务；在没有副作用的情形下，程序是否允许处理作废；程序是否允许用户查看后台处理；程序是否有一种易懂的命令语言并允许通过命令组合建立宏指令；程序能否在用户有要求时提供提示信息，帮助用户使用系统；程序能否提供可理解的、非危险性的错误信息。

程序是否易学易用。例如，程序是否不需要专门的数据处理知识就能使用；对输入格式、要求和限制的解释是否完整和清楚；在交互系统中，用户输入是否在菜单指示的支持下进行；程序是否提供带有纠错提示的错误信息；对交互式系统，是否有“联机”手册；对批处理系统，手册是否容易得到；手册是否是用用户术语撰写的。

程序是否使用数据管理系统自动处理事务性工作和管理格式化、地址分配及存储器组织。

程序是否具有容错性。例如，程序是否容忍典型的输入错误；当输入内容需要重复时，程序能否接收简化输入；命令能否简写；程序能否验证输入的数据。

程序是否灵活。例如，程序是否允许以自由形式输入；程序是否可以重复使用而无须对输入值做过多说明；对用户而言，是否有各种不同的输出选择；程序是否可以针对所选择的运行方式删除不必要的输入、计算和输出；程序是否允许用户扩充命令语言；程序是否可移植；程序是否允许用户定义自己的功能集和特性集；程序能否以子集形式出现；程序是否允许有经验的用户使用运行较快的版本、简写命令、默认值等，同时让没有经验的用户使用运行较慢的版本，并提供求助命令及监控能力等。

8. 其他间接定量度量可维护性的方法

Gilb 提出了与软件维护期间的工作量有关的一些数据，可以使用它们间接地对软件的可维护性做出估计。

- 问题识别的时间。
- 分析、诊断问题的时间。
- 局部测试的时间。
- 修改规格说明的时间。
- 因管理活动拖延的时间。
- 收集维护工具的时间。
- 具体的改错或修改的时间。
- 集成或回归测试的时间。
- 维护的评审时间。
- 恢复时间。

这些数据反映了维护全过程中“检错—纠错—验证”的周期，即从检测出软件存在的问题开始至修正它们并经回归测试验证的这段时间。一般认为，这个周期越短，维护工作就越容易。

9.3.3 提高软件可维护性的方法

1. 建立明确的软件质量目标和优先级

一个可维护的程序应是可理解的、可靠的、可测试的、可修改的、可移植的、效率高的和可使用的。但是要想实现所有目标，需要付出很大的代价，而且也不一定行得通。由于某些质量特性是相互促进的，如可理解性和可测试性、可理解性和可修改性；但另一些质量特性却是相互抵触的，如效率和可移植性、效率和可修改性等。因此，尽管可维护性要求每种质量特性都要得到满足，但它们的相对重要性应随程序的用途及计算环境的不同而不同。可见，对程序的质量特性，在提出目标的同时还必须规定它们的优先级，这样做有助于提高软件的质量，降低软件生存周期的费用。

2. 使用提高软件质量的技术和工具

① 模块化。模块化是软件开发过程中提高软件质量、降低开发成本的有效方法之一，也是提高可维护性的有效技术。模块化的优点是如果需要改变某个模块的功能，则只须改变这个模块，对其他模块的影响很小；若需要增加程序的某些功能，则仅须增加完成这些功能的新的模块或模块层。模块化可以使程序的测试与重复测试比较容易，程序错误易于定位和纠正，容易提高程序效率。

② 结构化程序设计。结构化程序设计在将模块结构标准化的同时，将模块之间的相互作用也标准化了，因此把模块化又向前推进了一步。采用结构化程序设计可以获得良好的程序结构。

③ 使用结构化程序设计技术，提高现有系统的可维护性。

采用备用件的方法。在需要修改某一个模块时，用一个新的结构良好的模块替换整个模块。这种方法要求了解所替换模块的外部(接口)特性，可以不了解其内部工作情况。该方法能够减少新的错误，并提供一个用结构化模块逐步替换非结构化模块的机会。

采用自动重建结构和重新格式化的工具(结构更新技术)。这种方法采用如代码评价程序、重定格式程序、结构化工具等自动软件工具，把非结构化代码转换成良好的结构代码。

改进现有程序的不完善的文档。改进和补充文档的目的是提高程序的可理解性，以提高可维护性。

使用结构化程序设计方法实现新的子系统。

采用结构化小组程序设计的思想和结构文档工具。在软件开发过程中，建立主程序员小组，实现严格的组织化结构，强调规范，明确领导以及职能分工，能够改善通信，提高程序生产率；在检查程序质量时，采取有组织分工的结构普查，分工合作，各司其职，能够有效地实施质量检查。同样，在软件维护过程中，维护小组也可以采取与主程序员小组和结构普查类似的方式，以保证程序的质量。

3. 进行明确的质量保证审查

质量保证审查是一个很有用的技术，能获得和维持软件的质量。除了保证软件得到适当的质量外，审查还可以用来检测在开发和维护阶段软件质量发生的变化。一旦检测出问题，就可以采取措施纠正，以控制不断增长的软件维护成本，延长软件系统的有效生命期。

以下 4 种类型的软件审查都可以保证软件的可维护性。

① 在检查点进行审核。保证软件质量的最佳方法是在软件开发的最初阶段就把质

量要求考虑进去，并在开发过程每阶段的终点设置检查点进行检查。检查的目的是证实已开发的软件是否符合标准，是否满足规定的质量需求。在不同的检查点，检查的重点内容不完全相同，如图 9.3 所示。

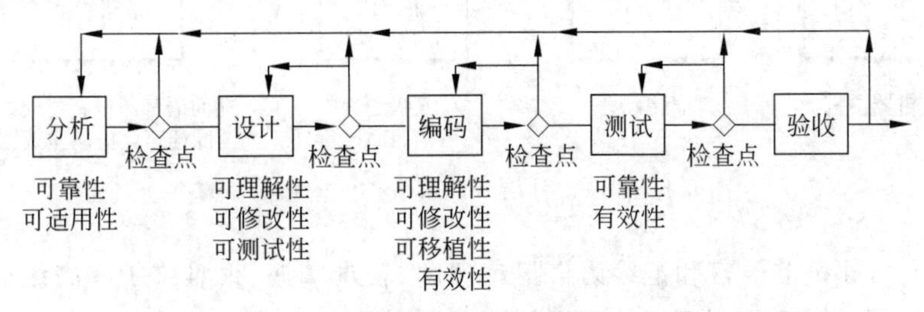

图 9.3 软件开发期间各个检查点的检查重点内容示意

② 验收检查。验收检查是一种特殊的检查点检查，是交付使用前的最后一次检查，是软件投入运行之前保证其可维护性的最后机会。验收检查实际上是验收测试的一部分，只不过它是从维护的角度出发提出验收的条件和标准。

③ 周期性维护审查。软件在运行期间，为了纠正新发现的错误或缺陷，适应计算环境的变化，响应用户的新需求，需要进行必要的修改。这样做有可能会导致软件质量变差，也可能会产生新的错误，破坏程序概念的完整性。因此，必须像硬件的定期检查一样每月或每两月进行一次，对软件做周期性的维护审查，以跟踪软件质量的变化。周期性维护审查实际上是开发阶段检查点复查的继续，并且采用的检查方法、检查内容都是相同的。为了便于用户进行运行管理，适时提供维护工具以及有关信息是很重要的。

维护审查的结果可以同以前的维护审查的结果、验收检查的结果和检查点检查的结果相比较，任何一种改变都表明在软件质量或其他类型的问题上可能引起了变化。

对于改变的原因应进行分析。例如，如果使用的是复杂性度量标准，则应随机选择少量模块，再次测量其复杂性。如果新的复杂性值大于以前的值，则可能是软件可维护性退化的征兆；预示将来维护该系统需要更多的维护工作量；表明修改太仓促，没有考虑到保持系统的完整性；因软件的文档化工具以及维护人员的专业知识不足而造成的。反之，若复杂性值减小，则表明软件质量是稳定的。

④ 对软件包进行检查。软件包是一种标准化的、可为不同单位和用户使用的软件。软件包卖方考虑到专利权，一般不会将源代码和程序文档提供给用户。因此，对软件包的维护应采取以下方法。使用单位的维护人员首先要仔细分析和研究卖方提供的用户手册、操作手册、培训教程、新版本说明、计算机环境要求书、未来特性表以及卖方提供的验收测试报告等，在此基础上深入了解本单位的希望和要求，编制软件包的检验程序。该检验程序用来检查软件包程序所执行的功能是否与用户的要求和条件相一致。为了建立这个程序，维护人员可以利用卖方提供的验收测试用例，还可以自己重新设计新的测试用例。根据测试结果检查和验证软件包的参数或控制结构，以完成软件包的维护。

4. 选择可维护的程序设计语言

程序设计语言的选择对程序的可维护性的影响很大，如图 9.4 所示。

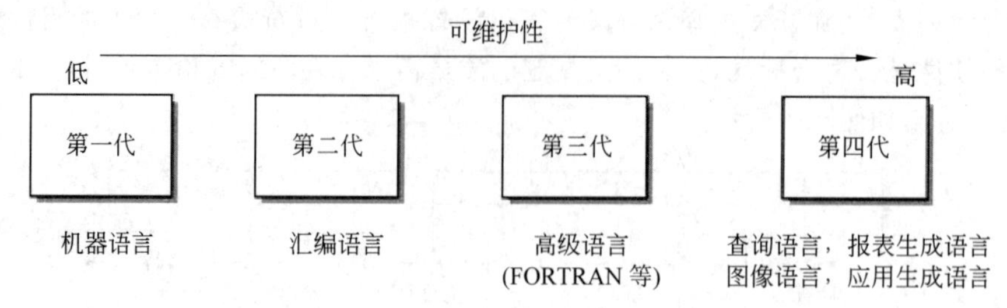

图 9.4 程序设计语言对可维护性的影响示意

低级语言,即机器语言和汇编语言很难理解、较难掌握、很难维护。高级语言与低级语言相比则容易理解,具有更好的可维护性。但同是高级语言,可理解的难易程度也不一样。第四代语言,例如查询语言、图像语言、报表生成器、非常高级的语言等,有的是过程化的语言,有的是非过程化的语言。不论是哪种语言,编制的程序都容易理解和修改,而且其产生的指令条数可能比用 COBOL 语言或用 PL/1 语言编制的程序少一个数量级,开发速度加快许多倍。有些非过程化的第四代语言,用户不需要指出实现的算法,仅需要向编译程序或解释程序提出自己的要求,由编译程序或解释程序自己做出实现用户要求的智能假设,例如自动选择报表格式、选择字符类型和图形显示方式等。总之,从维护角度来看,第四代语言比其他语言更容易维护。

5. 改进程序的文档

程序文档是对程序总目标、程序各组成部分之间的关系、程序设计策略、程序实现过程的历史数据等的说明和补充。程序文档对提高程序的可理解性有着重要的作用。即使是一个十分简单的程序,要想有效、高效地维护它,也需要编制文档以解释其目的及任务。而对于程序维护人员来说,要想对程序编制人员的意图进行重新改造,并对今后变化的可能性进行估计,缺少文档也是不行的。因此,为了维护程序,人们必须阅读和理解文档。

良好的文档是建立可维护性的必要条件,它的作用和意义有以下 3 点。

① 文档好的程序比没有文档的程序容易操作,因为它增加了程序的可读性和可使用性。但不正确的文档比根本没有文档要坏得多。

② 好的文档意味着简洁、风格一致且易于更新。

③ 程序应成为其自身的文档。也就是说,在程序中应插入注释,以提高程序的可理解性,并以换行、空行等明显的视觉组织突出程序的控制结构。如果程序越长、越复杂,则它对文档的需要就越迫切。

另外,在软件维护阶段,利用历史文档可以大幅简化维护工作。历史文档有 3 种:系统开发日志,错误记载,系统维护日志。

9.3.4 软件维护的副作用

修改软件是一项很危险的工作,对于一个复杂的逻辑过程,哪怕只做一点微小的改动,都可能引入潜在的错误。虽然设计文档化和细致的回归测试有助于排除错误,但是维护还是会产生副作用。软件维护的副作用是指由于维护或在维护过程中由一些不期望的行为而引入的错误。软件维护的副作用大致可分为以下3类。

1. 修改代码的副作用

虽然修改每个程序代码都有可能引入新的错误，但下列修改更容易引入错误。

① 删除或修改一个子程序。

② 删除或修改一个语句标点。

③ 删除或修改一个标识符。

④ 为改进性能而做的修改。

⑤ 修改打开和关闭文件的语句。

⑥ 修改逻辑运算符。

⑦ 将设计修改变换成代码修改。

⑧ 边界测试后所做出的修改。

2. 修改数据的副作用

在软件设计过程中，数据结构无疑是非常重要的，无论在总体设计还是详细设计过程中，全局数据结构和局部数据结构的设计始终是最受关注的设计内容。但是在实际使用过程中，由于各种原因，经常要求修改数据结构中的个别元素，甚至修改数据结构本身。修改数据结构后，通常遇到的麻烦是不能确切地知道有哪些与之相关的程序或模块也需要进行相应的修改，从而造成由于数据修改而导致的软件设计可能与那些数据不一致。

修改数据时，进行以下变动时常容易产生副作用。

① 重新定义局部和全局的常量。

② 重新定义记录和文件的格式。

③ 增加或减少数组和数据结构的长度。

④ 修改全局数据。

⑤ 重新初始化控制标记或指针。

⑥ 重新安排输入/输出或子程序的变量。

完善的设计文档可以限制修改数据的副作用，这种文档描述了数据结构，并提供了一种把数据元素、记录、文件和其他结构与软件模块联系起来的交叉对照表。

3. 文档的副作用

软件维护中非常容易出现的情况是只修改程序代码，而不对其他文档做相应修改，这种情况特别容易出现在文档不是用计算机辅助管理的项目开发中，从由手工产生并用人工进行管理的大量文档中检索需要的文档并进行修改确实不太容易。

但软件维护必须针对整个软件配置，而不应只修改程序代码。如果对程序代码的修改没有反映在设计文档或用户手册中，则会产生文档的副作用。

① 不能准确反映软件当前状况的设计文档将误导软件维护人员并产生更多的维护错误。每当对数据、软件结构、模块过程或任何其他有关的软件特性做了修改时，必须立刻修改相应的有关文档。不能正确反映软件当前状况的设计文档比完全没有文档更糟

糕;这是因为在以后的维护工作中很可能因文档与程序不一致而不能正确理解软件,导致在维护中引入更多的错误。

② 将引起用户对软件的严重不满。用户通常根据描述软件特点和使用方法的用户手册或操作手册等用户文档使用和评价软件。如果对软件的有关修改没有及时反映在用户文档中,例如对交互式输入的次序或格式的改动、功能键使用的改动,用户的使用将会遇到问题,并因为使用受阻而产生不满,进而怀疑该软件的正确性和可用性。

维护软件后,应对软件配置进行严格复核,可以大幅减少文档的副作用。

9.4 逆向工程和再生工程

软件的逆向工程和再生工程是目前预防性维护采用的主要技术。

9.4.1 逆向工程

逆向工程这个术语来源于硬件制造业,相互竞争的公司为了了解对方的设计和制造工艺的机密,在得不到设计和制造说明书的情况下,通过拆卸实物获取信息。软件的逆向工程也基本类似,不过通常“解剖”的不仅仅是竞争对手的程序,还包括本公司多年前的产品,此时得不到设计“机密”的主要障碍是缺乏文档。因此,软件的逆向工程实际就是分析已有的程序,寻求比源代码更高级的抽象表现形式。一般认为,凡是在软件生存周期内将软件的某种形式的描述转换成更为抽象的形式的活动都可称为逆向工程。

逆向工程如同一个魔术管道。当把一个非结构化的、无文档的源代码或目标代码清单放入这个管道后,从管道的另一端出来的就是计算机软件的全部文档。逆向工程可以从源代码或目标代码中提取出设计信息,其中抽象的层次、文档的完全性、工具与人的交互程度以及过程的方法都是重要的因素,逆向工程的过程如图 9.5 所示。

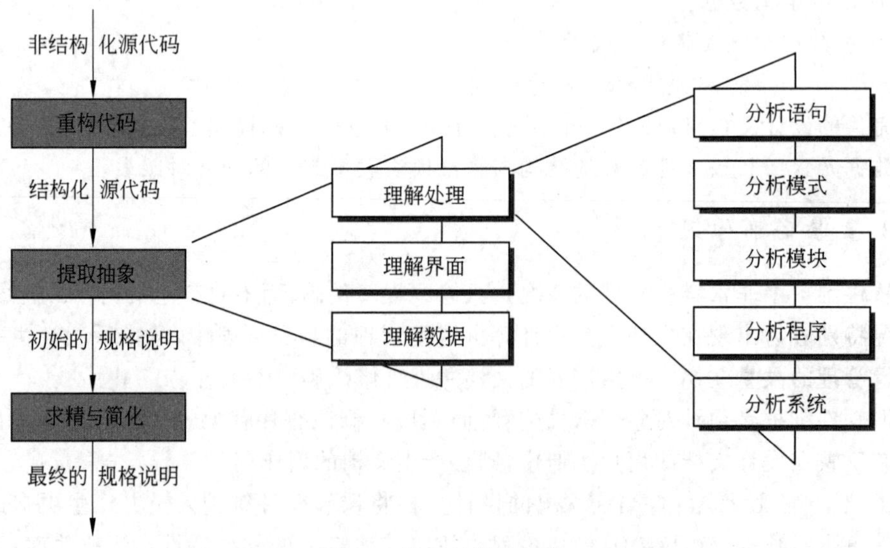

图 9.5 逆向工程的过程

逆向工程的抽象层次和用来产生它的工具所提交的设计信息是原来设计的复制品，它是从源代码或目标代码中提取出来的。理想情况是抽象层次尽可能地高，也就是说，逆向工程过程应能够导出过程性设计的表示(底层抽象)、程序和数据结构信息(低层抽象)、数据和控制流模型(中层抽象)和实体联系模型(高层抽象)。随着抽象层次的提高，可以给软件工程师提供更多的信息，使其在理解程序时更容易。

在多数情况下，文档的完全性随着抽象层次的增加而减少。例如，通过一个源代码清单可以得到比较完全的过程性设计表示；还可能得到简单的数据流表示，但要想得到完全的数据流图则比较困难。

如果逆向工程过程的方向只有一条路，则从源代码或目标代码中提取的所有信息都将提供给软件工程师，他们可以用此进行维护活动。如果逆向工程过程的方向有两条路，则信息将反馈给再生工程工具，以便重新构造或生成原来的程序。

9.4.2 再生工程

再生工程综合了逆向工程的分析和设计抽象的特点，具有对程序数据、体系结构和逻辑的重构能力。执行重构可以生成一个设计，它产生与原来程序相同的功能，但具有比原来程序更高的质量。

1. 实施软件再生工程的目的

软件再生工程能够帮助软件机构降低软件演化的风险。当改进原有软件时，必须频繁地对软件实施变更，因此降低了软件的可靠性，而软件再生工程可以降低变更带来的风险。再生工程可以帮助软件机构补偿软件的投资，许多软件公司每年需要花费大量的资金用于开发软件，如果采用再生工程，而不是丢弃原来的软件，则可以部分补偿在软件上的投资。

再生工程使得软件易于进一步变更。再生工程使得程序员更容易理解程序，更容易对其开展工作，从而提高了维护工作的生产效率。

再生工程有着广阔的市场，可以取得良好的社会效益和经济效益。

再生工程是推动软件自动维护发展的动力，因此研究再生工程具有十分重要的意义。

2. 软件再生工程技术

(1) 改进软件

软件重构。软件重构是指对软件进行修改，使其易于理解或维护。所谓重构，意味着需要变更源代码的控制结构，它是实现再生工程全面自动化的第一步。软件重构如图 9.6 所示。

软件文档重写、加注释及文档更新。软件文档重写是指生成更新的、校正了的软件信息。重写代码是指将程序代码、其他文档及程序员的知识转换成更新了的代码文档。这种文档一般是文本形式的，但也可以由图形表示，包括嵌入的注释、设计和程序规格说明。用更新了的文档实现软件改进是一种早期的软件再生工程方法，程序员可以通过嵌入的注释了解程序的功能。文档重写的内容如图 9.7 所示。

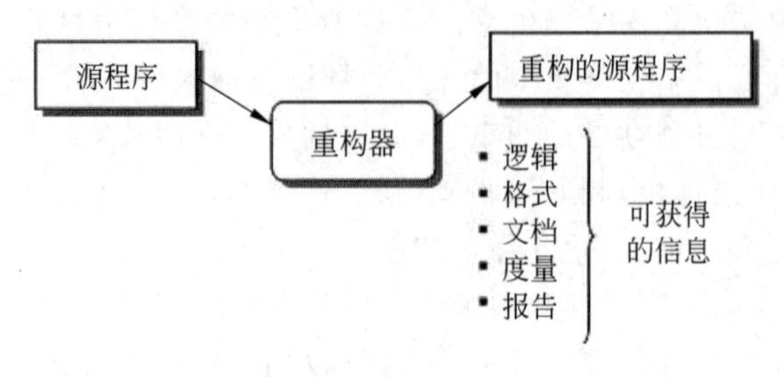

图 9.6　软件重构的过程

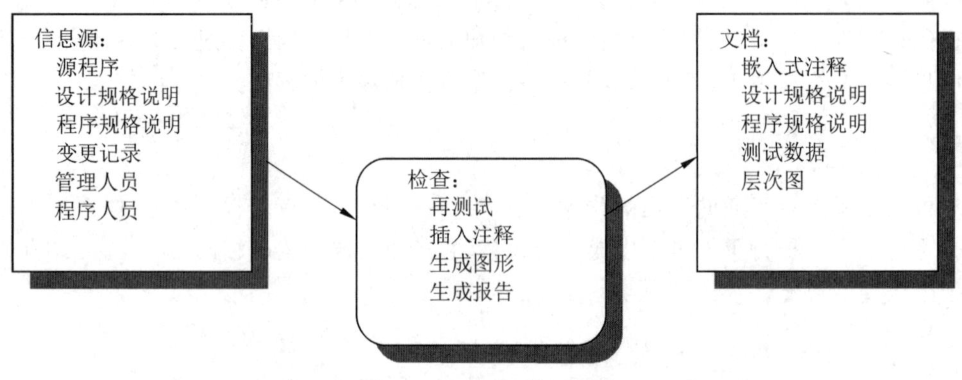

图 9.7　文档重写的内容

重用工程。重用工程的目的是将软件修改成可重用的。通常的做法是：首先寻找软件部件，然后将其改造并放入重用库。开发新的应用时，可以从重用库中选取可重用的构件以实现重用。利用再生工程实现重用的过程如图 9.8 所示。

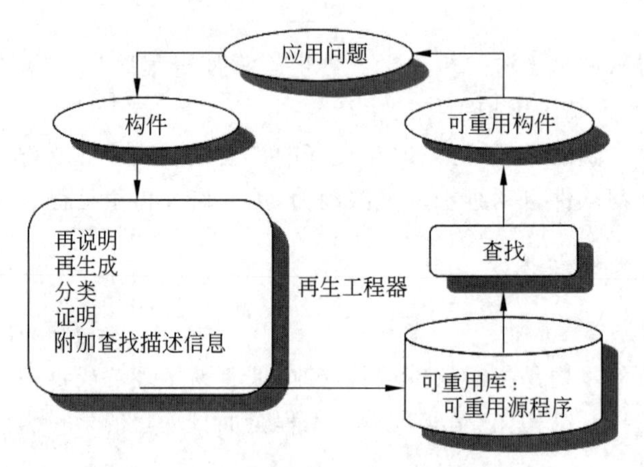

图 9.8　利用再生工程实现软件复用的过程

重分模块。重分模块时需要变更系统的模块结构，这项工作依赖于对系统构件特性的分析和模块耦合性的度量值。

数据再生工程。数据再生工程是为了改善系统的数据组织，使得数据模式可以辨认和更新，它往往是其他任务(如将数据迁移到其他数据库管理系统)的前期工作。

业务过程再生工程。现在的趋势是使软件适应业务,而不是让业务适应软件。经验表明,生产效率的显著提高有时可能来自在软件帮助下对业务过程所做的自动的重新思考。这种思考可能会导致新的软件设计,新的设计可以成为软件系统再生工程演化的基础。

可维护性分析、业务量分析和经济分析。可维护性分析对于找出系统的哪些部分需要再生工程十分有用。一般来讲,大多数维护工作往往集中在系统的少数模块。这些部分对于维护成本有着最为强烈的初始冲击。

(2) 理解软件

浏览。利用文本编辑器浏览软件是早期的理解软件的手段。近年来,浏览方法已大有改进,利用超文本可以在鼠标的帮助下提供多种软件视图,如图 9.9 所示。另一种重要的浏览手段是交叉索引。

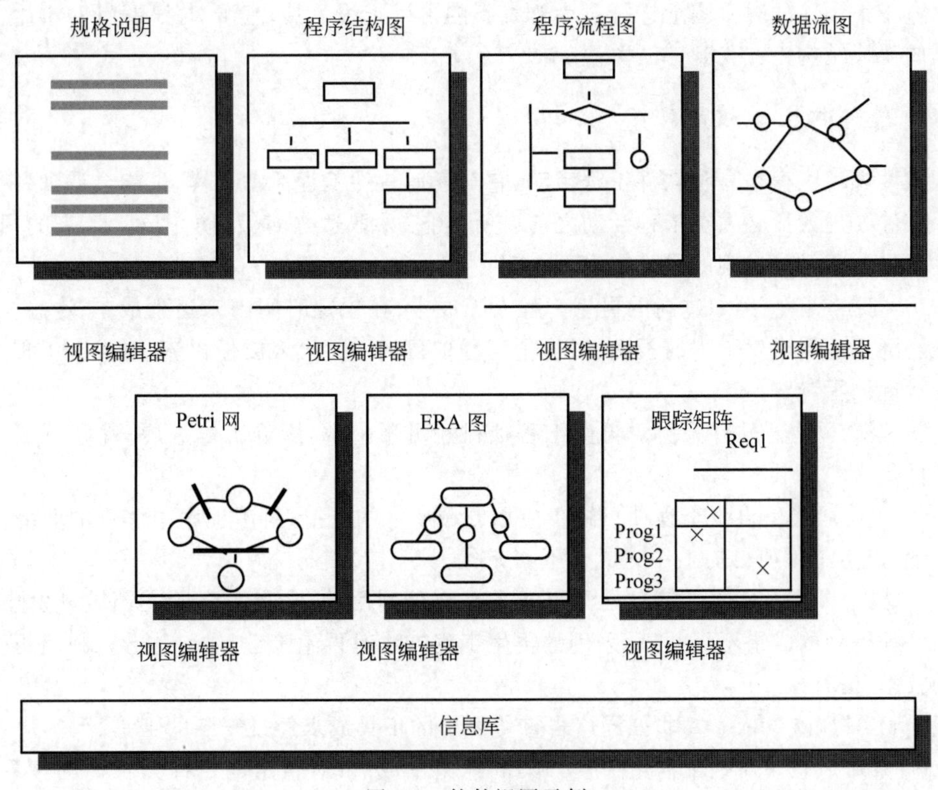

图 9.9 软件视图示例

分析与度量。这也是理解程序相关特性(如复杂性)的重要方法。软件度量问题已经受到软件界的广泛关注。与再生工程相关的技术是程序分片、控制流复杂性度量及耦合性度量等。

逆向工程与设计恢复。这两者具有相同的含义,都是从另外的途径获得软件信息。这种方法已经被人们普遍采用,但用它确定某些设计信息(如设计说明)仍有风险。现在广泛应用的逆向工程是从源程序产生软件设计的结构图或数据流图。

(3) 获取、保护和扩充软件的已有知识

程序分解。利用程序分解从程序中找出对象和关系，并将它们存入信息库。而对象和关系一般用于分析、度量以及进一步对信息实施分析和提取。不直接对源程序实现分解，这样可以节省利用工具进行程序语法分析、生成对象和关系的工作量。

对象恢复。可以从源程序中取得对象，有助于用面向对象的方法分析以前的一些非面向对象的源程序。面向对象(类、继承、方法、抽象数据类型等)可能是部分的，也可能是全部的。

程序理解有几种形式：一种是程序员用手工或自动的方式获得的对软件的较好理解；另一种是将有关编程的信息保存起来，再利用这些信息找到编程知识的实例。理解是否正确，需要由软件与编程知识库中信息相匹配的程度决定。

知识库和程序变换。知识库和程序变换是许多再生工程技术的基础。变换在程序图和存在于知识库的对象图上进行。为开发新的再生工程工具，基于对象的、针对再生工程工具的变换结构正在受到广泛关注。

3. 软件再生工程的风险

软件再生工程是一种软件工程活动，它与任何软件工程活动一样，可能会遇到各种风险。软件管理人员必须在工程活动之前有所准备，采取适当对策，防止风险带来的损失。软件再生工程可能出现的风险有以下 6 种。

① 过程风险。例如过高的再生工程人工成本；在规定时间内未达到成本-效益要求；未从经济上规划再生工程的投入；对再生工程项目的人力投入放任自流；对再生工程方案缺少管理的承诺。

② 人员风险。软件人员对再生工程项目意见不一致，影响工作进展；程序员工作效率较低。

③ 应用风险。再生工程项目缺少应用领域专家的支持；对源程序中体现的业务知识不熟悉；再生工程项目的工作完成得不够充分。

④ 技术风险。恢复的信息是无用或未被充分利用的；大批昂贵的文档被开发出来；逆向工程得到的成果不可共享；采用的再生工程方法对再生工程目标不合适；缺乏再生工程的技术支持。

⑤ 工具风险。依靠并非如同广告宣传那样的工具或未经过安装的工具。

⑥ 策略风险。对整个再生工程方案的承诺不成熟；对暂定的目标无长期的打算；对程序、数据和工程过程缺乏全面的观点；无计划地使用再生工程工具。

小结

软件维护是软件生命周期的最后一个阶段，也是持续时间最长、代价最大的一个阶段。软件工程的主要目的是提高软件的可维护性，降低维护的代价。

软件维护通常包括 4 类活动：为了改进原有的软件而进行的完善性维护；为了适应外部环境的变化而进行的适应性维护；为了纠正在使用过程中暴露出来的错误而进行的

纠错性维护;为了改进将来的可维护性和可靠性而进行的预防性维护。软件的可理解性、可靠性、可测试性、可修改性、可移植性、效率和可使用性是决定软件可维护性的基本因素。通过建立明确的软件质量目标和优先级、使用高效的技术和工具、进行明确的质量保证审核、选择可维护的程序设计语言以及改进程序的文档,都可以提高软件的可维护性。虽然维护资源有限,目前预防性维护在全部维护活动中仅占很小的比例,但是不应忽视这类维护活动,在条件具备时应主动进行预防性维护。预防性维护主要采用的技术是软件逆向工程和再生工程。

习 题

1. 什么是软件维护？简述常见的软件维护种类。

2. 纠错性维护与排错是不是同一件事？试说明理由。

3. 为什么说软件维护是软件工程的一个重要阶段？软件维护对于软件生存周期有什么意义?

4. 如何在软件开发的各个阶段增强软件的可维护性?

5. 什么是软件再生工程?

6. 检索并研读有关再生工程的最新文献,并撰写一篇综述。

软件质量与质量保证

教学提示：本章介绍软件质量和质量保证的有关知识，主要包括软件质量及质量因素、软件质量度量、软件质量保证策略和活动、软件质量保证标准及软件技术评审等。

教学目标：了解影响软件质量的各种质量因素、软件质量的度量方法及 ISO 9000 标准和 ISO 9001 标准，理解软件质量的概念、软件质量保证标准的重要意义以及软件质量保证活动，掌握软件质量评价的过程、软件质量保证策略、软件技术评审的相关知识。

对于任何产品，质量都是至关重要的。软件的质量决定着软件项目开发的成败。由于软件项目开发的特殊性，如开发周期长、耗费人力和财力巨大，软件质量就显得尤为重要。质量不高的软件将会给软件开发组织带来巨大的经济损失。为了保证软件质量，就需要对软件质量有深刻理解，并且给予极大关注。

若要开发高质量的软件，必须能对软件的优劣做出客观评价，这就需要对软件质量进行度量。合理的质量度量会为软件的成功开发起到辅助作用。

软件质量保证是一个复杂的系统工程，它需要在软件质量保证标准的指导下，采取质量保证策略和活动，其中评审对质量保证非常重要。

10.1 软件质量的概念

软件质量是软件的生命，它直接影响软件的使用与维护。软件开发人员、维护人员、管理人员和用户都十分重视软件的质量。提高软件产品质量已成为软件工程的首要任务。由于软件开发人员、维护人员、管理人员和用户在软件开发、维护、使用过程中所处的地位不同，他们对软件质量的理解和要求也不同。因此，应对软件质量给出一个客观、科学的定义并尽量予以量化。概括地说，软件质量软件质量就是软件与显式和隐式地定义的需求相符合的程度。具体地说，软件质量是软件与显式地陈述的功能和性能需求、文档中明确描述的开发标准以及被认为是所有专业开发的软件产品都应具备的与隐式特征相符合的程度。符合程度越高，软件质量越高。上述定义强调了以下 3 个重点。

① 软件产品应与所确定的需求相一致。缺乏与需求的符合性就是质量不高。

② 软件产品应与所制定的开发标准相一致。如果软件没有遵守开发标准所定义的开发准则，则可以肯定软件质量必定不高。

③ 软件产品应与所有专业开发的软件所期望的隐式需求(如对好的可维护性的期望)相一致。如果软件满足明确描述的需求，但却不满足隐式需求，则软件质量仍是值得怀疑的。

当然，软件质量观点是基于多因素、多角度的综合观点，也有人从用户角度提出了软件质量观点，本书对此不赘述。

10.2 影响软件质量的因素

提高软件质量是软件开发者的一个重要目标，影响软件质量的因素有很多，下面讨论两类质量因素。

10.2.1 McCall软件质量因素

软件质量因素直接影响软件开发过程各个阶段的产品质量和最终软件产品的质量。由于对软件质量理解的不断深化，软件质量因素也不是一成不变的。McCall等提出的软件质量因素共11个，分为3类。如图10.1所示，这些软件质量因素集中在软件产品的3个重要方面：运行特性、承受改变的能力以及对新环境的适应能力。McCall软件质量因素至今仍是有效的。

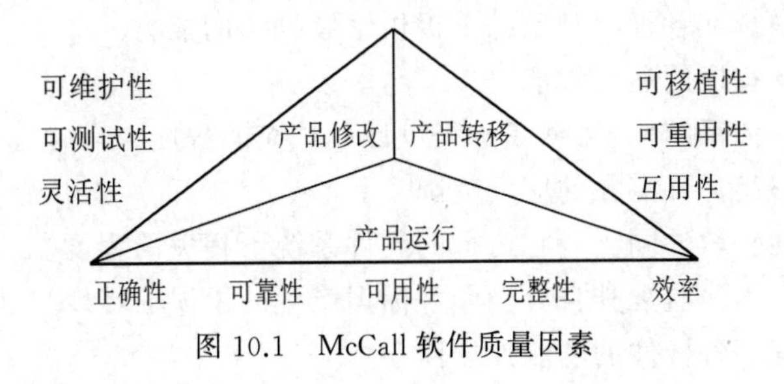

图10.1 McCall软件质量因素

以上各质量因素的简明定义见表10.1。

表10.1 软件质量因素的定义

质量因素	定义
正确性(correctness)	程序满足规格说明及用户目标的程度
可靠性(reliability)	能够防止因概念、设计和结构等方面的不完善而造成的软件系统失效，具有挽回因操作不当而造成软件系统失效的能力
可用性(usability)	学习使用软件的难易程度
完整性(integrity)	控制未被授权人员访问程序和数据的程度
效率(efficiency)	软件对计算机资源的使用效率，分为运行时间效率和存储空间效率
可维护性(maintainability)	软件产品交付用户使用后，修改其错误和改进其性能所需的工作量
可测试性(testability)	测试程序使之具有预定功能所需的工作量
灵活性(flexibility)	当软件操作环境变化时，对软件做相应修改的难易程度
可移植性(portability)	将一个程序从一个运行环境移植到另一个运行环境的难易程度
可重用性(reusability)	在其他应用中，该程序可以被再次使用的程度(或范围)
互用性(interoperability)	将一个软件系统和其他软件系统组合的难易程度

通常，对以上各个质量因素直接进行度量是非常困难甚至不可能的。因此，McCall定义了一组比较容易度量的软件质量因素评价准则，通过这组评价准则可以间接测量软件质量因素。定义评价准则的基础是确定影响软件质量因素的属性。这些属性必须满足两个条件：①能够比较完整、准确地描述软件质量因素；②比较容易量化和测量。

McCall 定义的软件质量因素评价准则如下。

① 可审查性。检查软件需求、规格说明、标准、过程、指令、代码及合同是否一致的难易程度。

② 准确性。计算和控制的精确程度。

③ 通信共性。标准接口、协议和带宽的使用程度。

④ 完备性。所需功能完全实现的程度。

⑤ 复杂性。程序结构化、模块化、简明、简洁、清晰和可理解的程度。

⑥ 简明性。程序代码的紧凑性。

⑦ 一致性。在整个软件开发项目中使用统一的设计和文档编制技术的程度。

⑧ 数据共性。在整个程序中使用标准数据结构和类型的程度。

⑨ 容错性。系统在各种异常条件下提供继续操作的能力。

⑩ 执行效率。程序的运行性能。

⑪ 可扩充性。体系结构、数据或过程设计可扩充的程度。

⑫ 通用性。程序部件潜在的应用范围。

⑬ 硬件独立性。软件同支持它运行的硬件系统不相关的程度。

⑭ 自检视性。程序监视其自身操作并标识产生的错误的程度。

⑮ 模块性。程序各构件的功能独立性。

⑯ 可操作性。程序操作的难易程度。

⑰ 安全性。控制或保护程序和数据不受破坏的机制，以防止程序和数据受到意外或蓄意的存取、使用、修改、毁坏及泄密。

⑱ 自文档性。源代码提供有意义文档的程度。

⑲ 简单性。理解程序的难易程度。

⑳ 软件系统独立性。程序与非标准的程序语言设计特征、操作系统特征以及其他环境约束无关的程度。

㉑ 可跟踪性。从一个设计说明或一个实际程序构件返回需求的能力。

㉒ 易培训性。软件支持新用户使用该系统的能力。

以上准则被定义后，可以按照下面的表达式表达每个质量因素。

$$F_q = c_1 \cdot m_1 + c_2 \cdot m_2 + \cdots + c_n \cdot m_n \quad (q=1,2,\cdots,11)$$

式中，F_q 是一个软件质量因素，m_n 是 F_q 对第 n 种评价准则的测量值，c_n 是相应的加权系数，McCall 将评价准则分为 0～10 级。0 级最低，10 级最高。因此，m_n 的取值可以为 0,0.1,0.2,…,1.0。需要注意的是，分配给每个测量值的加权系数依赖于具体的软件产品。

McCall 定义的准则中，很多取值只能主观测度。可以用检查表的形式给软件的特定属性进行“评分”，评分等级取 0(最低)到 10(最高)的范围。软件质量因素和评价准则的关系见表 10.2。

表 10.2 质量因素与评价准则的关系

软件质量评价准则	软件质量因素										
	正确性	可靠性	效率	完整性	可用性	可维护性	可测试性	灵活性	可移植性	可重用性	互用性
可审查性				○		○					
准确性		○									
通信共性											○
完备性	○										
复杂性		○					○	○			
简明性			○			○		○			
一致性	○	○				○		○			
数据共性											○
容错性		○									
执行效率			○								
可扩充性								○			
通用性								○	○	○	○
硬件独立性									○	○	
自检视性				○		○	○				
模块性		○				○	○	○	○	○	○
可操作性			○		○						
安全性				○							
自文档性						○	○	○	○	○	
简单性		○				○	○	○			
软件系统独立性									○	○	
可跟踪性	○										
易培训性					○						

McCall 等提出的软件质量度量模型、软件质量因素和评价准则为软件质量管理奠定了基础。近年来，国内外许多软件工程组织和专家在软件质量因素和评价准则的选取度量方面做了大量工作，部分结果已应用于实践。

10.2.2 ISO 9126 质量因素

ISO 9126 标准也制定了标识软件质量的有关特征，并且力求标识计算机软件的关键质量属性。该标准标识了 6 个关键质量因素。

① 功能性。软件满足所确定的需求的程度。

② 可靠性。软件可以被使用的时间长度。

③ 可用性。软件容易使用的程度。

④ 效率。软件优化使用系统资源的程度。

⑤ 可维护性。软件容易被修复的程度。

⑥ 可移植性。软件从一个运行环境移植到另一个运行环境的容易程度。

虽然 ISO 9126 质量因素不一定有助于直接测量，但 ISO 9126 标准提供了有价值的间接测量的基础和优秀的评估系统质量的检查表。

10.3 软件质量度量

对软件质量采取科学的度量方法可以有效地对产品质量实施管理，提升用户满意度，减少产品开发和售后服务支持的费用。

10.3.1 软件质量度量方法

软件质量的高低必须有一定的衡量标准，因此要想正确评价某软件的优与劣，应有科学合理的度量方法和评价标准。目前，在软件开发过程中，往往忽视对软件产品的观测、计算和测量。形成这种状况的原因有很多，很重要的一个方面是现在采用的很多度量方法并不能完全满足软件度量标准的要求。

软件质量度量必须满足的度量标准通常有以下几项。

客观性：如果不存在来自测试者对度量的主观影响，则度量是客观的。

适用性：如果度量结果能够明确地说明质量特性，则表明度量是适用的。

可靠性：如果在重复度量中，在同样条件下达到相同的效果，则认为度量是可靠的。

经济性：当度量是在低成本下进行时，它是经济的。度量的经济性主要取决于度量过程的自动化程度和数据量。

可比较性：当某项度量与其他度量相关时，度量具有可比较性。

标准化：如果有一个可以明确表示度量结果的标度存在，则度量被认为是达到标准化的。

有效性：质量标准的有效性是最难被证明的。但如果不说明度量标准是有效的，就不能客观地评价软件质量。

软件质量度量的方法有 3 种：精密度量、全面度量和简易度量。度量方法的选取一般由软件质量评价准则的重要度确定。精密度量是使用质量度量评价准则进行详细度量，工作量较大但度量精度较高。全面度量比较简单，可以和简易度量并用，对各个质量评价准则进行度量。

为了在开发和维护过程中定量地评价软件的质量，必须对软件质量因素进行度量，以测定软件是否达到了要求的质量因素的程度。

软件质量因素度量有两类：预测度量和验收度量。

预测度量是利用定量或定性的方法对软件质量的评价值进行估计，以得到软件质量比较精确的估算值，应用在软件开发过程中。

验收度量则是在软件开发各阶段的检查点对软件的要求质量进行确认性检查的具体评价值,它可以看成对预测度量的一种确认,是对开发过程中的预测进行评价。

10.3.2 软件质量评价

目前尚不能精确做到定量地评价软件的质量,一般采取由若干(6～10)位软件专家打分的方式进行评价,这些软件专家应是富有实际经验的项目带头人,然后计算打分的平均值和标准偏差。根据评分的结果,对照评价指标检查某个质量特性是否达到了要求的质量标准。如果某个质量特性不符合规定的标准,就应分析这个质量特性,找出达不到标准的原因。

软件质量评价通过评分与分析结果两个步骤实现。

1. 评分

对每个阶段要达到的质量指标(质量特性目标值或标准)详细开列并建立度量工作表。在表中以提问的方式列出在某一阶段为实现某一质量指标应达到什么标准。这种度量工作表也称检查表。在特别场合,有些检查表是针对系统或模块的。

为了回答检查表中的问题,必须积累原始资料。最重要的原始资料是在软件定义与开发的各个阶段提供的文档;其次是在开发过程中积累的各种数据,特别是对出错数据的记录。

评分主要是依据软件实际成果进行的。由于软件的使用环境不同、使用的目的不同,各人的打分会有一定差别。计算打分的平均值与标准偏差时,要考虑各质量指标的权值。根据平均值、标准偏差才能进一步分析质量特性在软件中的实际情况及重要程度。

2. 分析结果

对照质量指标分析评分的结果。检查某个质量特性是否达到了要求的质量标准。

如果某个质量特性不符合规定的标准,就应分析这个质量特性,找出其达不到标准的原因。

分析原因应自顶向下进行。按系统级、子系统级、模块级逐步分析。分析过程如下。

① 比较系统级的每个质量特性的得分与为该质量特性规定的质量指标,若某个质量特性的实际得分低于为它制定的质量指标,则针对所有与这个质量特性有关的子系统研究这个质量特性所得的分数。

② 比较在子系统中这个质量特性的得分与为该质量特性规定的质量指标,把质量特性得分低于为该质量特性规定的质量指标的子系统找出来,进一步检查在这些子系统中这个质量特性的得分,最后找出可疑的模块。

质量特性的得分低于规定的质量指标有两个可能的原因。

- 该质量特性与比它更重要的质量特性冲突。
- 这个软件部分有质量问题。

对于前一个原因,检查该质量特性是否与其他质量指标高的特性相冲突。若发生冲突,则要再权衡它的重要度,决定是否需要修改它的权值;如果没有发生冲突或者与它发生冲突的质量特性的质量指标都不太高,这时应再检查度量工作表及评分,若分数太低,则说明软件有缺陷,在设计时对某些质量特性的注意不够,需要加以改进。

10.4 软件质量保证策略和活动

若要保证软件质量,则必须在软件开发过程中贯彻软件质量保证策略,严格执行质量保证活动。

10.4.1 软件质量保证策略

软件质量保证(Software Quality Assurance,SQA)是一个复杂的系统,它采用一定的技术、方法和工具处理和协调软件产品满足需求时的相互关系,以确保软件产品满足开发过程中所规定的标准,即确保软件质量。软件质量保证系统提供质量保证措施和策略的总框架,包括机构的建立、职责的分配及质量保证工具的选择等。

为了在软件开发过程中保证软件的质量,主要采取下列措施。

1. 审查

审查就是在软件生命周期每个阶段结束之前,都正式使用结束标准对该阶段生产出的软件配置成分进行严格的技术审查。

审查小组通常由 4 人组成:组长、开发者和两名评审员。组长负责组织和领导技术审查,开发者是开发文档和程序的人,两名评审员负责提出技术评论。

审查过程的步骤如下。

① 计划。组织审查组、分发材料、安排日程等。

② 概貌介绍。当项目复杂且庞大时,可由开发者介绍概况。

③ 准备。评审员阅读材料,了解有关项目的情况。

④ 评审会。发现和记录错误。

⑤ 返工。开发者修正已经发现的问题。

⑥ 复查。判断返工是否真正解决了问题。

在软件生命周期每个阶段结束之前都应进行一次正式的审查,在某些阶段可以进行多次审查。

2. 复查和管理复审

复查是检查已有的材料,以判断某阶段的工作是否能够开始或继续。每个阶段开始时的复查是为了肯定前一个阶段结束时的审查,确定已经具备了开始当前阶段工作所必需的材料。管理复审通常是指向开发组织或使用部门的管理人员提供有关项目的总体状况、成本和进度等方面的情况,以便他们从管理角度对开发工作进行审查。

3. 测试

测试就是对软件规格说明、软件设计和编码的最后复审,目的是在软件产品交付之前尽可能多地发现软件中潜在的错误。测试过程中将产生下列基本文档。

① 测试计划。确定测试范围、方法和需要的资源等。

② 测试过程。详细描述和每个测试方案有关的测试步骤和数据，包括测试数据和预期的结果。

③ 测试结果。把每次测试运行的结果归入文档，如果运行出错，则应产生问题报告，并且通过调试解决所发现的问题。

10.4.2 软件质量保证活动

软件质量保证的目的是验证在软件开发过程中是否遵循合适的过程和标准。软件质量保证过程一般包含以下几项活动。

首先是建立 SQA 小组；其次是选择和确定 SQA 活动，即选择 SQA 小组所要进行的质量保证活动，这些 SQA 活动将作为 SQA 计划的输入；然后是制订和维护 SQA 计划，这个计划明确了 SQA 活动与整个软件开发生命周期中各个阶段的关系；接着是执行 SQA 计划、对相关人员进行培训、选择与整个软件工程环境相适应的质量保证工具；最后是不断完善质量保证过程活动中存在的不足，改进项目的质量保证过程。

独立的 SQA 小组是衡量软件开发活动优劣与否的尺度之一。

选择和确定 SQA 活动这一过程的目的是策划在整个项目开发过程中所需要进行的质量保证活动，质量保证活动应与整个项目的开发计划和配置管理计划相一致，一般把该活动分为以下 5 类。

1. 评审软件产品、工具与设施

软件产品常被称为“无形”的产品，评审时难度更大。在此要注意：在评审时不能只对最终的软件代码进行评审，还要对软件开发计划、标准、过程、软件需求、软件设计、数据库、手册以及测试信息等进行评审。评估软件工具主要是为了保证项目组采用合适的技术和工具。评估项目设施的目的是保证项目组有充足的设备和资源进行软件开发工作，这也为规划今后软件项目的设备购置、资源扩充、资源共享等提供了依据。

2. SQA 活动审查的软件开发过程

SQA 活动审查的软件开发过程主要有：软件产品的评审过程、项目的计划和跟踪过程、软件需求分析过程、软件设计过程、软件实现和单元测试过程、集成和系统测试过程、项目交付过程、子承包商控制过程、配置管理过程。特别要强调的是，为保证软件质量，应赋予 SQA 阻止交付某些不符合项目需求和标准的产品的权利。

3. 参与技术和管理评审

参与技术和管理评审的目的是保证此类评审满足项目要求，便于监督问题的解决。

4. 做 SQA 报告

SQA 活动的一个重要内容就是报告软件产品或软件过程评估的结果，并提出改进建

议。SQA 应将其评估的结果文档化。

5. 做 SQA 度量

SQA 度量用来记录花费在 SQA 活动上的时间、人力等数据。通过大量数据的积累和分析可以使企业领导对质量管理的重要性有定量的认识，有利于质量管理活动的进一步开展。

需要说明的是，并不是每个项目的质量保证过程都必须包含或仅限于上述活动，要根据项目的具体情况确定。

SQA 计划必须明确定义在软件开发的各个阶段是如何进行质量保证活动的，它通常包含以下内容：质量目标；定义每个开发阶段的开始和结束边界；详细策划要进行的质量保证活动；明确质量活动的职责；明确 SQA 小组的职责和权限；明确 SQA 小组的资源需求，包括人员、工具和设施；定义由 SQA 小组执行的评估；定义由 SQA 小组负责组织的评审；定义 SQA 小组进行评审和检查时所参照的项目标准和过程；明确需由 SQA 小组产生的文档。

选择合适的 SQA 工具并不是试图通过选择 SQA 工具保证软件产品的质量，而是用来支持 SQA 的活动。选定 SQA 工具时，首先需要明确质量保证目标，根据目标制定选择 SQA 工具的需求并文档化，包括对平台、操作系统以及 SQA 工具与软件工程平台接口的要求等。

10.5 软件质量保证标准

一个组织所建立和实施的质量体系应能满足该组织规定的质量目标，确保影响产品质量的技术、管理和人的因素处于受控状态，无论是硬件、软件、流程性材料还是服务，所有控制都应针对减少、消除不合格，尤其是预防不合格。这就是 ISO 9000 系列质量保证标准的基本指导思想，这种质量保证的思想也成为软件质量保证的行动指南。

1. ISO 9000 标准

ISO 9000 标准是由国际标准化组织(ISO)所属的质量管理和质量保证技术委员会制定并颁布的关于质量管理和质量保证标准的统称。ISO 9000 标准是一种能够适用于任何行业的质量标准，它用一般术语描述了质量保证的要素。制定并颁布这一国际标准的最初目的是满足国际贸易的需要，具体地说，是为了消除因各国质量标准的差异而产生的贸易障碍。

ISO 9000 系列标准将提供产品或服务的机构称为供方，标准规定了对供方各方面的质量要求和质量管理办法，以保证购买者和消费者所要求的各种质量条件都能得到满足。在国际贸易中，买方不仅要检验供方提供的产品质量，还希望了解产品制造过程中的质量管理和质量保证体制，也就是说，顾客希望取得供方有能力生产出优质产品的证据，这就是质量体系认证。

ISO 9000 标准的制定和实施反映了在市场经济条件下供需双方在交易活动中的要

求。供方如果认真按标准的要求组织自己的生产,并且经过权威机构的审核取得认证,就能赢得用户的充分信任。另一方面,顾客凭认证情况在市场上选购产品,不必为烦琐和力不从心的质量检验活动而担心,也能从中受益。

ISO 9000 标准被很多国家采用。在采用该标准以后,一个国家通常只允许 ISO 9000 注册的公司向政府部门和公共机构供应产品和服务。

为了登记成为 ISO 9000 中包含的质量保证系统模型中的一种,一个公司的质量系统和操作应由第三方审计者仔细检查,查看其与标准的符合性以及操作的有效性。成功注册后,该公司将收到由审计者所代表的注册机构颁发的证书。此后每半年进行一次的检查性审计将持续保证该公司的质量系统与标准是相符的。

ISO 9000 标准具有以下特点。

① 国际性。ISO 9000 标准由国际组织制定并向各国推荐,并非仅限于某一个国家。同时,ISO 9000 标准也得到了很多国家的认可。

② 完整性。ISO 9000 系列标准包含从术语、质量保证、质量管理到支持技术标准及实施指南等一整套标准,共计 20 个,形成了一个完整的体系。

③ 兼容性。ISO 9000 系列标准核心的 3 个质量保证标准并非是相互独立的,而是逐一包容的。其中 ISO 9001 标准的内容最为全面,ISO 9002 标准适用于生产制造过程,ISO 9003 标准仅适用于对检验和试验工作的质量要求,它们的适用范围依次变窄。

④ 主动性。不管是企业管理者出于提高内部质量管理水平的原因,还是用户出于维护自身权益向认证机构提出认证审核申请的行为都是主动行为,这里并没有行政性和强制性因素。许多教训表明,任何一个制度的实施只是依靠强制性和行政性的做法,而不是依靠自觉或主动实施,最终都是靠不住的。

⑤ 可信性。按 ISO 9000 标准开展的质量体系认证制度要求授权的认证机构对供方的质量体系进行全面、系统、公正的审核,并且独立进行,具有相当高的说服力和可信度。

⑥ 指导性。ISO 9000 标准文本规定的毕竟是一些管理和质量保证的原则,企业通常应以此为指导原则,结合自身企业文化和实际情况,创造性地建立对于自己有效的质量体系。

⑦ 科学性。ISO 9000 标准所揭示的现代质量管理的科学原理只有在实践中才能体现出来。

⑧ 实践性。ISO 9000 标准的实践性表现在:

- 标准不是空洞的条文,对于质量管理有很好的可操作性。
- 标准本身是基于国外大量的管理实践。

ISO 9000 系列标准共包括 5 项标准。

- ISO 9000-1:1994《质量管理和质量保证标准 第一部分:选择和使用指南》。
- ISO 9001:1994《质量体系 设计、开发、生产、安装和服务的质量保证模式》。
- ISO 9002:1994《质量体系 生产、安装和服务的质量保证模式》。
- ISO 9003:1994《质量体系 最终检验和试验的质量保证模式》。
- ISO 9004-1:1994《质量管理和质量体系要素 第一部分:指南》。

2. ISO 9001 标准

ISO 9001 标准是应用于软件工程的质量保证标准。这一标准包含高效的质量保证系统必须体现的 20 条需求。因为 ISO 9001 标准适用于所有工程行业,因此为帮助解释该标准在软件工程中的使用而专门开发了一个 ISO 指南的子集(ISO 9000-3)。ISO 9001 描述的需求涉及以下 20 条。

- 管理责任
- 质量系统
- 合约评审
- 设计控制
- 文档和数据控制
- 采购
- 对用户提供的产品的控制
- 产品标识和跟踪
- 过程控制
- 审查和测试
- 审查、度量、测试设备的控制
- 审查和测试状态
- 对不符合标准产品的控制
- 纠正和预防行动
- 质量记录的控制
- 内部质量审计
- 处理、存储、包装、保存和交付
- 培训
- 服务
- 统计技术

软件公司为了达到 ISO 9001 标准,就必须针对上述每条需求建立相关的政策和过程,并且有能力显示出组织活动的确是按照这些政策和过程进行的。

10.6 软件技术评审

人的认识不可能 100%符合客观实际,因此在软件生存期每个阶段的工作中都可能引入人为的错误。在某一阶段出现的错误如果得不到及时纠正,就会传播到开发的后续阶段,并在后续阶段引出更多的错误。

实践数据表明,如果在设计阶段发现错误的改正成本为 1.0 个货币单位,则在测试开始之前发现一个错误的改正成本为 6.5 个货币单位,在测试时发现一个错误的改正成本为 15 个货币单位,而在软件产品发布之后发现一个错误的改正成本为 60～100 个货币单位。因此,在软件开发时期的每个阶段,特别是设计阶段结束时,必须进行严格的技术评审，尽量不让错误传播到下一阶段。

软件技术评审是以保证软件质量为目的的技术活动，它是软件工程的“过滤器”，在软件开发过程的每个阶段，起到较早发现错误和缺陷，进而引发纠错活动的作用，防止错误传播到软件过程的后续阶段。

软件评审可以有多种，如在非正式场合讨论技术问题的非正式会议也是一种评审。其中最有效的评审是正式技术评审(FTR)。下面主要讨论正式技术评审。

正式技术评审是一种由软件生产者和其他评审成员进行的软件质量保障活动，它采用正式会议的方式。

1. 正式技术评审的目标

① 在软件实体中发现功能、逻辑或实现上的错误。

② 证实经过评审的软件的确满足需求。

③ 保证软件的表示符合预定义的标准。

④ 保证软件的开发方式的一致性。

⑤ 使项目更易于管理。

2. 正式技术评审的方式

正式技术评审实际是一类评审方式，包括走查、审查等方法。走查时，软件设计者或程序开发人员指导一名或多名其他参加评审的成员通读已书写的设计文档或编码，其他成员负责提出问题，并对有关技术、风格、潜在的错误、是否有违背评审标准的地方进行评论。审查是一种正式的评审技术，由除被审查对象的作者之外的某小组仔细检查软件需求、设计或编码，以找出错误、漏洞或违背开发标准的问题。

不管正式技术评审采用何种方法，每次正式技术评审都以评审会议的形式进行。只有经过适当的计划、控制和参与，评审才能获得成功。

下面给出的所有说明都是类似于走查的正式技术评审。

3. 评审会议

(1) 评审会议应遵守下列约定。

① 评审会议通常应有 3～5 人参加。

② 应进行提前准备，但是每人占用的工作时间应该少于 2h。

③ 评审会议时间应不超过 2h。

上述约定的目的是保证评审会议关注整个软件的某个特定部分，而不是试图评审整个设计。当评审关注的范围较小时，发现错误的可能性更高。

当开发人员把自己所负责的工作(如一部分需求规约、一个模块的详细设计、一个模块的源代码清单)完成后，即可通知项目管理者。项目管理者与评审主席联系，评审主席制定评审会议的日程表并安排 2～3 名评审员熟悉评审对象，做准备工作。

评审会议由评审主席、所有评审员和软件开发者本人参加。由一名评审员做好评审记录。评审时先由开发者做产品介绍，然后评审员根据各自的准备提出问题。当发现错误或漏洞时,记录员加以记录。

(2) 评审结束,所有与会者必须做出以下决定中的一个。

① 工作产品可以不经修改而被接受。

② 由于问题严重而被否决(错误修改后必须再次接受评审)。

③ 暂时接受工作产品(发现必须改正的微小错误,但不再需要进一步评审)。

然后与会者需要签名,以表示他们参加了此次评审会议并同意评审小组所做的决定。

4. 评审报告和记录保存

在评审会议上,记录员主动记录所有被提出的问题。会议结束时,对这些问题进行小结并生成一份评审问题列表。此外,还要撰写一份评审总结报告,包括以下问题。

① 评审什么?

② 评审人是谁?

③ 发现和结论是什么?

评审总结报告作为项目历史记录保存。评审问题列表可以标识产品出现问题的区域并指导开发者进行改正。

最好建立一个跟踪过程以保证评审问题列表中的每条项目都得到了适当的改正,这对质量保证非常重要。

5. 评审指导原则

① 评审产品,而不是评审开发者。

② 制定日程并遵守日程。

③ 限制争论和辩驳。

④ 对各个问题都发表见解,但是不要试图解决所有记录的问题。

⑤ 做书面记录。

⑥ 限制参与者的人数并坚持事先做准备。

⑦ 为每个可能要评审的工作产品建立一个检查表。

⑧ 为正式技术评审分配资源和时间。

⑨ 对所有评审者进行有意义的培训。

⑩ 借鉴被评审过的工作产品。

由于评审是否成功取决于很多因素,如特定的工作产品类型等,因此软件组织应在实践中决定何种评审方法最合适。

小　结

本章主要介绍了软件质量与质量保证。

软件质量是计算机程序的一种属性,要想真正提高软件质量,必须使软件符合显式声明的功能和性能要求、显示文档化的开发标准以及专业人员开发的软件所应具有的所有隐含特性。

度量软件质量的方法有3种：精密度量、全面度量和简易度量。

目前尚不能精确做到定量地评价软件的质量。一般采取由若干(6～10)位软件专家打分的方式评价软件质量。

为了在软件开发过程中保证软件的质量，主要采取下列措施：审查、复查和管理复审、测试。

质量保证活动应与整个项目的开发计划和配置管理计划相一致。

ISO 9001标准是应用于软件工程的质量保证标准。

软件评审是重要的SQA活动之一。评审的作用是作为软件过程的过滤器，在发现及改正错误的成本相对较小时就排除错误。

习 题

1. 什么是软件质量？它强调哪3个要点？
2. 影响软件质量的McCall质量因素有哪些？叙述每条因素的含义。
3. 叙述如何使用软件质量因素评价准则间接地测量软件质量因素。
4. 软件质量度量的度量标准有哪些？
5. 简述如何进行软件评价。
6. 什么是软件质量保证？软件质量保证采取的策略有哪些？软件质量保证的活动有哪些？
7. 解释ISO 9000质量标准和ISO 9001质量标准。
8. ISO 9000质量标准的特点是什么？
9. ISO 9000系列标准共包括哪些具体的标准？
10. ISO 9001标准涉及哪些需求？给出解释。
11. 简述正式技术评审的目标和方式。
12. 简述正式技术评审的评审会议需要注意哪些方面的内容。
13. 简述正式技术评审的指导原则。
14. 简述走查过程。

第11章 项目计划与管理

教学提示：本章介绍项目计划与管理的有关知识，主要包括软件项目管理过程、软件度量、软件项目组织和计划、软件成本估算、风险分析、进度计划和能力成熟度模型等。

教学目标：了解软件度量的几种方法，软件项目计划涉及的内容，CMM及其应用；理解软件项目管理过程，面向规模的度量和面向功能的度量，软件项目的组织模式和程序设计小组的组织形式，软件开发成本估算的几种方法，风险分析的重要意义；掌握软件开发成本估算的几种模型，进度安排的典型图形方法，风险分析的步骤。

项目管理已经成为一种广泛应用于各行各业的技术管理过程。在软件行业，对项目实施有效的管理是软件成败的关键。事实证明，很多软件项目失败的原因并不在于开发人员的无能，而在于管理的不善。软件项目管理关注计划和资源分配以保证在预算内按时交付质量合格的项目。软件项目管理始于技术工作开始之前，在软件从概念到实现的过程中持续进行，最后终止于软件项目工程的结束。

11.1 软件项目管理过程

软件项目管理的对象是软件工程项目，它所涉及的范围覆盖了整个软件工程过程。软件产品不同于其他产业的产品，它是较为抽象的知识实体，完全没有物理属性，它把思想、概念、算法、流程、组织、效率、优化等融合在一起。因此软件产品的开发是很难精确控制的，而软件项目的管理也远比其他工程的管理困难。

软件项目管理的内容包括项目计划管理、质量管理、人员组织管理、文档管理、成本控制和配置管理等。为保证软件项目开发成功，必须对软件开发项目的工作范围、可能遇到的风险、需要的资源(人、软/硬件)、要实现的任务、花费的工作量(成本)以及进度的安排等进行非常规范、科学的管理。这种管理开始于技术工作之前，在软件从概念到实现的过程中持续运行，最后终止于软件工程过程的结束。

软件项目管理的主要职能包括制定计划、建立组织、配备人员、指导、检验。软件项目管理过程包括以下几个方面。

1. 启动一个软件项目

通常，软件设计师和用户在软件工程的可行性分析阶段确定项目的目标和范围。目标标明软件项目的目的，范围标明软件要实现的基本功能，并寻求解决的基本方案。

2. 度量

度量的作用是有效、定量地进行管理。对开发过程进行度量的目的是改进开发过程，对产品进行度量的目的是提高产品的质量。

3. 成本估算

制定项目计划是软件项目管理过程中一个关键活动。在做计划时，必须就需要的人力、项目持续时间、成本做出估算。这种估算既可以参考以前的花费凭经验做出，也可以以软件开发的模块数量及软件的复杂度等作为参数的成本估算模型。

4. 风险分析

每当新建一个计算机程序时，总是存在某些不确定性，这些不确定性就是软件开发中的风险。Gilb在有关软件工程管理的书中写道：如果谁不主动地攻击风险（项目和技术），它们就会主动攻击谁。风险分析对于软件项目管理的成功与否是决定性的。风险分析实质上是贯穿在软件工程过程中的一系列风险管理步骤，其中包括风险识别、风险估计、风险评价、风险驾驭和风险监督。

5. 进度安排

每个软件项目都要制定一个进度安排。进度安排的思想是：首先识别一组项目任务，再建立任务之间的相互关联，然后估算各个任务的工作量，分配人力和其他资源，制定进度时序。

6. 追踪和控制

建立进度安排之后，项目管理人员负责项目开发的追踪和控制活动，这样可以保证每个项目任务能够较好的完成，也可以在某个任务出现延期时做出及时反应，调整进度安排或对资源重新定向，对任务重新进行安排。

11.2 软件度量

任何工程项目都必须采用定量的描述手段，软件工程项目也不例外。例如，不能定量地描述软件工程项目的规模就无法估算软件项目的成本、所需的人力和时间，而这个问题是软件项目管理人员和用户十分关心的。另外，对软件的度量还可以表明软件产品的质量，弄清软件开发人员的生产率，给出使用新的软件工程方法和工具所得到的效益（生产率和质量两方面），帮助调整对新的工具和附加培训的要求等。

物理世界中的度量有两种方式，即直接度量（如度量一个螺栓的长度）和间接度量（如用次品率度量生产出的螺栓的质量）。软件度量也同样分为直接度量与间接度量两类。

软件工程过程的直接度量包括所投入的成本和工作量。软件产品的直接度量包括产生的代码行数（LOC）、执行速度、存储量、在某种时间周期中所报告的差错数等。软件产品的间接度量包括功能性、复杂性、效率、可靠性、可维护性和许多其他质量特性。只要事先建立特定的度量规程，就很容易做到直接度量软件所需要的成本和工作量、产生的代码行数等。而软件的功能性、效率、可维护性等质量特性却很难用直接度量判明，只有通过间接度量才能推断。

在软件工程中，通常根据产品、过程、资源的内部属性（三者本身的属性）和外部属性（面向管理者和用户的属性）把软件度量分为两类。

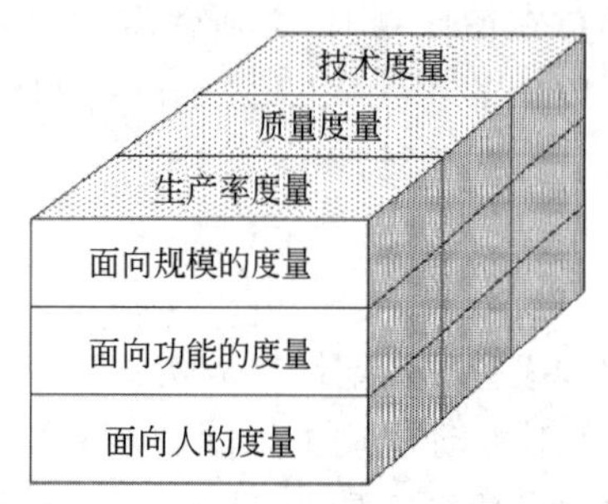

图 11.1 两类软件度量之间的关系

第一类（根据内部属性）包括：面向规模的度量、面向功能的度量和面向人的度量。第二类（根据外部属性）包括：生产率度量、质量度量和技术度量。图 11.1 所示为两类度量之间的关系。

软件生产率度量的焦点集中在软件工程过程的输出。

软件质量度量指明了软件适应明确和不明确的用户需求的程度。

技术度量的焦点集中在软件的某些特性（如逻辑复杂性、模块化程度）上，而不是软件开发的全过程。

面向人的度量收集有关人们开发计算机软件所用方式的信息和人们理解有关工具和方法的效率的信息。

面向规模的度量是对软件和软件开发过程的直接度量。

面向功能的软件度量是对软件和软件开发过程的间接度量。

下面重点介绍面向规模的度量和面向功能的度量。

11.2.1 面向规模的度量

用软件项目的代码行数（LOC）表示软件项目的规模是十分自然和直观的。代码行数可以用人工或软件工具直接测量。几乎所有的软件开发组织都保存软件项目的代码行数记录。利用代码行数不仅能度量软件的规模，还可以度量软件开发的生产率、开发每行代码的平均成本、文档与代码的比例关系、每千行代码存在的软件错误的个数等。

生产率表示为

$$P_l = L/E$$

式中，L 是软件项目的代码行数，用千行代码 kLOC（$1\text{kLOC}=10^3\text{LOC}$）度量；$E$ 是软件项目工作量，用人月（PM）度量；P_l 是软件项目的生产率，用每人月完成的代码行数（LOC/PM）度量。

每行代码的平均成本为

$$C_l = S/L$$

式中，S 是软件项目的总成本，用人民币或美元度量；C_l 是软件项目每行代码的平均成本，用人民币￥（或美元＄）/代码行度量。

文档与代码比为

$$D_l = P_d/L$$

式中，P_d 是软件项目的文档页数；D_l 是每千行代码的平均文档页数。

代码出错率为

$$EQR_l = N_e / L$$

式中，N_e 是软件项目的代码错误数；EQR_l 是每千行代码的平均错误数。

可以建立一个面向规模的数据表格记录项目的某些信息，该表格列出了过去几年完成的每个软件开发项目和关于这些项目的相应面向规模的数据。

【例 11.1】 表 11.1 提供了某软件组织的软件项目记录。利用这些记录可以计算出项目 aaa-01 的生产率、开发每行代码的平均成本、文档与代码的比例关系及代码出错率，如下。

$$P_l = 12.1\text{kLOC}/24\text{PM} = 504\text{LOC}/\text{PM}$$
$$C_l = 168\ 000\text{¥}/12.1\text{kLOC} = 13.88\text{¥}/\text{LOC}$$
$$D_l = 365P_d/12.1\text{kLOC} = 30.2P_d/\text{kLOC}$$
$$EQR_l = 29\text{个}/12.1\text{kLOC} = 2.4\text{个}/\text{kLOC}$$

表 11.1 某软件项目记录

项 目	工作量/PM	成本/1000¥	代码行/kLOC	文档页数(P_d)	错误(N_e)	人数/M
aaa-01	24	168	12.1	365	29	3
ccc-03	62	440	27.2	1224	86	5
fff-04	43	314	20.2	1050	64	6
·	·	·	·	·	·	·
·	·	·	·	·	·	·
·	·	·	·	·	·	·

需要注意的是，在表格中记载的工作量和成本是整个软件工程的活动(分析、设计、编码和测试)，而不仅仅是编码活动。

用软件代码行数估算软件规模简单易行，其缺点是：代码行度量与程序设计语言有关，它不适合设计精巧简短的程序，也不适合非过程型语言。若在估算中使用，则很难达到要求的详细程度(计划者必须在分析和设计远未完成之前就估算出需要生产的 LOC)。

11.2.2 面向功能的度量

面向功能的软件功能点度量是 Albrecht 于 1979 年提出的，它与统计代码行数的直接度量方式不同，是涉及多种因素的间接度量方式，它是根据事务信息处理程序的基本功能定义的，利用软件信息域中的一些计数和软件复杂性估计的经验关系式而导出功能点(FP)。因此在软件系统设计初期就能够估算出软件项目的规模。

Albrecht 用 5 个信息量的“加权计数和”CT 和 14 个因素的“复杂性调节值”F_i($i=1,2,\cdots,14$)计算功能点 FP。

$$FP = CT \times \left(0.65 + 0.01 \times \sum_{i=1}^{14} F_i\right)$$

式中,CT 按图 11.2 所示计算。F_i 按表 11.2 估算,F_i 取值为 0,1,…,5,表示 F_i 在 FP 中起作用的程度。当 $F_i=0$ 时,表示否定或 F_i 不起作用;当 $F_i=5$ 时,表示肯定或 F_i 作用最大。

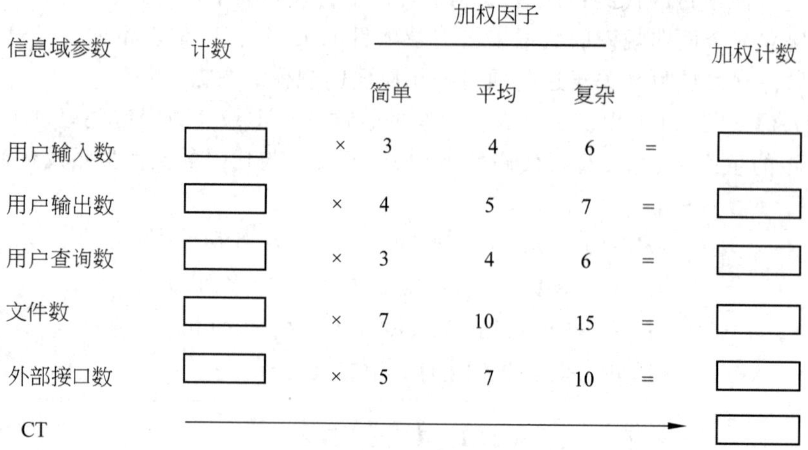

信息域参数	计数		加权因子 简单	平均	复杂		加权计数
用户输入数	□	×	3	4	6	=	□
用户输出数	□	×	4	5	7	=	□
用户查询数	□	×	3	4	6	=	□
文件数	□	×	7	10	15	=	□
外部接口数	□	×	5	7	10	=	□
CT	→						□

图 11.2　计算 CT

表 11.2　F_i 定值表

序号 i	问　　题	F_i 取值
1	系统是否需要可靠的备份和恢复	
2	系统是否需要数据通信	
3	系统是否有分布处理的功能	
4	性能是否很关键	
5	系统是否运行在现存的实用操作环境中	
6	系统是否需要联机数据登录	
7	联机数据登录是否需要在多窗口或多操作之间切换以完成输入	
8	主文件是否需要联机更新	
9	输入、输出、文件、查询是否复杂	
10	系统内部处理过程是否复杂	
11	程序代码是否可重用	
12	设计中是否包括转移和安装	
13	系统是否可以重复安装在不同机构中	
14	系统是否被设计成易修改和易使用的	

图 11.2 中 5 个信息量参数按下列方式取值。

用户输入数:用户为软件提供的输入参数个数(查询数单独统计)。

用户输出数:软件系统为用户提供的输出参数个数,包括报告、屏幕信息、错误信息等。

用户查询数：查询是一种联机的交互操作，每次查询被定义为一次联机输入，它导致软件以联机输出的方式产生实时响应。每个不同的查询都要计算。

文件数：统计逻辑的主文件个数。逻辑主文件是指逻辑上的一组数据，可以是一个大数据库的一部分，也可以是一个单独的文件。

外部接口数：统计所有机器可读的界面（如磁盘或磁带上的数据文件），利用这些界面可以将信息从一个系统传送到另一个系统。

一旦计算出功能点，则以类似 LOC 的方法度量软件项目的开发效率、成本等。

① 生产率：每人月完成的功能点数。

② 平均成本：每功能点的平均成本。

③ 文档与功能点比：每个功能点的平均文档页数。

④ 代码出错率：每个功能点的平均错误个数。

功能点度量没有直接涉及软件系统本身的算法复杂性。因此，它适合算法比较简单的商业信息系统的软件规模度量，对于算法较复杂的软件系统，如实时系统软件、大型嵌入式系统软件等就不适用了。1986 年，Jones 推广了功能点的概念，引入特征点度量，使之适用于算法复杂性较高的工程系统。

功能点度量的优点：与程序设计语言无关，它不仅适用于过程式语言，也适用于非过程式语言；因为软件项目开发初期就能基本确定系统的输入/输出参数，所以功能点度量能作为一种估算方法适用于软件项目的开发初期。

功能点度量的缺点：涉及的主观因素比较多，如各种加权函数的取值；信息域中的某些数据不易收集；FP 的值只是抽象的数字，无直观的物理意义。

基于 LOC 和 FP 的各种优缺点，在具体使用时应根据度量对象有选择性地采用。

11.3 软件项目组织与计划

软件项目的开发效率在很大程度上取决于软件开发人员的开发效率。而软件开发是以团队协作的方式进行的。因此如何使开发人员高效地协同工作是软件项目组织的目的，而有针对性地制定项目计划也可以提高开发的效率。

11.3.1 软件项目组织

1. 软件项目组织原则

构建一个好的软件组织进行软件开发是一切软件项目开发能够顺利进行的必要条件之一，组织松散、责任不明确是开发高效软件的大忌。针对软件项目不同于其他工程项目的特性，软件项目的组织形式可以由开发人员的工作习惯、素质决定，而其中人的因素是不容忽视的。

在建立软件开发组织时，应遵循以下组织原则。

① 尽早落实责任。在软件项目开始策划时就要分配好人力资源，指定专人负责专项

任务。负责人有权进行管理,并对任务的完成负责。

② 减少接口。在开发过程中,人与人之间的联系是必不可少的,组织应有合理的分工及良好的组织结构,应减少不必要的通信。

③ 责权均衡。项目负责人的责任不应比委任给他的权力更大。

2. 软件项目组织的模式

通常有3种组织结构模式可供选择。

(1) 按课题划分的模式

把软件人员按软件项目中的课题组成小组,小组成员自始至终参加所承担课题的各项任务,包括完成软件产品的定义、设计、实现、测试、复查、文档编制甚至包括维护在内的全过程。

(2) 按职能划分的模式

软件开发的周期是按阶段划分的,每个阶段都有不同的特点,对开发人员的技术和经验的要求也有所不同。按职能划分的模式就是把参加开发项目的软件人员按任务的工作阶段划分成若干专业小组。例如,分别建立计划组、需求分析组、设计组、实现组、系统测试组、质量保证组、维护组等。待开发的软件产品在每个专业组完成阶段加工(即工序)后,沿工序流水线向下传递。

(3) 矩阵形模式

结合前面两种模式的优点,就形成了矩阵形模式。一方面,按工作性质成立一些专门组,如开发组、业务组、测试组等;另一方面,每个项目又由它的经理人员负责管理。每个软件人员既属于某个专门组,又参加某一项目的工作。例如,属于开发组的一个成员参加了某一项目的研制工作,因此他要接受双重领导(一是开发组,二是该软件项目的经理)。

矩阵形结构组织的优点:参加专门组的成员可以在组内交流从各项目中取得的经验,这更有利于发挥专业人员的作用。另外,各个项目由专人负责有利于软件项目的完成和质量保证。

3. 程序设计小组的组织形式

程序设计工作是按独立方式进行的,程序人员独立完成任务,但这并不意味着相互之间没有联系。小组内部人员的组织形式对生产率的高低有很大影响。

程序设计小组的组织形式一般有3种。

(1) 主程序员制小组

小组的核心由1位主程序员(高级工程师)、2~5位技术员、1位后援工程师组成。开发小组突出主程序员的领导作用,主程序员制的开发小组强调主程序员与其他技术人员的直接联系,简化了技术人员之间的横向通信。这种组织制度的工作效果在很大程度上取决于主程序员的技术水平和管理才能。

(2) 民主制小组

这种组织形式强调发挥小组中每个成员的积极性、主动精神和协作精神,当遇到问题时,组内成员可以平等地交换意见。工作目标的制定及决定的做出都由全体成员参加。

这种组织形式的缺点是削弱了个人的责任心和必要的权威作用。这种组织形式适合于研制时间长、开发难度大的项目。

(3) 层次式小组

组内人员分为3级。组长(项目负责人)1人负责全组工作,直接领导2～3名高级程序员,每位高级程序员通过基层小组管理若干程序员。这种组织结构特点比较适合的项目就是层次结构状的课题,可以按组织形式划分课题,然后把子项目分配给基层小组,由基层小组完成。对于大型项目,可以先把它划分成若干子层。因此,大型项目的开发比较适合于这种组织方式。

在实际应用中,组织形式并不是一成不变的。可以根据项目的特点进行调整,也可以组合起来使用。

软件开发小组的主要目的是发挥集体的力量进行软件研制。因此,小组应培养"团队"的观点进行程序设计,消除软件的"个人"性质,并促进更充分的复审,小组提倡在共同工作中相互学习,从而改善软件质量。

11.3.2 软件项目计划

计划是管理工作的重要职能,在软件项目管理中,软件项目从制定项目计划开始。在项目可以开始前,管理者和软件小组必须估算将要完成的工作、需要的资源以及从开始到完成所需要的时间等。项目计划需要确定以下几项内容。

(1) 目标

软件项目计划的目标提供了一个框架,定义了待完成的目标、迫切需要的资源、约束和优先级,使管理者能够对资源、成本、进度进行合理估算。

(2) 范围

软件项目计划的第一个活动是确定软件范围。软件范围定义了待开发系统的边界,指明什么包括在系统中,什么不包括在系统中。例如,软件范围描述了将被处理的数据和控制、功能、约束、接口及可靠性。

一旦软件范围被标识出来(通过用户的合作),可行性研究就变成急需解决的问题,因为并非每件可想象的事情都是可行的。项目管理者必须考虑是否能够开发软件以满足该范围,以及项目是否是可行的。若项目管理者轻率地越过这个问题,那么可能会陷入从一开始就注定有问题的项目泥潭中。可行性分析包括技术、财政、时间、资源等方面的问题。只有进行可行性分析,才能切实降低软件开发的风险。

(3) 资源

项目计划的另一个重要任务就是估算完成软件开发工作所需的资源。软件项目的开发资源主要包括开发环境(硬件及软件工具)、可重用软件构件、人力资源。其中,硬件及软件工具是支持开发工作的基础,可重用软件构件能够极大地降低开发成本并提早交付时间,人力资源是软件开发的关键部分,它决定着软件开发的成败。

对于软件项目开发资源的可用性问题,也应在软件开发的最初期得到解决。

(4) 进度

对软件项目进度的计划也极为重要。进度计划涉及实际生产中的进度安排、工作量分配以及产品交付用户的时间等。

(5) 成本

软件事业发展到今天，软件成本的比例急剧升高。软件成本的估算准确程度将直接影响软件公司是盈利还是亏损。如果费用超支，对开发者来说将是一场灾难。

(6) 风险

尽量准确地预测由软件开发的不确定性因素所导致的风险，并给出应对风险的策略。

(7) 产品技术说明

说明待开发产品的软硬件信息以及有关功能、性能、安全性等方面的约束。

这里需要强调，项目计划所确定的内容最终必须以文档的形式保留下来，无论软件项目的规模多少，项目计划文档都是必需的。原因如下。

① 撰写项目计划的过程也是一个澄清模糊认识、整理思路的过程，只有用文字记录下来的东西才是明确的。

② 文档能够作为同其他人的沟通渠道。项目计划可以帮助用户了解开发活动，帮助项目组成员了解项目的约束和策略，帮助项目经理跟踪项目的进展。

③ 项目计划文档可以作为数据基础和检查列表。通过定期回顾，项目经理能清楚项目所处的状态以及哪些环节需要重点进行更改和调整。

很明显，项目计划的制定主要靠估计。因此要想极为准确地制定项目计划是不可能的，估计的准确程度也与项目的风险直接相关。

项目计划针对不同的工作目标有不同的类型。

① 项目实施计划：这是软件开发的综合性计划，包括进度、人力、环境、资源、组织等。

② 质量保证计划：把软件开发的质量要求具体规定为在每个开发阶段中可以检查的质量保证活动。

③ 软件测试计划：规定测试活动的人物、测试方法、进度、资源、人员职责等。

④ 文档编制计划：规定所开发的项目应编制的文档种类、内容、进度、人员职责等。

⑤ 用户培训计划：规定对用户进行培训的目标、要求、进度、人员职责等。

⑥ 综合支持计划：规定软件开发过程中所需要的支持，以及如何获得和利用这些支持。

⑦ 软件分发计划：软件项目完成后如何提交给用户。

在以上各类计划中，软件项目实施计划是综合性的。常用的计划结构有按阶段进行项目计划的结构、任务分解结构和人物责任矩阵结构等。

11.4 项目成本估算与开发成本估算

和其他工程项目一样，若估算的软件项目成本与实际成本差别极大，则会导致软件组织经济亏损，甚至项目中途终止。项目成本中最主要的是开发成本。由于软件项目自身的特殊性，对软件开发成本的估算比较困难，一般可以借助经验模型进行估算。

11.4.1 项目成本估算

对于一般项目，项目的成本主要由项目直接成本、项目管理费用和期间费用等构成。

项目直接成本主要是指与项目有直接关系的成本费用，包括直接人工费用、直接材料费用、其他直接费用等。项目管理费用是指为了组织、管理和控制项目所发生的费用。项目管理费用一般是项目的间接费用，主要包括管理人员费用支出、差旅费用、办公费用等。期间费用是指与项目的完成没有直接关系，费用的发生基本不受项目业务量增减所影响的费用。这些费用包括公司的日常行政管理费用、销售费用、财务费用等。

软件项目由于其本身的一些特点，对整个项目的估算和成本控制甚为困难。

通常软件项目的成本主要由以下4部分构成。

① 硬件成本。主要包括实施软件项目所需要的所有硬件设备、系统软件、数据资源的购置、运输、仓库、安装、测试等费用。对于进口设备，还包括国外运费、进口关税等。

② 差旅费及培训费用。培训费用包括软件开发人员和用户的培训费用。

③ 软件开发成本。对于软件开发项目，软件开发成本是最主要的人工成本，付给软件工程师的人工费用占了开发成本的大部分。

④ 项目管理费用。用于项目组织、管理和控制的费用支出。

尽管硬件成本、差旅费及培训费用可能会在项目总成本中占较大的一部分，但最主要的成本还是指在项目开发过程中所花费的工作量及相应的代价，不包括原材料及能源的消耗，主要是人的劳动消耗。

在对项目总成本进行估算时，硬件成本、差旅费培训费用、项目管理费用的估算相对容易，可根据具体的项目案例和历史经验进行合理估算；软件开发成本的估算则比较困难，需要一系列的估算处理。

11.4.2 开发成本估算

软件开发成本主要是指软件开发过程中所花费的工作量及相应的代价。开发成本不同于其他物理产品的成本，不包括原材料和能源的消耗，主要是人的劳动消耗。人的劳动消耗所需的代价就是软件产品的开发成本。另一方面，软件产品开发成本的计算方法不同于其他物理产品成本的计算方法。软件产品不存在重复制造过程，它的开发成本是以一次性开发过程所花费的代价进行计算的。因此，软件开发成本的估算应从软件计划、需求分析、设计、编码、单元测试、组装测试到确认测试，即以整个软件开发过程所花费的代价作为依据。

1. 软件开发成本估算方法

对于一个大型的软件项目，由于项目的复杂性，开发成本的估算不是一件简单的事情，往往不到最后时刻很难估算出准确的成本，对软件成本的估算主要依靠分解和类推的方法进行。基本估算方法分为以下3类。

(1) 自顶向下的估算方法

这种方法的主要思想是从项目的整体出发进行类推，即估算人员根据以前已完成项目所消耗的总成本推算将要开发的软件的总成本，然后按比例将它分配到各开发任务单元中。这种方法的优点是估算工作量小、速度快；缺点是对项目中的特殊困难估计不足，估算出来的成本盲目性大，有时会遗漏被开发软件的某些部分。

(2) 自底向上的估算法

这种方法的主要思想是把待开发的软件细分，直到每个子任务都已经明确所需要的开发工作量，然后把它们累加起来，得到软件开发的总工作量。这是一种常见的估算方法，它的优点是各部分的估算准确性高；其缺点是缺少各个子任务之间相互联系所需要的工作量，还缺少许多同软件开发有关的系统级工作量，所以估算值往往偏低，必须用其他方法进行校验和校正。

(3) 差别估算法

这种方法综合了上述两种方法的优点，其主要思想是把待开发的软件项目与过去已完成的软件项目进行类比，从待开发的各个子任务中区分出类似的部分和不同的部分。类似的部分按实际量进行计算，不同的部分则采用相应的方法进行估算。这种方法的优点是提高了估算的准确程度，缺点是不容易明确所谓“类似”的界限。

除以上几种方法外，有些机构还采用专家估算法。所谓专家估算法，是指由多位专家进行成本估算，这样可以避免单独一位专家可能出现的偏见。具体是先由各个专家进行估算，然后采用各种方法把这些估算值合成一个估算值。

2. 软件开发成本估算的经验模型

开发成本估算模型通常采用经验公式预测软件项目计划所需要的成本、工作量和进度。现在还没有一种估算模型能够适用于所有的软件类型和开发环境，也不能保证每种模型得到的数据都是准确的，因此必须慎重使用这些成本估算模型得到的数据。下面介绍几种著名的成本估算模型。

(1) IBM 模型

1977 年，IBM 公司的 Walston 和 Felix 总结了 IBM 联合系统分部(FSD)负责的 60 个项目的数据。其中各项目的源代码行数从 400 行到 467 000 行，开发工作量从 12PM 到 11758PM，共使用 29 种不同语言和 66 种计算机。利用最小二乘法拟合，提出了如下估算公式。

$E=5.2\times L^{0.91}$　　L 是源代码行数(以 kLOC 计)，E 是工作量(以 PM 计)；

$D=4.1\times L^{0.36}$　　D 是项目持续时间(以月计)；

$S=0.54\times E^{0.6}$　　S 是人员需要量(以人计)；

$\mathrm{DOC}=49\times L^{1.01}$　　DOC 是文档数量(以页计)。

IBM 模型是一个静态单变量模型，只要估算出了源代码的数量，就可以对工作量、文档数量等进行估算。一般一条机器指令为一行源代码，一个软件的源代码行数不包括程序注释、作业命令、调试程序。对于非机器指令编写的源程序，如汇编语言或高级语言程序，应转换成机器指令源代码行数考虑。在应用中，有时要根据具体情况对公式的参数进行修改。

(2) Putnam 模型

这是 1978 年 Putnam 提出的模型，是一种动态多变量模型，它的基础是假定在软件开发的整个生存期中工作量有特定的分布。这种模型是依据在一些大型项目(总工作量达到或超过 30 个人年)中收集到的工作量分布情况而推导出来的,但也可以应用在一些较小的软件项目中。

Putnam 模型可以导出一个“软件方程”,把已交付的源代码(源语句)行数与工作量和开发时间联系起来。该模型具有如下形式。

$$L = C_k \cdot K^{1/3} \cdot td^{4/3}$$

式中,td 是开发持续时间(以年计),K 是包括软件开发与维护在内的整个生存期所花费的工作量(以人年计),L 是源代码行数(以 LOC 计),C_k 是技术状态常数,它反映了“妨碍程序员进展的限制”,并因开发环境而异(如表 11.3 所示)。

表 11.3　C_k 的典型取值表

C_k 的典型值	开发环境	开发环境举例
2000	差	没有系统的开发方法,缺乏文档和复审
8000	一般	有合适的、系统的开发方法,有适当的文档和复审
11 000	优	有自动的开发工具和技术

(3) COCOMO 模型

Boehm 提出的这种结构型成本估算模型是一种比较精确、易于使用的综合成本估算模型。

在 COCOMO 模型中,考虑到开发环境,软件开发项目的总体类型可分为 3 种:组织型、嵌入型和介于上述两种类型之间的半独立型。

COCOMO 模型按其详细程度分成 3 级:基本 COCOMO 模型、中间 COCOMO 模型、详细 COCOMO 模型。其中,基本 COCOMO 模型是一个静态单变量模型,它用一个已估算出来的源代码行数(LOC)为自变量的(经验)函数计算软件开发工作量。中间 COCOMO 模型则在利用 LOC 为自变量的函数计算软件开发工作量(此时称为名义工作量)的基础上,再用涉及产品、硬件、人员、项目等方面属性的影响因素调整工作量的估算。详细 COCOMO 模型包括中间 COCOMO 模型的所有特性,但用上述各种影响因素调整工作量估算时,还要考虑对软件工程过程中每个步骤(分析、设计等)的影响。

基本 COCOMO 模型的估计方式由如下公式确定。

$$E = a \cdot \mathrm{kLOC}^b$$

$$D = c \cdot E^d$$

式中,E 是以人月为单位的工作量;D 是以月表示的开发时间;kLOC 是项目的代码行(以千行为单位);a、b、c、d 是系数,取值见表 11.4。

表 11.4　基本 COCOMO 模型系数表

软件项目类型	a	b	c	d
组织型	2.4	1.05	2.5	0.38
半独立型	3.0	1.12	2.5	0.35
嵌入型	3.6	1.20	2.5	0.32

以上经验模型都是从已有软件项目中进行回归分析得到的，带有极大的经验成分。对同一个项目，使用不同的经验模型得到的软件开发成本不一定相同。

对于预测的结果，只要预测成本和实际成本相差不到20%，开发时间的估计相差不到30%，就足以给软件工程提供很大的帮助。

11.5 进度计划与风险分析

在软件工程中，项目管理者的一个重要任务是制定合适的进度计划。进度计划关系着软件项目的交付、成本等重要问题。

软件项目的开发存在各种各样的风险，有些甚至是灾难性的。风险存在于未来，如何做到风险缓解和避免是对项目管理者的一个考验。

11.5.1 进度计划

软件开发项目的进展安排有以下两种考虑方式。

① 系统最终交付日期已经确定，软件开发部门必须在规定期限内完成任务。

② 系统最终交付日期只确定了大致的年限，最后的交付日期由软件开发部门确定。

对于前一种情形，只能从交付日期开始往前推，安排软件开发周期中的每个阶段的工作。后一种安排能够对软件开发项目进行细致的分析，最好地利用资源，合理地分配工作，而最后的交付日期则可以在对软件进行仔细分析后再确定。多数软件开发组织希望按照第二种方式安排自己的工作进度。然而遗憾的是，大多数场合采用的都是比较被动的第一种方式。

进度安排的准确程度可能比成本估算程度更重要。如果进度安排落空，则会导致市场机会的丧失，使得用户不满意，而且也会导致成本的增加。因此在考虑进度安排时，要把人员的工作量与花费的时间联系起来。在制定软件项目的进度计划时，必须妥善处理以下几个问题。

1. 软件开发小组人数与软件生产率

对于一个小型软件开发项目，一个人就可以完成需求分析、设计、编码和测试工作。而对于一个中大型的软件项目，一个人单独开发的周期太长。因此，中大型软件的开发方式必然是程序员的集体合作。成立软件开发组是必要的，但并不是人员越多，软件生产率越高。适用于大型项目的 Rayleigh-Norden 曲线表明，完成软件项目的成本与时间的关系并不是线性的，使用较少的人员，在可能的情况下相对延长一些工作时间，可以取得较大的经济效益。一般软件开发组的规模不能太大，人数不能太多，2～8 人比较合适。另外需要注意的是，由于软件开发是一项复杂的智力劳动，因此在软件开发过程中加入新的程序员往往会对项目产生不良影响，因为新手对已开发过的工作不熟悉，需要一些正在工作的“专家”对其进行培训，这将延误工作进度。因此，在项目进行中盲目增加人员可能造成事倍功半的效果。

2. 任务的分解与并行性

当参加同一软件工程项目的人数超过1人时，开发工作就会出现并行情况。在软件开发过程的各个活动中，第一项任务是进行项目的需求分析和评审，此项工作为以后的并行工作打下了基础。一旦软件的需求得到认可，并且通过了评审、概要设计（系统结构设计和数据设计）工作和测试计划制定工作，就可以并行进行。如果系统的模块结构已经建立，则对各个模块的详细设计、编码、单元测试等工作也可以并行进行。待到每个模块都已经完成，就可以对它们进行组装，并进行组装测试。最后进行确认测试，为软件交付进行确认工作。

如图11.3所示，在软件开发过程中设置了许多里程碑。里程碑为管理人员提供了指示项目进度的可靠依据。当一个软件工程任务成功地通过了评审并产生了文档之后，就完成了一个里程碑。

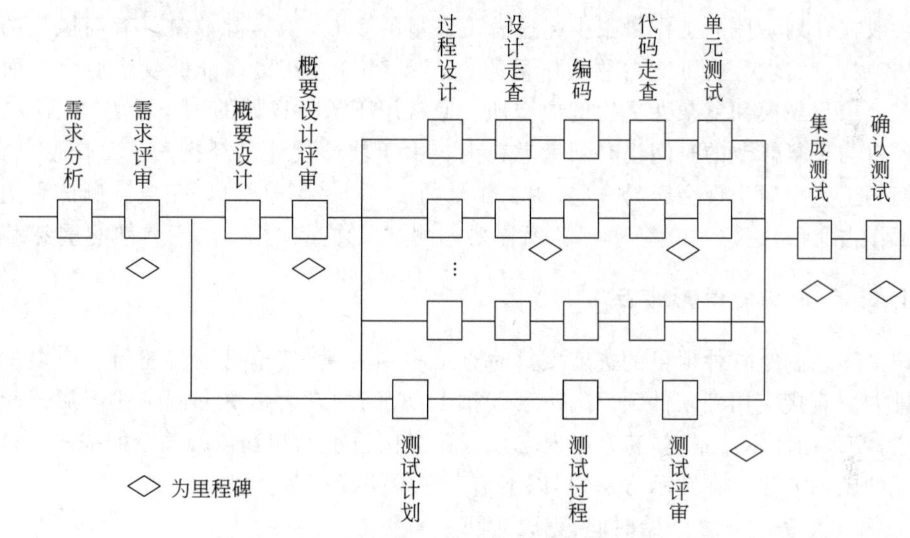

图11.3　软件项目任务分解网络与并行化

软件工程项目的并行性提出了一系列进度要求。因为并行任务是同时发生的，所以应以进度计划决定任务之间的从属关系，确定各个任务的先后次序和衔接，以及各个任务完成的持续时间。此外，应注意构成关键路径的任务，即要想保证整个项目能按进度要求完成，就必须保证这些关键任务按进度要求逐一完成。这样，就可以确定在进度安排中应保证的重点。

3. 制定开发进度计划

在制定软件的开发进度计划时，有一种常用来估计整个定义与开发阶段工作量分配的简单方案，这个分配方案称为40-20-40规则。图11.4所示的工作量分配就是所谓的40-20-40规则，它指出在整个软件开发过程中，编码的工作量分配仅占总工作量的20%，编码前的工作量占40%，编码后的工作量占40%。40-20-40规则只是一个指南，实际的工作量分配比例必须按照每个项目的特点决定。

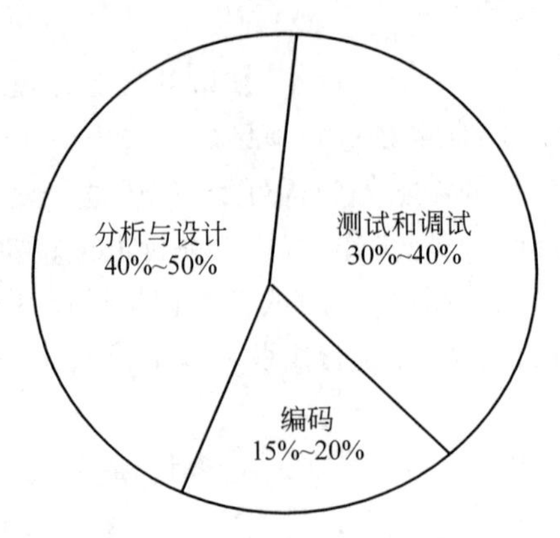

图 11.4　软件开发工作量分配

一般在计划阶段的工作量很少超过总工作量的 2%～3%，除非是具有高风险的巨额投资的项目。需求分析可能占总工作量的 10%～25%。花费在分析或原型化方面的工作量应随项目规模和复杂性呈比例地增加。通常用于软件设计的工作量为 20%～25%，设计评审与反复修改的时间也必须考虑在内。由于软件设计已经投入了工作量，因此其后的编码工作相对来说会容易一些，用工作量的 15%～20%就可以完成。测试和随后的调试工作占总工作量的 30%～40%，所需要的测试工作量往往取决于软件的重要程度。

4. 进度安排的图形方法

在具体地制定软件项目的进度安排时有很多的方法，甚至可以将任何一个多重任务的安排方法直接应用到软件项目的进度安排上，常用的有表格法和图示法。对于较大的项目，需要采用图示法描述，特别是对各项任务之间进度的相互依赖关系的描述。这里介绍常用的图示方法。在图示方法中，以下信息必须明确标明。

① 各个任务的计划开始时间、完成时间。

② 各个任务完成的标志(○表示文档编写、△表示评审)。

③ 各个任务与参与工作的人数、各个任务与工作量之间的衔接情况。

④ 完成各个任务所需的物理资源和数据资源。

常用的图示法有甘特图、时标网状图、REPT 图等，现以甘特图为例说明其用法。在甘特图中，任务完成以应交付的文档与通过评审为标准，因此在甘特图中，文档编制与评审是软件开发进度的里程碑。甘特图的优点是标明了各任务的计划进度和当前进度，能动态地反映软件开发的进展情况；缺点是难以反映多个任务之间存在的复杂逻辑关系。如图 11.5 所示，该甘特图具有 5 个任务(任务名分别为 A、B、C、D、E)。从甘特图中可以很清楚地看出各子任务在时间上的对比关系。

5. 项目的追踪和控制

软件项目的进度计划无论做得多么完美，如果没有严格的过程管理或执行不力，则失败的可能性也比较大。软件项目管理的重要工作之一就是在项目实施过程中进行追踪和控制。可以用不同的方式进行追踪。

① 定期举行项目状态会议，在会上，每位项目成员汇报其进展和遇到的问题。

② 评价在软件工程过程中产生的所有评审的结果。

③ 确定由项目的计划进度安排的可能选择的正式里程碑。

④ 比较在项目资源表中列出的每个项目任务的实际开始时间和计划开始时间。

⑤ 非正式地与开发人员交流，以得到他们对开发进展和刚出现的问题的客观评价。

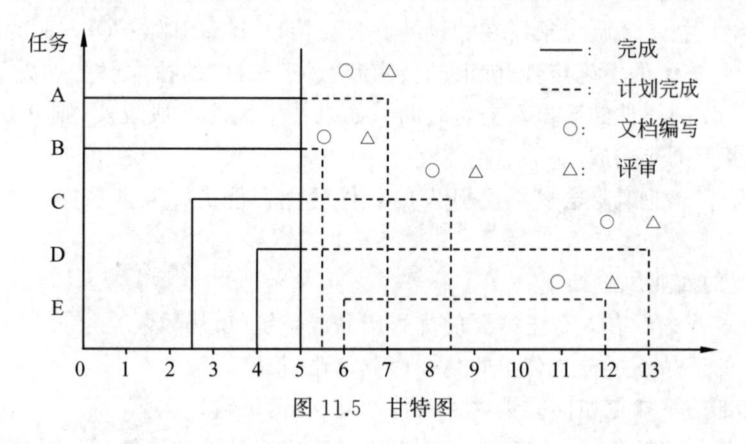

图 11.5 甘特图

在实际情况中，应综合使用这些追踪技术。软件项目管理人员还利用“控制”管理项目资源、覆盖问题，并指导项目工作人员。当问题出现时，项目管理人员必须实行控制以尽可能快地排解它们。在诊断出问题之后，在问题领域可能需要追加一些资源，人员可能要重新部署，项目进度也可能要重新调整。

11.5.2 风险分析

与任何其他工程项目一样，软件工程项目的开发也存在各种各样的风险，有些风险甚至是灾难性的。Charette 认为，风险存在于未来，它涉及思想、观念、行为、地点、时间等多种因素；风险随条件的变化而变化，人们通过改变、选择、控制与风险密切相关的条件可以减少风险，但改变、选择、控制条件的策略往往是不确定的。

当在软件工程领域考虑风险时，人们关注的问题是：什么样的风险会导致软件项目的彻底失败？用户需求、开发技术、目标计算机和所有其他与项目有关的因素的改变将会对按时交付和总体成功产生什么影响？对于采用什么方法和工具，需要多少人员参与工作的问题应如何选择和决策？软件质量达到什么程度才是“足够的”？所有有关风险的问题都是软件开发过程中不可避免并需要妥善处理的。

软件工程的风险分析实际上是一系列风险管理步骤，其中包括风险识别、风险估算、风险评价、风险驾驭与监控。这些步骤贯穿在软件工程过程中。

1. 风险识别

风险识别就是系统地确定风险对项目计划（预算、进度、资源分配）的威胁，通过识别已知或可预测的风险，设法避开风险或驾驭风险。

可用不同的方法对风险进行分类。从宏观上看,可以将风险分为项目风险、技术风险和商业风险。

项目风险。项目风险是指潜在的预算、进度、人力(工作人员和组织)、资源、用户、需求等方面的问题以及它们对软件项目的影响。项目风险威胁项目计划,如果风险变成现实,则有可能拖延项目的进度,增加项目的成本。项目风险的因素还包括项目的复杂性、规模、结构的不确定性。

技术风险。技术风险包括潜在的设计、实现、接口、验证和维护等方面的问题。另外,规约的二义性、技术的不确定性、陈旧的技术和"过于先进"的技术也是风险因素。技术风险会威胁要开发的软件的质量及交付时间。如果技术风险变成现实,则开发工作可能变得很困难或者不可能完成。

商业风险。商业风险会威胁要开发的软件的生存能力。商业风险常会危害项目或产品。

5 个主要的商业风险如下。

① 开发了一个没有人真正需要的优秀产品或系统(市场风险)。

② 开发的产品不再符合公司的整体商业策略(策略风险)。

③ 销售部门不知道如何推销这种软件产品(营销风险)。

④ 由于重点的转移或人员的变动而失去了高级管理层的支持(管理风险)。

⑤ 没有得到预算或人力上的保证(预算风险)。

这些风险有些是可以预料的,有些是很难预料的。为了帮助项目管理人员、项目规划人员全面了解软件开发过程中存在的风险,Boehm 建议设计并使用各类风险检测表标识各种风险。人员配备风险检测表的内容如下。

① 投入开发的人员是最优秀的吗?

② 按技术特点对人员做了合理的组合吗?

③ 投入的人员足够吗?

④ 开发人员能够自始至终参加软件开发吗?

⑤ 开发人员能够集中全部精力投入软件开发吗?

⑥ 开发人员对自己的工作有正确的目标吗?

⑦ 项目的成员接受过必要的培训吗?

⑧ 开发人员的流动能保证项目的连续性吗?

上述问题可以选用 0~5 回答。完全肯定取值 0,完全否定取值 5,中间情况分别取值 1、2、3、4,值越大表示风险越大。人员配备风险检测表反映了人的因素对软件项目的影响,可以用它估算人的因素给软件项目带来的风险。

2. 风险估算

风险估算又称风险预测,即希望从两个方面评估每个风险——风险发生的可能性或概率,以及风险发生所产生的后果。项目策划者、项目管理人员和技术人员一起执行以下 4 个风险预测活动。

① 建立一个尺度或标准反映风险发生的可能性。

② 描述风险的后果。

③ 估算风险对项目及产品的影响。

④ 指明风险预测的整体精确度,以免产生误解。

一般可以通过风险检测表度量各种风险。尺度可以用布尔值、定性或定量的方式定义。一种比较好的方法是使用定量的概率尺度,它具有下列值:极罕见的、罕见的、普通的、可能的、极可能的。这样,计划人员就可以估计风险出现的概率(如概率为90%就意味着极可能发生的风险)。还可以将多个开发人员对某个项目的风险估计进行平均后作为评估结果。

最后,根据已掌握的风险对项目的影响系数给风险加权,并把它们安排到一个优先队列中。风险造成影响的因素有3种:风险的表现、风险的范围和风险的时间。风险的表现指在风险出现时可能出现的问题。风险的范围则组合了风险的严重性(即严重到什么程度)与其总的分布(即对项目的影响有多大,对用户的损害有多大)。风险的时间则考虑风险的影响从什么时候开始,要持续多长时间。

风险影响及风险概率从风险管理的角度考虑起着不同的作用。一个具有高影响但发生概率很低的风险因素不应花费太多的管理时间。而高影响且发生概率为中或高的风险以及低影响但发生概率高的风险应该首先考虑。

3. 风险评价

在风险分析过程中,经常使用三元组[r_i,l_i,x_i]描述风险。其中,r_i表示风险,l_i表示风险发生的概率,x_i表示风险产生的影响,$i=1,2,\cdots,m$是风险序号,表示软件项目共有m种风险。软件开发过程中,由于性能下降、成本超支或进度延迟,都会导致项目被迫停止,因此多数软件项目的风险分析都需要给出性能、成本、进度这3种典型的风险参考量。当软件项目的风险参考量达到或超过某一临界点时,软件项目就有可能被迫终止。在软件开发过程中,性能、成本、进度是相互关联的。性能下降、成本超支或进度延迟等还可以构成一些风险组合。例如,项目投入成本的增长应与进度相匹配,当项目投入的成本与项目拖延的时间超过某一临界点时,项目也应该终止进行。

图11.6表示了这种情况,如果风险组合产生问题并导致成本超支及进度延迟,则会有一个风险参考量(即图中的曲线),当超过它时会引起项目终止。

实际上,风险参考量很少能表示成光滑曲线。在大多数情况下,它是一个区域,其中存在很多不确定性。因此在进行风险评价时,应执行以下步骤。

① 定义项目的风险参考量。

② 建立每组[r_i,l_i,x_i]与每个风险参考量之间的关系。

③ 预测一组临界点以定义项目终止区域,该区域由一条曲线或不确定区域界定。

④ 预测什么样的风险组合会影响参考量。

支持这些步骤的更详细的数学讨论已超出本书的范围,有兴趣的读者可以参看有关书籍。

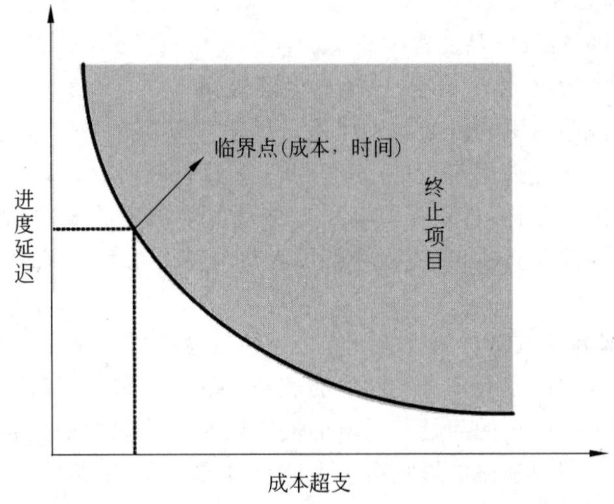

图 11.6　风险参考量

4. 风险驾驭与监控

所有的风险分析活动都只有一个目的，即建立处理风险的策略。一个有效的策略必须考虑 3 个问题：风险避免、风险监控、风险管理及意外事件计划。

风险驾驭是指利用某些技术，如原型化、软件自动化、软件心理学、可靠性功能学以及某些项目管理方法等设法避开或转移风险。与每个风险相关的三元组(风险描述、风险发生概率、风险影响)是建立风险驾驭(风险消除)步骤的基础。

如果软件项目组对于风险采取主动的方法，则避免风险永远是最好的策略。这可以通过建立一个风险缓解计划达到。例如，频繁的人员流动被确定为一个项目风险 r_i，基于以往的历史和管理经验，人员流动的概率 l_i 为 70%(相当高)，而风险影响 x_i 的估计值为：项目开发时间增加 15%，总成本增加 12%。可以看出，高的流动率对于项目成本及进度有严重影响。为了缓解这个风险，项目管理者必须建立一个策略以降低人员流动。可能采取的策略如下。

① 与现有的在岗人员一起探讨人员流动的原因(如恶劣的工作条件、低报酬、竞争激烈等)。

② 在项目开始之前，针对上述原因制定措施并列入已拟定的驾驭计划。

③ 一旦项目启动，做好人员流动的准备。采取一些技术措施以保证人员离开时的工作连续性。

④ 对项目进行有效组织，以使大家都了解有关开发活动的信息。

⑤ 制定文档的标准，并建立相应的机制以确保文档能被及时建立。

⑥ 对所有工作进行详细评审，使得更多的人熟悉该项工作。

⑦ 对于每个关键技术人员，都培养一个后备人员。

随着项目的进展，风险监控活动开始进行。项目管理者应时刻监控某些风险因素，这些因素可以提供风险是否正在变高或变低的信息。应监控下列因素。

① 项目组成员对项目压力的一般态度。

② 项目组的凝聚力。

③ 项目组成员之间的关系。

④ 与报酬和利益相关的潜在问题。

⑤ 项目组成员在公司内及公司外工作的可能性。

除了监控上述因素之外，项目管理者还应监控风险缓解步骤是否得到了有效执行。例如，风险缓解步骤要求"制定文档的标准，并建立相应的机制以确保文档能被及时建立"。如果有关键的人物离开了项目组，则属于保证工作连续性的机制。项目管理者应仔细地监控这些文档，以保证文档内容正确，当新员工加入该项目时，能为他们提供必要的信息。

这些风险驾驭步骤带来了额外的项目成本。例如，花费成本培养关键技术人员的后备人员。因此要对风险驾驭带来的成本/效益进行分析。

对于一个大型项目，可能只会识别其中的30～40种风险。如果为每种风险定义3～7个风险管理步骤，则风险管理本身就可能变成一个"项目"。经验表明，整个软件风险的80%（即可能导致项目失败的80%潜在因素）能够由20%的已识别风险说明。由于这个原因，对某些不属于关键的20%（具有最高项目优先级的风险）的风险可进行识别、估算、评价，但可以不写入风险驾驭计划。

风险驾驭步骤要写入风险驾驭与监控计划。风险驾驭与监控计划记述了风险分析的全部工作，并且作为整个项目计划的一部分为项目管理人员所使用。一旦制定出风险驾驭和监控计划，且项目已开始执行，风险监控可以随即展开。

风险监控是一种项目追踪活动，多数情况下，项目中发生的问题总能追踪到许多风险。风险监控的另一项工作就是把"责任"分配到项目中。

风险分析需要占用许多有效的项目计划工作量，会提高成本，但是相对于因为严重的风险发生而没有采取有效的措施所造成的项目损失来说，这些工作量花得值得。

11.6 软件过程与能力成熟度模型

软件过程是软件开发人员开发和维护软件及相关产品（如项目计划、设计文档、代码、测试用例和顾客手册）的一套行为、方法、实践和转化过程。软件过程的优劣代表了软件开发的水平，如何改进软件过程成为项目管理的一个重要内容。

11.6.1 能力成熟度模型的基本概念

任何一个软件机构所进行的软件过程工程活动，其目的都是生产出高质量的软件产品。要做到这一点，关键就是管理和控制好软件产品开发和生产的软件过程。然而对任何一个软件机构而言，要明确本身所拥有的软件过程所处的水平和改进该过程的方向及策略都是非常困难的。那么，如果存在一种测控模型，通过度量当前软件过程的成效度状况可以帮助软件管理者确定软件过程的改进方向和策略，则将对软件开发过程产生积极而有效的影响。能力成熟度模型就是这样的一种模型。

能力成熟度模型(Capability Maturity Model,CMM)是美国卡内基·梅隆大学软件工程研究所(SEI)在美国国防部的资助下于20世纪80年代末建立的,用于评价软件机构的软件过程能力成熟度。起初其主要目的在于为大型软件项目的招标、投标活动提供一种全面而客观的评审依据,发展到后来,又被应用于许多软件机构内部的过程改进活动。

11.6.2 能力成熟度模型

1. CMM 概述

利用CMM对软件机构进行成熟度评估的基本前提是:软件质量在很大程度上取决于开发软件的软件过程的质量和能力;软件过程是一个可管理、可度量并不断改进的过程;软件过程的质量受到支撑它的技术和设施的影响;软件开发组织在软件过程中采用的技术层次应适应于软件过程的成熟度。

CMM定义了当一个软件组织达到不同的过程时应该具有的软件工程能力,它描述了软件过程从无序到有序、从特殊到一般、从定性管理到定量管理、最终达到可动态优化的成熟过程。CMM提供了一个框架,将不同软件组织拥有的不同软件过程,根据其过程的成熟度划分成由低到高的5个级别,并给出了该过程中5个成熟阶段的基本特性和应遵循的原则及采取的行动,以帮助软件组织改进其软件过程。

CMM提供的5个级别包括初始级(又称“1级”)、可重复级(又称“2级”)、已定义级(又称“3级”)、已管理级(又称“4级”)和优化级(又称为“5级”)。如图11.7所示,CMM这5个成熟度级别确定了用于度量一个软件机构的软件过程成熟度和评价其软件过程能力的一种顺序等级,它为软件机构的过程改进提供了由低到高、由浅入深的明确方向和目标。

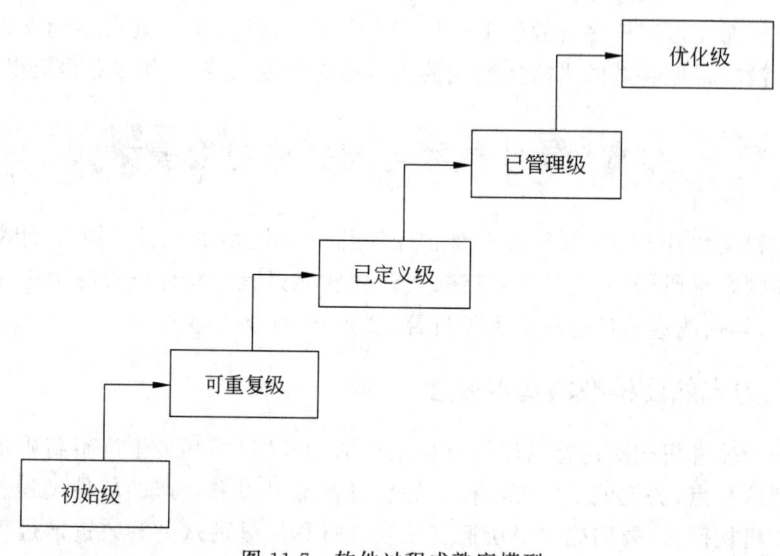

图11.7 软件过程成熟度模型

CMM对5个成熟度级别特性的描述说明了级别之间的软件过程的主要变化。从

“1 级”到“5 级”反映了一个软件机构的软件过程的优化过程。每个成熟度级别都是软件机构改进其软件过程的一个台阶，后一个成熟度级别是前一个级别中的软件过程的进化目标。CMM 的每个成熟度级别都包含一组过程改进的目标，满足这些目标后，一个机构的软件过程就从当前级别进化到下一个成熟度级别，而每提高一个成熟度级别，就表明该软件机构的软件过程得到了一定程度的完善和优化，过程能力得到增强。CMM 就是以这种方式支持软件机构在软件过程中的过程改进活动。软件机构可以利用 CMM 建立的评定标准对过程改进活动做出计划。

2. CMM 的 5 个级别

(1) 初始级(1 级)

软件过程是无秩序的，偶尔甚至是混乱的，项目进行过程中常会放弃当初的计划；管理无章，缺乏健全的管理制度，几乎没有什么过程是经过定义的；开发的项目成效不稳定，所开发产品的性能依赖于个人的努力。

(2) 可重复级(2 级)

软件机构建立了基本的项目管理过程以跟踪成本、进度、功能的实现及质量。管理制度化，建立了基本的管理制度和规程，管理工作有章可循。确定了项目标准，并且软件机构能确保严格执行这些标准。对新项目的策划和管理过程是基于以前类似的软件项目的实践经验，使得有类似应用经验的软件项目能够再次取得成功。软件项目的策划和跟踪稳定性较好，为管理过程提供了可重复以前成功实践的项目环境。软件项目工程活动处于项目管理体系的有效控制之下，执行着基于以前项目的准则且合乎现实的计划。

(3) 已定义级(3 级)

开发过程，包括技术工作和管理工作均已实现标准化、文档化；建立了完善的培训制度和专家评审制度；全部的技术活动和管理活动均稳定实施；在已建立的产品生产线上，成本、进度、功能和质量都受到控制且软件产品的质量具有可追溯性；对项目进行中的过程、岗位和职责均有共同的理解。

(4) 已管理级(4 级)

软件机构对软件产品和过程建立了定量的质量目标；过程中活动的生产率和质量是可度量的，软件过程在可度量的范围内运行；实现了项目产品和过程的控制；可预测过程和产品质量趋势，如果预测有偏差，则可以实现及时纠正。

(5) 优化级(5 级)

软件机构以防止缺陷出现为目标，集中精力进行不断的过程改进，采用新技术和新方法，拥有识别软件过程薄弱环节的能力，并有充分的手段进行改进；软件机构可取得软件过程有效的统计数据和反馈信息，并可据此进行分析，从而得到软件工程实践中最佳的新方法。

为把上述过程成熟度分级的方法推向实用化，需要为其提供具体的度量标尺，以帮助人们判断软件过程达到了哪个成熟度。一般可以使用成熟度提问单，成熟度提问单提出的问题涉及组织结构资源、人员及培训技术、管理文档化标准、工作步骤、过程度量、数据管理和分析及过程控制。提问单中的每个问题都可针对待定的被评估软件机构给出肯定或否定的回答,综合所有回答即可判断成熟度等级。

11.6.3 能力成熟度模型的应用

利用 CMM 对软件机构进行成熟度评估的过程有以下几步。

① 建立评估组。评估组成员应对软件过程、软件技术和应用领域很熟悉,有实践经验且能够提出自己的见解。

② 评估组准备。评估组具体审定评估问题,决定每个问题应展示哪些材料和工具。

③ 项目准备。评估组与被评估机构领导商定选择哪些处于不同开发阶段的项目和典型的标准实施情况作为评估对象。将评估时间安排通知给被评估项目负责人。

④ 进行评估。对被评估机构的管理人员和项目负责人说明评估过程。评估组与项目负责人一同就所列出的问题逐一对照审查,保证对问题的回答有一致的解释,从而取得一组初始答案。

⑤ 初评。对每个项目和整个机构做出成熟度等级初评。

⑥ 讨论结果。讨论初评结果,使用备用资料及工具演示进一步证实某些问题的答案,从而决定可能的成熟度等级。

⑦ 做出最后的结论。由评估组综合问题的答案、后继问题的答案以及背景证据,做出最终评估结论。

小　　结

本章主要介绍了项目计划与管理。软件项目的管理过程主要包括启动一个软件项目,度量,准确估计软件的开发成本和风险分析,指定软件开发计划的进度安排,在开发后对进度进行严格控制并保证软件能按计划进行。

面向规模和功能的度量普遍用于产业界。面向规模的度量使用代码行作为测量的基本参数。功能点则是从信息域的测量及对问题复杂度的主观评估中导出的。

软件项目通常有 3 种组织模式。在软件项目管理中,软件项目从制定项目计划开始。

软件开发中的进度安排非常重要。进度安排一般遵循 40-20-40 规则,采用的图示法有甘特图等。

要想驾驭风险,首先要识别风险。通过对风险的分类及各种风险检测手段识别风险,然后采取风险缓解策略以驾驭风险。

软件机构的过程成熟度直接关系到软件产品的质量。软件机构的能力成熟度模型将软件过程的成熟度分为 5 个等级。

习　　题

1. 简述软件项目管理的过程。

2. 阐述面向规模和面向功能的度量方法。

3. 软件项目计划涉及哪些内容?

4. 软件项目组织有哪些模式？开发小组的组织有哪些类型？

5. 叙述“主程序员组”的组织方式和优缺点。

6. 叙述“民主制程序员组”的组织方式和优缺点。

7. 思考现代程序员小组应以什么方式组织。

8. 软件项目成本主要由哪些方面构成？

9. 软件开发成本的估算方法有哪几种？

10. 叙述用于工作量估算的COCOMO模型的内容。

11. 解释软件开发中工作量的40-20-40规则。

12. 在实际软件开发工作中，如何进行软件进度安排？描述如何用甘特图进行进度安排。

13. 解释“项目风险”“技术风险”“商业风险”。

14. 简述风险分析的步骤。

15. 你认为在软件开发中，如果没有风险分析，会导致哪些严重的后果？

16. 如何识别“与人员流动相关的风险”？应采取何种风险缓解策略？

17. 如何识别“与用户相关的风险”？应采取何种风险缓解策略？

18. 简述能力成熟度的5个等级的内容。

19. 简述利用CMM对软件机构进行成熟度评估的过程。

20. 能力成熟度模型的两个主要用途分别是什么？

图书资源支持

感谢您一直以来对清华版图书的支持和爱护。为了配合本书的使用，本书提供配套的资源，有需求的读者请扫描下方的“书圈”微信公众号二维码，在图书专区下载，也可以拨打电话或发送电子邮件咨询。

如果您在使用本书的过程中遇到了什么问题，或者有相关图书出版计划，也请您发邮件告诉我们，以便我们更好地为您服务。

我们的联系方式：

地　　址：北京市海淀区双清路学研大厦 A 座 714

邮　　编：100084

电　　话：010-83470236　010-83470237

客服邮箱：2301891038@qq.com

QQ：2301891038（请写明您的单位和姓名）

资源下载：关注公众号“书圈”下载配套资源。

资源下载、样书申请

书圈

获取最新书目

观看课程直播